宁波市轨道交通技术标准

宁波市轨道交通室内岩土测试技术细则

Regulations for geotechnical laboratory testing technology of Ningbo urban rail transit

2016 甬 SS－05

主编单位：宁波市轨道交通集团有限公司
　　　　　浙江省工程勘察院
批准单位：宁波市住房和城乡建设委员会
施行日期：2016 年 6 月 1 日

U0396116

浙江工商大学出版社
ZHEJIANG GONGSHANG UNIVERSITY PRESS

图书在版编目(CIP)数据

宁波市轨道交通室内岩土测试技术细则 / 宁波市住房和城乡建设委员会发布. —杭州：浙江工商大学出版社，2017.7

ISBN 978-7-5178-2059-8

Ⅰ. ①宁… Ⅱ. ①宁… Ⅲ. ①岩土工程－测试技术－技术规范－宁波 Ⅳ. ①TU4－65

中国版本图书馆 CIP 数据核字(2017)第 031809 号

宁波市轨道交通室内岩土测试技术细则
宁波市住房和城乡建设委员会　发布

责任编辑	张婷婷
封面设计	林朦朦
责任校对	刘　颖
责任印制	包建辉
出版发行	浙江工商大学出版社
	（杭州市教工路 198 号　邮政编码 310012）
	（E-mail：zjgsupress@163.com）
	（网址：http://www.zjgsupress.com）
	电话：0571-88904980，88831806（传真）
排　版	杭州朝曦图文设计有限公司
印　刷	杭州恒力通印务有限公司
开　本	850mm×1168mm　1/32
印　张	12.375
字　数	310 千
版 印 次	2017 年 7 月第 1 版　2017 年 7 月第 1 次印刷
书　号	ISBN 978-7-5178-2059-8
定　价	58.00 元

宁波市住房和城乡建设委员会文件

甬建发〔2016〕64号

宁波市住房和城乡建设委员会关于发布《宁波市轨道交通室内岩土测试技术细则》的通知

各县（市）区住房城乡建设行政主管部门，各有关单位：

为做好我市轨道交通工程勘察工作，统一室内岩土测试技术，体现宁波地方特点，由宁波市轨道交通集团有限公司、浙江省工程勘察院主编，宁波大学、宁波冶金勘察设计研究股份有限公司、上海市政工程设计研究总院（集团）有限公司、浙江华东建设工程有限公司、浙江省工程物探勘察院、宁波宁大地基处理技术有限公司参编的《宁波市轨道交通室内岩土测试技术细则》，已通过专家评审验收，现予以批准发布，编号为 2016 甬 SS-05，自 2016 年 6 月 1 日起执行。

本细则由宁波市住房和城乡建设委员会负责管理，宁波市轨道交通集团有限公司、浙江省工程勘察院等编制单位负责具体内容的解释。

宁波市住房和城乡建设委员会

2016 年 5 月 13 日

前　言

　　根据宁波市住房和城乡建设委员会的要求,由宁波市轨道交通集团有限公司、浙江省工程勘察院主编,宁波大学、宁波冶金勘察设计研究股份有限公司、上海市政工程设计研究总院(集团)有限公司、浙江华东建设工程有限公司、浙江省工程物探勘察院、宁波宁大地基处理技术有限公司参编。在广泛调查研究、认真分析总结我市城市轨道交通工程实践经验,并进行试验验证,同时参照有关国家和地方标准的基础上,制定本细则。

　　为了更好地满足宁波城市轨道交通建设的需求,编制组以多种形式广泛征求了勘察、设计、施工、科研和建设管理部门的意见,经反复讨论、修改,完成了《宁波市轨道交通室内岩土测试技术细则》。本细则在《土工试验方法标准》(GB/T 50123)、《铁路工程土工试验规程》(TB 10102)、《水电水利工程土工试验规程》(DL/T 5355)、《公路土工试验规程》(JTG E40)、《铁路工程岩石试验规程》(TB 10115)、《工程岩体试验方法标准》(GB/T 50266)及《地下水质检验方法》(DZ/T 0064)等相关规范标准的框架范围内,既注重与相关规范的协调、衔接,又注重结合宁波市轨道交通工程勘察、设计和施工实践,满足了轨道交通建设需求的多样性,突出了宁波软土地区的地方特色,体现了客观性、科学性。本细则共分为6章、5个附录和条文说明,内容包括:1.总则;2.术语和符号;3.试样制备;4.土工试验;5.岩石试验;6.水质分析;附录和条文说明。

　　本细则由宁波市住房和城乡建设委员会负责管理,宁波市轨道交通集团有限公司、浙江省工程勘察院等编制单位负责具体内容的解释。为了提高本细则质量,请各单位在执行过程中,结合工程实践,不断总结经验,积累资料,并将意见和建议寄至宁波市海曙区宝善路 206 号浙江省工程勘察院《宁波市轨道交通室内岩土测试技术细则》编制组，邮编 315012，以供再次修编时参考。

主 编 单 位：宁波市轨道交通集团有限公司

　　　　　　浙江省工程勘察院

参 编 单 位：（排名不分先后）

　　　　　　宁波大学

　　　　　　宁波冶金勘察设计研究股份有限公司

　　　　　　上海市政工程设计研究总院（集团）有限公司

　　　　　　浙江华东建设工程有限公司

　　　　　　浙江省工程物探勘察院

　　　　　　宁波宁大地基处理技术有限公司

主要起草人：陈　斌　潘永坚　姚燕明　刘干斌

　　　　　　（以下按姓氏笔画排列）

　　　　　　叶荣华　印文东　邢春艳　朱智勇　张春进

　　　　　　张俊杰　陈　忠　林乃山　胡立明　胡忠全

　　　　　　饶　猛　秦卫锋　徐高峰　唐　江　程顺利

　　　　　　楼希华　蔡伟忠　蔡国成

主要审查人：王　芳　蒋建良　张振营　郑荣跃　王小军

　　　　　　李　强　盛初根　刘兴旺　王文军

目 录

1 总 则

1.0.1 为统一试验方法,提高试验成果质量,增强试验成果的可靠性,特制定本细则。

1.0.2 本细则适用于宁波市轨道交通工程的地基土、岩石及水的试验和测试。

1.0.3 本细则将土分为粗粒土和细粒土两类,土的名称应根据现行《宁波市轨道交通岩土工程勘察技术细则》确定。

1.0.4 试验所用的仪器设备,应按现行国家标准的基本参数及通用技术条件采用,并定期按现行有关规程进行检定和校准。

1.0.5 室内岩土测试试验除应符合本细则外,尚应符合有关国家、行业和地方现行标准的规定。

2 术语和符号

2.1 术　语

2.1.1 酸碱度 acidity and alkalinity
溶液中氢离子浓度的负对数。

2.1.2 有效应力路径 effective shress path
在土体的加压过程中,体内某平面上有效应力变化的轨迹。

2.1.3 冻结温度 freezing temperature
土中孔隙水发生冻结的最高温度。

2.1.4 荷载率 load rate
某级荷载增量与前一级荷载总量之比。

2.1.5 平行测定 parallel measure
在相同条件下,采用两个或两个以上试样同时进行试验。

2.1.6 抗剪强度参数 parameters of shear streagth
表征土体抗剪性能的指标,包括黏聚力和内摩擦角。

2.1.7 次固结系数 coefficient of secondary consolidation
表征土在恒定外荷载作用下,主固结完成之后仍在发展的变形部分的一项指标。为饱和黏性土在侧限条件下受压,变形量与时间的半对数曲线中,反弯点以后直线段的斜率与试验土样厚度的比值。

2.1.8 土试样 soil specimen
按照试验目的,土样经过加工制成可供试验的样品。

2.1.9 饱和土 saturation soil
孔隙体积完全被水充满的土样。

2.1.10 基床系数 coefficient of subgrade reaction
基底某点的反力与该点沉降的比例常数。

2.1.11 导热系数 thermal conductivity
表示土体导热能力的指标。

2.1.12 冻结原状土试样 frozen undisturbed soil specimen below
从冻结土结构物中取得冻结原状土,进行加工而成的冻土试样。

2.1.13 冻结重塑土试样 frozen remolded soil specimen
由原状土经烘干、破碎、配土、加工成型,再负温冻结而成的冻土试样。

2.1.14 融化压缩系数 thaw compressibility coefficient
冻土融化后,在单位压力作用下产生的相对压缩变形量。

2.1.15 融化下沉系数 thaw-settlement coefficient
冻土融化过程中,在自重压力作用下产生的相对下沉量。

2.1.16 未冻含水率 unfrozen-water content
在一定负温下,冻土中未冻水的质量与干土质量之比,以百分数表示。

2.1.17 恒量(化学分析) constant weight
连续两次的质量差小于 ± 0.3 mg。

2.1.18 水的矿化度 total dissolved solid
水中所含无机矿物成分的总量。水样经过滤去除漂浮物及沉降性固体物,放在称至恒重的蒸发皿内蒸干,并用过氧化氢去除有机物,然后在 $105℃ \sim 110℃$ 下烘干至恒重,将称得重量减去蒸发皿重量即为矿化度。为水中各种阳离子的量和阴离子的量的总和。

2.1.19 溶解性固体 total dissolved solids
溶解在水中的无机盐和有机物的总称(不包括悬浮物和溶解气体等非固体成分),也称为"蒸发残渣"。在水蒸干过程中,重碳酸根含量的一半将转化为 CO_2 气体而逸出,因此溶解性固体大于水的矿化度。将通过滤膜(孔径为 $0.45\mu m$)过滤后的水样放在称至恒重的蒸发皿内蒸干,然后在 103℃~105℃烘至恒重,增加的重量为溶解性固体,又可称为"可滤残渣"。

2.1.20 游离二氧化碳、侵蚀性二氧化碳 free carbon-dioxide, corrosive carbon-dioxide

溶解于水中的二氧化碳。主要来自有机物的分解和接触空气时的吸收等。游离二氧化碳能使碳酸盐变成可溶性重碳酸盐,这部分游离二氧化碳称为侵蚀性二氧化碳。

2.1.21 岩样 rock sample

是指未经加工的岩石样品。

2.1.22 试件(岩石) specimen

是指按试验目的加工成块状或一定形状的岩石样品。

2.1.23 试样(岩石) test sample

是指按试验目的加工成某粒级的岩石样品。

2.2 符 号

2.2.1 尺寸和时间

A——试样断面积

D——试样的平均直径

d——土颗粒直径

$H(h)$——试样高(厚)度

t——时间

V——试样体积

2.2.2 物理性质指标

C_c——曲率系数

C_u——不均匀系数

D_r——相对密度

e——孔隙比

G_s——土粒比重

I_L——液性指数

I_P——塑性指数

m——质量

S_r——饱和度

w——含水率

w_L——液限

w_P——塑限

w_n——缩限

w_a——吸水率

w_{sa}——饱和吸水率

ρ——密度

ρ_d——干密度

ρ_s——颗粒密度

ρ_w——4℃时水的密度

2.2.3 力学性质指标

A_f——试样破坏时的孔隙水压力系数

a_v——压缩系数

B——孔隙水压力系数

C_c——压缩指数

C_s——回弹指数

C_v——固结系数

C_α——次固结系数

c——黏聚力

E——弹性模量

E_e——回弹模量

E_s——压缩模量

I_s——未经修正的点荷载强度指数

$I_{s(50)}$——修正后的点荷载强度指数

$I_{a(50)}$——点荷载强度各向异性指数

K_v——基准基床系数

k——渗透系数

m_v——体积压缩系数

p——单位压力

p_c——先期固结压力

Q——渗水量

q_u——无侧限抗压强度

R——单轴抗压强度

S——抗剪强度

S_i——单位沉降量

s_r——土的残余强度

S_t——灵敏度

V_H——轴向自由膨胀率

V_D——径向自由膨胀率

V_{HP}——侧向约束膨胀率

μ——泊松比

u——孔隙水压力

ε——应变

ε_a——轴向应变

η——动力粘滞系数

η_0——软化系数

σ——正应力

σ'——有效应力

σ_t——抗拉强度

τ——剪应力

φ——内摩擦角

2.2.4 热学指标

T——温度

λ——导热系数

2.2.5 化学指标

B_b——质量摩尔浓度

C_b——浓度

M_b——摩尔质量

n——物质的量

$O_m(W_u)$——有机质含量

pH——酸碱度

V_n——摩尔体积

W——易溶盐含量

ρ_n——质量浓度

3 试样制备

3.1 土样试样制备

3.1.0.1 本节所指试样制备方法适用于颗粒粒径小于 60mm 的原状土和扰动土。

3.1.0.2 开样时应对样品进行描述,描述包括以下内容:

    1 开样前对试样的完整性、试样等级进行描述。

    2 开样后对试样进行目力鉴别描述,如颜色、包含物、结构、塑性状态、颗粒形状等。

3.1.0.3 原状土样选取应具备代表性,要求同一组试样间密度的允许差值为 $\pm0.03\text{g/cm}^3$,含水率的允许差值应为 $\pm2\%$;扰动土样同一组试样的密度与要求的密度之差值应为 $\pm0.01\text{ g/cm}^3$;一组试样的含水率与要求的含水率之差值应为 $\pm1\%$。

3.1.0.4 试样制备的主要仪器设备,应符合下列规定:

    1 细筛:孔径 0.5mm、2mm。

    2 洗筛:孔径 0.075mm。

    3 台秤和天平:称量 10kg,最小分度值 5g;称量 5kg,最小分度值 1g;称量 1kg,最小分度值 0.5g;称量 500g,最小分度值 0.1g;称量 200g,最小分度值 0.01g。

    4 环刀:不锈钢材料制成,内径 61.8mm 和 79.8mm,高 20mm;内径 61.8mm,高 40mm。

    5 击样器:环刀样击样器(图 3.1.0.4-1)、三轴样击样器(图 3.1.0.4-2)。

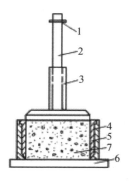

图 3.1.0.4-1　环刀样击样器

1—定位环;2—导杆;3—击锤;4—击样器;5—环刀;6—底座;7—试样

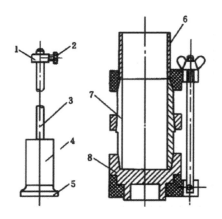

图 3.1.0.4-2　三轴样击样器

1—套环;2—定位螺丝;3—导杆;4—击锤;5—底板;6—套筒;7—击样筒;8—底座

6 压样器:环刀样压样器(图 3.1.0.4-3)。

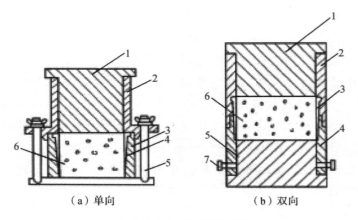

（a）单向　　　　　　　（b）双向

图 3.1.0.4-3　环刀样压样器

1—活塞;2—导筒;3—护环;　　1—上活塞;2—上导筒;3—环刀;
4—环刀;5—拉杆;6—试样　　4—下导筒;5—下活塞;6—试样;7—销钉

7　切土盘分样器:切土盘(图 3.1.0.4-4)、切土器(图 3.1.0.4-5)和原状土分样器(图 3.1.0.4-6)。

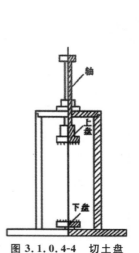

图 3.1.0.4-4　切土盘

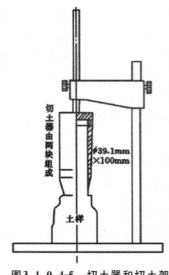

图3.1.0.4-5　切土器和切土架

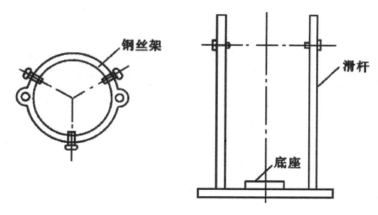

图 3.1.0.4-6　原状土分样器

8 饱和设备:饱和器如图 3.1.0.4-7,如采用抽气饱和设备还应附真空表和真空缸。

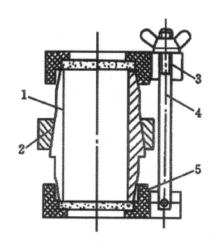

图 3.1.0.4-7　饱和器

1—圆模(3片);2—紧箍;3—夹板;4—拉杆;5—透水板

9 其他:包括切土刀、钢丝锯、碎土工具、烘箱、保湿缸、喷水设备等。

3.1.0.5 原状土试样制备,应按下列步骤进行:

1 将土样筒按标明的上下方向放置,剥去蜡封和胶带,开启土样筒取出土样。检查土样结构,当确定土样已受扰动或取土质量不符合规定时,不应制备力学性质试验的试样。

2 根据试验要求用环刀切取试样时,应在环刀内壁涂一薄层凡士林,刃口向下放在土样上,将环刀垂直下压,并用切土刀沿环刀外侧切削土样,边压边削至土样高出环刀,根据试样的软硬采用钢丝锯或切土刀整平环刀两端土样,擦净环刀外壁,称环刀和土的总质量。

3 从余土中取代表性试样测定含水率、比重、颗粒分析、界限含水率等项试验的取样,应按本细则本条第2款步骤的规定进行。

4 切削试样时,应对土样的层次、气味、颜色、夹杂物、裂缝和均匀性进行描述,对低塑性和高灵敏度的软土,制样时不得扰动。

3.1.0.6 扰动土试样的备样,应按下列步骤进行:

1 将土样从土样筒或包装袋中取出,对土样的颜色、气味、夹杂物、土类及均匀程度进行描述,并将土样切成碎块,拌和均匀,取代表性土样测定含水率。

2 对均质和含有机质的土样,宜采用天然含水率状态下代表性土样,供颗粒分析、界限含水率试验。对非均质土应根据试验项目取足够数量的土样,置于通风处晾干至可碾散为止。对砂土和进行比重试验的土样宜在 105℃～110℃ 温度下烘干,对有机质含量超过 5% 的土、含石膏和硫酸盐的土,应在 65℃～70℃温度下烘干。

3 将风干或烘干的土样放在橡皮板上用木碾碾散,对不含砂和砾的土样,可用碎土器碾散(碎土器不得将土粒破碎)。

4 对分散后的粗粒土和细粒土,应按本细则表 3.1.0.6 的要求过筛。对含细粒土的砾质土,应先用水浸泡并充分搅拌,使粗细颗粒分离后按不同试验项目的要求进行过筛。

表 3.1.0.6　试验取样数量和过土筛标准

试验项目 \ 土样数量	黏土 原状土(筒) ϕ 10cm×20cm	黏土 扰动土(g)	砂土 原状土(筒) ϕ 10cm×20cm	砂土 扰动土(g)	过筛标准(mm)
含水率		800		500	
比重		800		500	
颗粒分析		800		500	
界限含水率		500			0.5
密度	1				
固结	1	2000			2.0
三轴压缩	2	5000		15000	2.0～20
膨胀、收缩	2	2000		8000	2.0
直接剪切	1	2000			2.0
击实、承接比		50000			5 或 20
无侧限抗压强度	1				2.0
排水反复剪切	1	2000			2.0
相对密度				2000	
渗透	1	1000		2000	2.0
振动三轴、共振柱试验		20000			20
冻土含水率	1	500	1	500	
冻土密度	1	500	1	500	
冻结温度		500		500	
冻土导热系数		20000		20000	
未冻含水率	1	500	1	500	

13

试验项目 \ 土样数量 \ 土类	黏土 原状土（筒）φ10cm×20cm	黏土 扰动土（g）	砂土 原状土（筒）φ10cm×20cm	砂土 扰动土（g）	过筛标准（mm）
冻胀量	1	1500	1	1500	
冻土融化压缩试验	1	1000	1	1000	
化学分析试样风干含水率		500		500	2
酸碱度		500		500	2
易溶盐		500		500	2
中溶盐石膏		100		100	0.5
难溶盐碳酸钙		100		100	0.15
有机质（灼失量法）		100		100	0.15
游离氧化铁		500		500	2
阳离子交换量		500		500	2
土的矿物组成		100		100	0.15
粗颗粒土相对密度		60000		60000	60
粗颗粒土击实		240000		240000	60
粗颗粒土渗透及渗透变形		50000		50000	60
反滤料		100000		100000	60
粗颗粒土固结		200000		200000	60
粗颗粒土直接剪切		1000000		1000000	60
粗颗粒土三轴压缩		600000		600000	60
粗颗粒土三轴流变		2400000		2400000	60
粗颗粒土三轴湿化变形		2400000		2400000	60

3.1.0.7 扰动土试样的制样,应按下列步骤进行:

1 试样的数量视试验项目而定,应有备用试样1～2个。

2 将碾散的风干土样通过孔径2mm或5mm的筛,取筛下足够试验用的土样,充分拌匀,测定风干含水率,装入保湿缸或塑料袋内备用。

3 根据试验所需的土量与含水率,制备试样所需的加水量应按下式计算:

$$m_w = \frac{m_0}{1+0.01w_0} \times 0.01(w_1 - w_0) \quad (3.1.0.7\text{-}1)$$

式中 m_w——制备试样所需要的加水量(g);

m_0——湿土(或风干土)质量(g);

w_0——湿土(或风干土)含水率(%);

w_1——制样要求的含水率(%)。

4 称取过筛的风干土样平铺于搪瓷盘内,将水均匀喷洒于土样上,充分拌匀后装入盛土容器内盖紧,润湿一昼夜,砂土的润湿时间可酌减。

5 测定润湿土样不同位置处的含水率,不应少于两点,含水率差值应为±1%。

6 根据环刀容积及所需的干密度,制样所需的湿土量应按下式计算:

$$m_0 = (1+0.01w_0)\rho_d V \quad (3.1.0.7\text{-}2)$$

式中 ρ_d——试样的干密度(g/cm^3);

V——试样体积(环刀容积)(cm^3)。

3.1.0.8 试样饱和

试样饱和宜根据土样的透水性能,分别采用下列方法:粗粒土采用浸水饱和法;渗透系数大于10^{-4}cm/s的细粒土,采用毛细管饱和法;渗透系数不大于10^{-4}cm/s的细粒土,采用抽气饱和法。

1 毛细管饱和法,应按下列步骤进行:

1）选用框式饱和器（图 3.1.0.8-1），试样上、下面放滤纸和透水板，装入饱和器内，并旋紧螺母。

2）将装好的饱和器放入水箱内，注入清水，水面不宜将试样淹没，关箱盖，浸水时间不得少于两昼夜，使试样充分饱和。

3）取出饱和器，松开螺母，取出环刀，擦干外壁，称环刀和试样的总质量，并计算试样的饱和度。当饱和度低于95%时，应继续饱和。

2 抽气饱和法，应按下列步骤进行：

1）选用叠式或框式饱和器和真空饱和装置。在叠式饱和器下夹板的正中，依次放置透水板、滤纸、带试样的环刀、滤纸、透水板，按照此顺序，由下向上重叠到拉杆高度，将饱和器上夹板盖好后，拧紧拉杆上端的螺母，将各个环刀在上下夹板间夹紧。

2）将装有试样的饱和器放入真空缸内，真空缸和盖之间涂一薄层凡士林，盖紧。将真空缸与抽气机接通，启动抽气机，当真空压力表读数接近当地一个大气压力值时（抽气时间不少于1h），微开管夹，使清水徐徐注入真空缸，在注水过程中，真空压力表读数宜保持不变。

3）待水淹没饱和器后停止抽气。开管夹使空气进入真空缸，静止一段时间，细粒土宜为 10h，使试样充分饱和。

4）打开真空缸，从饱和器内取出带环刀的试样，称环刀和试样的总质量，并计算试样的饱和度。当饱和度低于95%时，应继续抽气饱和。

3 真空饱和法应按下列步骤进行：

1）选用重叠式饱和器（图 3.1.0.8-2）或框式饱和器，在重叠式饱和器下板正中放置稍大于环刀直径的透水板和滤纸，将装有试样的环刀放在滤纸上，试样上再放一张滤纸和一块透水板，以此顺序重复，由下向上重叠至拉杆的高度，将饱和器上夹板放在最上部透水板上，旋紧拉杆上端的螺丝，将各个环刀在上下夹板间夹紧。

2）将装好试样的饱和器放入真空缸（图 3.1.0.8-3）内，盖上缸盖。盖缝内应涂一薄层凡士林,以防漏气。

3)关管夹,开二通阀,将抽气机与真空缸接通,开动抽气机,抽除缸内及土中气体,当真空表接近-100kPa时,继续抽气,当黏质土约 1h,粉质土约 0.5h 时,稍微开启管夹,使清水由引水管徐徐注入真空缸内。在注水过程中,应调节管夹,使真空表上的数值基本上保持不变。

4)待饱和器完全淹没水中后,即停止抽气。将引水管自水缸中提出,开管夹令空气进入真空缸内,静置一定时间,细粒土宜为 10h,使试样充分饱和。

5)取出饱和器,松开螺母,取出环刀,擦干外壁,称环刀和试样的总质量,并计算试样的饱和度。当饱和度低于 95% 时,应继续饱和。

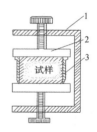

图 3.1.0.8-1　框式饱和器

1—框架;2—透水板;3—环刀

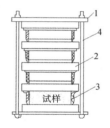

图 3.1.0.8-2　重叠式饱和器

1—夹板;2—透水板;3—环刀;4—拉杆

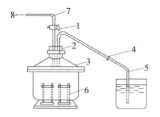

图 3.1.0.8-3　真空缸

1—二通阀;2—橡皮塞;3—真空缸;4—管夹;5—引水管;

6—饱和器;7—排气管;8—接抽气机

4 饱和度应按下式计算：

$$S_r = \frac{(\rho - \rho_d)G_s}{e\rho_d} \times 100 \text{ 或 } S_r = \frac{wG_s}{e} \qquad (3.1.0.8)$$

式中 S_r——饱和度（%）；

     ρ——饱和后的密度（g/cm³）；

     e ——土的孔隙比；

     G_s——土粒比重；

     w——饱和后的含水率（%）。

3.2 岩石试样制备

3.2.0.1 制样前应对试件进行描述，描述应包含以下内容：

1 岩石名称、颜色、矿物成分、结构、风化程度、胶结物性质等。

2 试件内层理、节理、裂隙等。

3.2.0.2 试样制备的基本要求

1 同组试样的岩层及岩性应相同，对于干缩及易风化的试样，在制样时应避免温度和湿度的影响。

2 优先选用圆柱体或圆盘，充分利用钻孔岩芯。

3 试样最小尺寸应满足大于组成岩石最大矿物颗粒或斑晶直径的 10 倍。

4 试样高径比（或长细比）除试验要求外，充分考虑减少端部效应，而且在受载时不发生弯曲。

3.2.0.3 试样制备的主要仪器

1 粉碎机、瓷研钵或玛瑙研钵、磁铁块和孔径为 0.25mm 的筛。

2 钻石机、切石机、磨石机和砂轮机等。

3 烘箱、干燥器、天平、水槽、真空抽气设备、煮沸设备、水中称量装置。

3.2.0.4 试件的烘干、饱和的制作应符合下列要求：

1 应将试件置于烘箱内，在 105℃～110℃温度下烘 24h，取出放入干燥器内冷却至室温后应称量。

2 当采用自由浸水法时，应将试件放入水槽，先注水至试件高度的 1/4 处，以后每隔 2h 分别注水至试件高度的 1/2 和 3/4 处，6h 后全部浸没试件。试件应在水中自由吸水 48h 后取出，并沾去表面水分后称量。

3 当采用煮沸法饱和试件时，煮沸容器内的水面应始终高于试件，煮沸时间不得少于 6h。经煮沸的试件应放置在原容器中冷却至室温，取出并沾去表面水分后称量。

4 当采用真空抽气法饱和试件时，饱和容器内的水面应高于试件，真空压力表读数宜为当地大气压值。抽气直至无气泡逸出为止，但抽气时间不得少于 4h。经真空抽气的试件，应放置在原容器中，在大气压力下静置 4h，取出并沾去表面水分后称量。

5 应将经煮沸或真空抽气饱和的试件置于水中称量装置上，称其在水中的质量。

6 称量应准确至 0.01g。

3.2.0.5 颗粒密度试验岩石试件的制作应符合下列要求：

1 应将岩石用粉碎机粉碎成岩粉，使之全部通过 0.25mm 筛孔，并用磁铁吸去铁屑。

2 对含有磁性矿物的岩石，应采用瓷研钵或玛瑙研钵粉碎，使之全部通过 0.25mm 筛孔。

3.2.0.6 块体密度试验量积法岩石试件的制作应符合下列要求：

1 试件尺寸应大于岩石最大矿物颗粒直径的 10 倍，最小尺寸不宜小于 50mm。

2 试件可采用圆柱体、方柱体或立方体。

3 沿试件高度、直径或边长的允许偏差为 0.3mm。

4 试件两端面不平行度允许偏差为 0.05mm。

5 试件端面应垂直试件轴线,允许偏差为 0.25°。

6 方柱体或立方体试件相邻两面应互相垂直,允许偏差为 0.25°。

3.2.0.7 吸水性试验岩石试件的制作应符合下列要求:

1 规则试件应符合本细则第 3.2.0.5 条的要求。

2 不规则试件宜采用边长为 40mm～60mm 的浑圆状岩块。

3.2.0.8 岩石膨胀性试验岩石试件的制作应符合下列要求:

1 试件应采用干法加工。

2 圆柱体自由膨胀率试验的试件的直径宜为 48mm～65mm,试件高度宜等于直径,两端面应平行;正方体自由膨胀率试验的试件的边长宜为 48mm～65mm,各相对面应平行。每组试验试件的数量应为 3 个。

3 侧向约束膨胀率试验和保持体积不变条件下的膨胀压力试验的试件高度不应小于 20mm,或应大于组成岩石最大矿物颗粒直径的 10 倍,两端面应平行。试件直径宜为 50mm～65mm,试件直径应小于金属套环直径 0.1mm。同一膨胀方向每组试验试件的数量应为 3 个。

3.2.0.9 软化或崩解试验岩石试件的制作应符合下列要求:

1 应在现场采取保持天然含水状态的试样并密封。

2 试件应制成浑圆状,且每个质量应为 40g～60g。

3 每组试验试件的数量应为 10 个。

3.2.0.10 岩石单轴抗压强度试验、单轴压缩变形试验、岩块声波速度测试试件尺寸应符合下列规定:

1 圆柱体试件直径宜为 48mm～54mm。

2 试件的直径应大于岩石中最大颗粒直径的 10 倍。

3 试件高度与直径之比宜为 2.0～2.5。

4 试件两端面不平行度允许偏差为 ±0.05mm。

5 沿试件高度,直径或边长的允许偏差为 ±0.3mm。

6 端面应垂直于试件轴线，允许偏差为±0.25°。

3.2.0.11 岩石抗拉强度试验试件应符合下列要求：

1 圆柱体试件的直径宜为48mm～54mm。试件厚度宜为直径的0.5倍～1.0倍，并应大于岩石中最大颗粒直径的10倍。

2 试件两端面不平行度误差不得大于0.05mm。

3 沿试件高度，直径的误差不得大于0.3mm。

4 端面应垂直于试件轴线，偏差不得大于0.25°。

3.2.0.12 岩石直剪试验试件应符合下列要求：

1 岩石直剪试验试件的直径或边长不得小于50mm，试件高度应与直径或边长相等。

2 岩石结构面直剪试验试件的直径或边长不得小于50mm，试件高度宜与直径或边长相等。结构面应位于试件中部。

3 混凝土与岩石接触面直剪试验试件宜为正方体，其边长不宜小于150mm。接触面应位于试件中部，浇筑前岩石接触面的起伏差宜为边长的1‰～2‰。混凝土应按预定的配合比浇筑，骨料的最大粒径不得大于边长的1/6。

3.2.0.13 岩石点荷载强度试验试件应符合下列规定：

1 作径向试验的岩心试件，长度与直径之比应大于1.0；作轴向试验的岩心试件，长度与直径之比宜为0.3～1.0。

2 方块体或不规则块体试件，其尺寸宜为50mm±35mm，两加载点间距与加载处平均宽度之比宜为0.3～1.0。

3.2.0.14 岩石抗剪断强度试验试件制备应符合下列要求：

1 试件规格宜为边长50mm或70mm的立方体，也可采用直径为50mm或70mm、径高比为1的圆柱体。每组试件不得少于9块。

2 试件精度：

1）试件两端面不平整度允许偏差为±0.05mm。

2）试件高度、直径或边长的允许偏差为±0.3mm。

3）端面应垂直于试件轴线，允许偏差为±0.25°。

3 试件描述应包括以下内容：

1）岩石名称、颜色、矿物成分、结构、构造、风化程度、胶结物性质。

2）加荷方向与层理、节理、裂隙的关系。

3）含水状态及试件制备采取的方法和制备过程中出现的问题。

3.2.0.15 岩石薄片鉴定试件的制作应符合下列要求：

1 取样：从岩石标本上切取合乎制薄片方位要求的岩样。每块样品切取 25mm×25mm×5mm 或直径 φ 25mm×5mm 的岩样，剩余样品做手标本。岩屑样品必须选取三颗以上的岩屑。

2 胶固：岩样切片疏松易掉粒或易碎裂时，需进行胶固。将需要胶固的岩样放入烘箱，保持温度在 50℃～60℃ 之间，进行加热、烘干。将烘后岩样放入配置好的胶锅中进行胶固，将胶烘烤至手指能捻碎、胶的颜色呈褐色时，即关闭电炉。将胶固好的岩样依次取出，放回原处。

3 磨平面：将胶固好的岩样的一面，在磨片机上及毛玻璃板上用手工磨成光滑平面，将另一面再在磨片机上磨薄至 1mm～1.5mm。

4 粘片：将载物片、岩样在酒精灯上加热，然后将固体冷杉胶涂在载物片的中央部位和岩样平面上，使岩样与载物片胶合，用医用镊子对载物片前后、左右轻轻挤压，使胶层薄而均匀、无气泡。

5 磨制薄片：将粘好的岩样，首先在磨片机上用 100 号、120 号金刚砂与水混合粗磨，厚度磨至 0.28mm～0.40mm；再用 W28 号金刚砂与水混合，在磨片机上磨至 0.12mm～0.18mm；然后用 W20 号、W10 号金刚砂与水混合，在磨片机上逐级磨至 0.04mm～0.05mm；最后用 W7 号金刚砂与水混合，在玻璃板上磨至 0.03mm。磨制过程中，岩样应保持完整，不脱胶。

6 在磨制好的岩石薄片上滴适量液体冷杉胶，再将盖玻片微微加热,放在胶平面上,用医用镊子轻轻挤压,排出气泡。待盖好盖玻片的岩石薄片冷却后,用酒精将盖玻片周围的余胶洗净,以备试验。

7 具有层理和片理的岩石,每组应磨制两片,平行层理和垂直层理各 1 片。

8 薄片大小应满足试验要求,厚度应均匀,各部位均为0.03mm。

3.2.0.16 试验记录应包括工程名称、岩石名称、取样位置、试件编号、试件描述、试验人员、试验日期等。

3.3 人工冻土试样制备

3.3.0.1 本节所指试样制备方法适用于黏性土、粉土、砂土等重塑土及冻结原状土。

3.3.0.2 试样的基本要求

1 规格:试样规格分别为 ϕ 61.8mm×150mm 和 ϕ 50mm×100mm,必须保证试样最小尺寸大于土样中最大颗粒粒径的10 倍。

2 试样外形精度:外形尺寸误差小于 1.0%,试样两端面平行度不得大于 0.5mm。

3 重塑土:重塑土含水和粗细颗粒混合都应均匀。试样击实密度均匀。

4 含水率:重塑土含水率与天然含水率,当含水率小于 40%时误差不大于 1%,当含水率大于 40%时误差不大于 2%,或根据项目需要确定,同组试样的含水率差值应为±1.0%。

5 密度:重塑土密度与天然密度误差不大于 0.03g/cm³,同一组试样密度差值不大于 0.03g/cm³。

3.3.0.3 试样制备的主要仪器

试样制备的主要仪器设备除 3.1.0.4 条中设备外,尚需以下设备:

1 保存设施:低于 −30℃ 的负温冷库或冰箱。

2 量具:台秤(称量 1000g,最小分度值 0.5g;称量 500g,最小分度值 0.1g;称量 200g,最小分度值 0.01g),量筒(容积 100mL,最小刻度 1mL),直角尺(200mm×200mm,分度 1mm),游标卡尺(量程 200mm,最小刻度值 0.02mm)。

3.3.0.4 冻结原状土的试样制备

1 在冻结试验室内,小心开启原状土包装,辨别土样上下层次,用钢锯平行锯平土样两端。无特殊要求时,使试样轴向与自然沉积方向一致。用削土刀、切土盘和切土器将土块修整成形,使其符合本节 3.3.0.2 条中第 1、2 款的要求。

2 制备过程中,细心观察土样的情况,并记录它的层位、颜色、有无杂质、土质是否均匀和有无裂缝等。

3.3.0.5 冻结重塑土的试样制备

1 在常温试验室内,小心开启土样密封层,去掉土样表皮,记录土样的颜色、土类、气味及夹杂物等,并选取有代表性土样进行天然含水率和密度的测定。

2 将土样切碎,在 105℃～110℃ 温度下恒温烘干,放入干燥器中冷却至室温。

3 将烘干、冷却的土样进行破碎(切勿破碎颗粒)。

4 根据土样天然含水率,对干土进行配水,并搅拌均匀,密封后放入保湿器内存放 24h 以上。

5 彻底清洗模具,并在模具内表面涂上一层凡士林,分次均匀将土样放入模具击实,要保证试样密度与天然密度在允许误差范围内。

6 将试样连同模具密封并在低于 −30℃ 温度下速冻 4h～6h。

7 将试样在所需试验温度下脱模,并用修土刀修整,使试样符合本节 3.3.0.2 条中第 1、2 款的要求。

8 将制备好的低温重塑土试样贴上标签(标明来源、层位、重量、日期等),装入塑料袋内密封,置于所需试验温度下恒温存放,在 24h~48h 内可用于试验。

4 土工试验

4.1 含水率试验

4.1.0.1 本试验方法适用于各类土。

4.1.0.2 本试验所用的主要仪器设备,应符合下列规定:

　　1 电热烘箱:能控制温度或温度能保持为 105℃～110℃ 的其他能源烘箱。

　　2 天平:称量 200g,最小分度值 0.01g;称量 1000g,最小分度值 0.1g。

4.1.0.3 含水率试验,应按下列步骤进行:

　　1 用环刀切取具有代表性试样 15g～30g,有机质土、砂类土为 50g,放入称量盒内,盖上盒盖,称盒加湿土质量,准确至 0.01g。

　　2 打开盒盖,将盒置于烘箱内,在 105℃～110℃ 的恒温下烘至恒量。烘干时间:黏土、粉土不得少于 8h,砂土不得少于 6h。对含有机质超过干土质量 5% 的土,应将温度控制在 65℃～70℃ 的恒温下烘至恒量。

　　3 将称量盒从烘箱中取出,盖上盒盖,放入干燥容器内冷却至室温,称盒加干土质量,准确至 0.01g。

4.1.0.4 试样的含水率,应按下式计算,准确至 0.1%。

$$w = \left(\frac{m_0}{m_d} - 1 \right) \times 100 \qquad (4.1.0.4)$$

　　式中　m_d——干土质量(g);

　　　　　m_0——湿土质量(g)。

4.1.0.5 本试验应进行两次平行测定,取其算术平均值,最大允许平行差值应符合表 4.1.0.5 的规定。

表 4.1.0.5 含水率测定的最大允许平行差值(%)

含水率 w	最大允许平行差值
<10	±0.5
10~40	±1.0
>40	±2.0

4.1.0.6 含水率试验的记录格式见附录 A 表 A-1。

4.2 密度试验

4.2.1 环刀法

4.2.1.1 本试验方法适用于细粒土。

4.2.1.2 本试验所用的主要仪器设备应符合下列规定：

1 环刀：内径 61.8mm 和 79.8mm，高度 20mm。

2 天平：称量 500g,最小分度值 0.1g;称量 200g,最小分度值 0.01g。

4.2.1.3 环刀法测定密度应按本细则 3.1.0.5 条第 2 款的步骤进行。

4.2.1.4 试样的湿密度,应按下式计算:

$$\rho_0 = \frac{m_0}{V} \qquad\qquad (4.2.1.4)$$

式中　ρ_0——试样的湿密度(g/cm³),准确到 0.01g/cm³;

　　V——环刀容积(cm³)。

4.2.1.5 试样的干密度,应按下式计算:

$$\rho_d = \frac{\rho}{1+0.01w} \qquad\qquad (4.2.1.5)$$

4.2.1.6 本试验应进行两次平行测定,两次测定的差值不得大于 0.03g/cm³,取两次测值的平均值。

4.2.1.7 环刀法试验的记录格式见附录 A 表 A-2。

4.2.2 蜡封法

4.2.2.1 本试验方法适用于易破裂土和形状不规则的坚硬土。

4.2.2.2 本试验所用的主要仪器设备,应符合下列规定:

1 蜡封设备:应附熔蜡加热器。

2 天平:应符合本细则第 4.2.1.2 条 2 款的规定。

4.2.2.3 蜡封法试验,应按下列步骤进行:

1 从原状土样中切取体积不小于 $30cm^3$ 的代表性试样,清除表面浮土及尖锐棱角,系上细线,称试样质量,准确至 0.01g。

2 持线将试样缓缓浸入刚过熔点的蜡液中,浸没后立即提出,检查试样周围的蜡膜,当有气泡时应用针刺破,再用蜡液补平,冷却后称蜡封试样质量。

3 将蜡封试样挂在天平的一端,浸没于盛有纯水的烧杯中,称蜡封试样在纯水中的质量,并测定纯水的温度。

4 取出试样,擦干蜡面上的水分,再称蜡封试样质量。若浸水后试样质量增加,则应另取试样重做试验。

4.2.2.4 试样的密度,应按下式计算:

$$\rho_0 = \frac{m_0}{\dfrac{m_n - m_{nw}}{\rho_{wT}} - \dfrac{m_n - m_0}{\rho_n}} \qquad (4.2.2.4)$$

式中　　m_n ——蜡封试样质量(g);

　　　　m_{nw} ——蜡封试样在纯水中的质量(g);

　　　　ρ_{wT} ——纯水在 T℃时的密度(g/cm^3);

　　　　ρ_n ——蜡的密度(g/cm^3)。

4.2.2.5 试样的干密度,应按式(4.2.1.5)计算。

4.2.2.6 本试验应进行两次平行测定,两次测定的差值不得大于 0.03g/cm^3,取两次测值的平均值。

4.2.2.7 蜡封法试验的记录格式见附录 A 表 A-3。

4.3　土粒比重试验

4.3.1 一般规定

4.3.1.1 按照土粒粒径不同,可分别用下列方法进行比重测定:

1 粒径小于 5mm 的土,用比重瓶法进行。

2 粒径不小于 5mm 的土,且其中粒径大于 20mm 的土质量小于总土质量的 10%,用浮称法。

3 粒径大于 20mm 的土质量大于、等于总土质量的 10%,用虹吸筒法。

4.3.1.2 一般土粒的比重用纯水测定;对含有易溶盐、亲水性胶体或有机质的土,应用煤油等中性液体替代纯水测定。

4.3.1.3 土颗粒的平均比重,应按下式计算:

$$G_{sm} = \frac{1}{\frac{P_1}{G_{s1}} + \frac{P_2}{G_{s2}}} \qquad (4.3.1.3)$$

式中 G_{sm}——土颗粒平均比重;

G_{s1}——粒径大于、等于 5mm 的土颗粒比重;

G_{s2}——粒径小于 5mm 的土颗粒比重;

P_1——粒径大于、等于 5mm 的土颗粒质量占试样总质量的百分比(%);

P_2——粒径小于 5mm 的土颗粒质量占试样总质量的百分比(%)。

4.3.1.4 本试验必须进行两次平行测定,两次测定的差值不得大于 0.02,取两次测值的平均值。

4.3.2 比重瓶法

4.3.2.1 本试验所用的主要仪器设备,应符合下列规定:

1 比重瓶:容积 100mL 或 50mL,分长颈和短颈两种。

2 恒温水槽:准确度应为 ±1℃。

3 砂浴:应能调节温度。

4 天平:称量 200g,最小分度值 0.001g。

5 温度计:刻度为 0℃~50℃,最小分度值为 0.5℃。

4.3.2.2 比重瓶的校准,应按下列步骤进行:

1 将比重瓶洗净、烘干,置于干燥器内,冷却后称量准确至 0.001g。

2 将煮沸经冷却的纯水注入比重瓶。长颈比重瓶,注水至刻度处;短颈比重瓶,应注满纯水,塞紧瓶塞,多余水自瓶塞毛细管中溢出。将比重瓶放入恒温水槽直至瓶内水温稳定。取出比重瓶,擦干外壁,称瓶、水总质量,准确至 0.001g。测定恒温水槽内水温,准确至 0.5℃。

3 调节数个恒温水槽内的温度,温度差宜为5℃,测定不同温度下的瓶、水总质量。每个温度均应进行两次平行测定,其最大或最小允许平行差值应为±0.002g,取两次测值的平均值。见图 4.3.2.2。

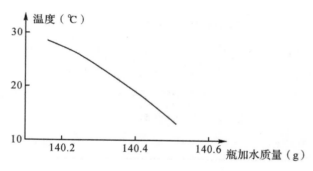

图 4.3.2.2 温度和瓶、水质量关系曲线

4.3.2.3 比重瓶法试验的试样制备,应按本细则第 3.1.0.6 条 1、2 款的步骤进行。

4.3.2.4 比重瓶法试验,应按下列步骤进行:

1 将比重瓶烘干。当使用 100mL 比重瓶时,称烘干试样 15g(当用 50mL 的比重瓶时,称烘干试样 10g)装入比重瓶,称试样和瓶的总质量,准确至 0.001g。

2 向比重瓶内注入半瓶纯水,摇动比重瓶,并放在砂浴上煮沸,煮沸时间自悬液沸腾起,砂土不应少于 30min,黏土、粉土不得少于 1h。沸腾后应调节砂浴温度,比重瓶内悬液不得溢出。对砂土宜用真空抽气法;对含有可溶盐、有机质和亲水性胶体的土必须用中性液体(煤油)代替纯水,采用真空抽气法排气,真空表读数宜接近当地一个大气负压值,抽气时间不得少于 1h。

注:用中性液体,不能用煮沸法。

3 将煮沸经冷却的纯水(或抽气后的中性液体)注入装有试样悬液的比重瓶。当用长颈比重瓶时注纯水至刻度处;当用短颈比重瓶时应将纯水注满,塞紧瓶塞,多余的水分自瓶塞毛细管中溢出。将比重瓶置于恒温水槽内至温度稳定,且瓶内上部悬液澄清。取出比重瓶,擦干瓶外壁,称比重瓶、水、试样总质量,准确至 0.001g;并应测定瓶内的水温,准确至 0.5℃。

4 从温度与瓶、水总质量的关系曲线中查得各试验温度下的瓶、水总质量。

4.3.2.5 土粒的比重,应按下式计算:

$$G_s = \frac{m_d}{m_{bw} + m_d - m_{bws}} \cdot G_{iT} \qquad (4.3.2.5)$$

式中 m_{bw}——比重瓶水总质量(g);

m_{bws}——比重瓶水试样总质量(g);

G_{iT}——T℃时纯水或中性液体的比重。

水的比重可查物理手册,中性液体的比重应实测,称量应准确至 0.001g。

4.3.2.6 比重瓶法试验的记录格式见附录 A 表 A-4。

4.3.3 浮称法

4.3.3.1 本试验所用的主要仪器设备,应符合下列规定:

1 铁丝筐:孔径小于 5mm,边长为 10cm～15cm,高为 10cm～20cm。

2 盛水容器:尺寸应大于铁丝筐。

3 浮秤天平(图 4.3.3.1):称量 2000g,最小分度值 0.5g。

4.3.3.2 浮称法试验,应按下列步骤进行:

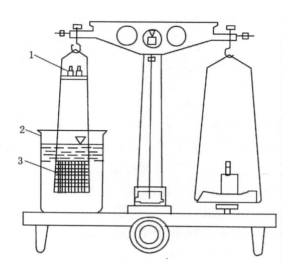

图 4.3.3.1　浮秤天平

1—平衡砝码；2—盛水容器；3—盛粗粒土的铁丝筐

1　取代表性试样 500g～1000g，将试样表面清洗洁净，浸入水中一昼夜后取出，放入铁丝筐，并缓慢地将铁丝筐浸没于水中，在水中摇动至试样中无气泡逸出。

2　称铁丝筐和试样在水中的质量，取出试样烘干，并称烘干试样质量。

3　称铁丝筐在水中的质量，并测定盛水容器内水温，准确至 0.5℃。

4.3.3.3　土粒比重，应按下式计算：

$$G_s = \frac{m_d}{m_d - (m_{1s} - m'_1)} \cdot G_{wT} \qquad (4.3.3.3)$$

式中　m_{1s}——铁丝筐和试样在水中的质量（g）；

　　　m'_1——铁丝筐在水中的质量（g）；

　　　G_{wT}——T℃时纯水的比重（查有关物理手册）。

4.3.3.4　浮称法试验的记录格式见附录 A 表 A-5。

4.3.4　虹吸筒法

4.3.4.1 本试验所用的主要仪器设备,应符合下列规定:

  1 虹吸筒装置(图 4.3.4.1):由虹吸筒和虹吸管组成。

  2 天平:称量 1000g,最小分度值 0.1g。

  3 量筒:容积应大于 500mL。

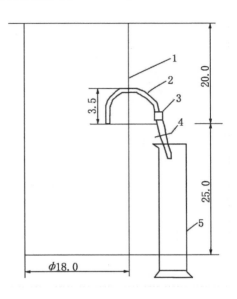

图 4.3.4.1 虹吸筒

1—虹吸筒;2—虹吸管;3—橡皮管;4—管夹;5—量筒

4.3.4.2 虹吸筒法比重试验,应按下列步骤进行:

  1 取代表性试样 700g～1000g,试样应清洗洁净。浸入水中一昼夜后取出晾干,对大颗粒试样宜用干布擦干表面,并称晾干试样质量。

  2 将清水注入虹吸筒至虹吸管口有水溢出时关管夹,试样缓缓放入虹吸筒中,边放边搅拌,至试样中无气泡逸出为止,搅动时水不得溅出筒外。

  3 当虹吸筒内水面平稳时开管夹,让试样排开的水通过虹吸管流入量筒,称量筒与水总质量,准确至 0.5g。并测定量筒内水温,准确到 0.5℃。

    4   取出试样烘至恒量,称烘干试样质量,准确至称量 0.1g。称量筒质量,准确至 0.5g。

4.3.4.3 土粒的比重,应按下式计算:

$$G_s = \frac{m_d}{(m_{cw} - m_c) - (m_{ad} - m_d)} \cdot G_{wT} \qquad (4.3.4.3)$$

    式中 m_c——量筒质量(g);

            m_{cw}——量筒与水总质量(g);

            m_{ad}——晾干试样的质量(g)。

4.3.4.4 虹吸筒法比重试验的记录格式见附录 A 表 A-6。

4.3.4.5 本细则土粒的比重可采用表 4.3.4.5 数值,对于有机质含量大于 5% 的土,应实测土粒的比重。

表 4.3.4.5 宁波地区土粒的比重值

土的类别及名称		划 分 标 准		比重
		按塑性指数 IP	按颗粒组成百分数	
黏性土	黏土	Ip>24 20<Ip≤24 17<Ip≤20	—	2.76 2.75 2.74
	粉质黏土	14<Ip≤17 10<Ip≤14	—	2.73 2.72
粉性土	黏质粉土	7<Ip≤10	10%<$d_{0.005}$≤15%	2.71
	砂质粉土	3<Ip≤7	$d_{0.005}$≤10%	2.70
砂土	粉砂	—	50%<$d_{0.075}$≤85%	2.69
	细砂	—	85%<$d_{0.075}$	2.68
	中砂	—	50%<$d_{0.25}$	2.67
	粗砂	—	50%<$d_{0.50}$	2.66

注:1. $d_{0.005}$、$d_{0.075}$、$d_{0.25}$、$d_{0.50}$ 分别表示粒径<0.005mm 的百分含量、粒径>0.075mm 的百分含量、粒径>0.25mm 的百分含量、粒径>0.50mm 的百分含量。2. 液限根据 76 克圆锥仪液限测定法(锥入土深度为 10mm)测得,塑限根据滚搓法塑限试验测得,Ip=液限-塑限。

4.4 颗粒分析试验

4.4.1 筛分法

4.4.1.1 本试验方法适用于粒径小于、等于 60mm，大于 0.075mm 的土。

4.4.1.2 本试验所用的仪器设备应符合下列规定：

1 试验筛：应符合《金属丝编织网试验筛》(GB/T 6003.1) 的要求。

2 粗筛：孔径为 60、40、20、10、5、2mm。

3 细筛：孔径为 2.0、1.0、0.5、0.25、0.15、0.075mm。

4 天平：称量 1000g，分度值 0.1g；称量 200g，分度值 0.01g。

5 台秤：称量 5kg，分度值 1g。

6 振筛机：应符合《实验室用标准筛振荡机技术条件》 (DZ/T 0118)的技术要求。

7 其他：烘箱、量筒、漏斗、瓷杯、附带橡皮头研杵的研钵、瓷盘、毛刷、匙、木碾。

4.4.1.3 筛析法的取样数量，应符合表 4.4.1.3 的规定。

表 4.4.1.3 取样数量

颗粒尺寸(mm)	取样数量(g)
<2	100～300
<10	300～1000
<20	1000～2000
<40	2000～4000
<60	4000 以上

4.4.1.4 筛析法试验,应按下列步骤进行:

1 按本细则表4.4.1.3的规定称取试样质量,应准确至0.1g,试样数量超过500g时,应准确至1g。

2 将试样过2mm筛,称筛上和筛下的试样质量。当筛下的试样质量小于试样总质量的10%时,不作细筛分析;筛上的试样质量小于试样总质量的10%时,不作粗筛分析。

3 取筛上的试样倒入依次叠好的粗筛中,筛下的试样倒入依次叠好的细筛中,进行筛析。细筛宜置于振筛机上震筛,振筛时间宜为10min~15min。再按由上而下的顺序将各筛取下,称各级筛上及底盘内试样的质量,应准确至0.1g。

4 筛后各级筛上和筛底上试样质量的总和与筛前试样总质量的差值,不得大于试样总质量的1%。

注:根据土的性质和工程要求可适当增减不同筛径的分析筛。

4.4.1.5 含有细粒土颗粒的砂土的筛析法试验,应按下列步骤进行:

1 按本细则表4.4.1.3的规定称取代表性试样,置于盛水容器中充分搅拌,使试样的粗细颗粒完全分离。

2 将容器中的试样悬液通过2mm筛,取筛上的试样烘至恒量,称烘干试样质量,应准确到0.1g,并按本细则第4.4.1.4条3、4款的步骤进行粗筛分析,取筛下的试样悬液,用带橡皮头的研杆研磨,再过0.075mm筛,并将筛上试样烘至恒量,称烘干试样质量,应准确至0.1g,然后按本细则第4.4.1.4条3、4款的步骤进行细筛分析。

3 当粒径小于0.075mm的试样质量大于试样总质量的10%时,应按本细则4.4.2密度计法或4.4.3移液管法测定小于0.075mm的颗粒组成。

4.4.1.6 小于某粒径的试样质量占试样总质量的百分比,应按下式计算:

$$X = \frac{m_A}{m_B} \cdot d_x \qquad\qquad (4.4.1.6)$$

式中　X——小于某粒径的试样质量占试样总质量的百分
　　　　　　比(%)；

　　　m_A——小于某粒径的试样质量(g)；

　　　m_B——细筛分析时为所取的试样质量,粗筛分析时
　　　　　　为试样总质量(g)；

　　　d_x——粒径小于2mm或粒径小于0.075mm的试样
　　　　　　质量占试样总质量的百分比(%)。

4.4.1.7　以小于某粒径的试样质量占试样总质量的百分比为
纵坐标,颗粒粒径为横坐标,在单对数坐标上绘制颗粒大小分布
曲线,见图4.4.1.7。

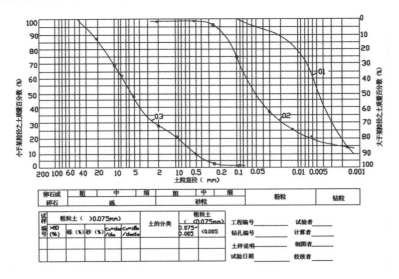

图 4.4.1.7　颗粒大小分布曲线

4.4.1.8　必要时计算级配指标:不均匀系数和曲率系数。

　　1　不均匀系数按下式计算:

$$C_u = d_{60}/d_{10} \qquad\qquad (4.4.1.8-1)$$

式中　C_u——不均匀系数；

d_{60}——限制粒径，颗粒大小分布曲线上的某粒径，小于该粒径的土含量占总质量的 60%（mm）；

d_{10}——有效粒径，颗粒大小分布曲线上的某粒径，小于该粒径的土含量占总质量的 10%（mm）。

2　曲率系数按下式计算：

$$C_c = \frac{d_{30}^2}{d_{10} \cdot d_{60}}$$　　　　　（4.4.1.8-2）

式中　C_c——曲率系数；

d_{30}——颗粒大小分布曲线上的某粒径，小于该粒径的土含量占总质量的 30%（mm）。

4.4.1.9　筛析法试验的记录格式见附录 A 表 A-7。

4.4.2　密度计法

4.4.2.1　本试验方法适用于粒径小于 0.075mm 的试样。

4.4.2.2　本试验所用的主要仪器设备，应符合下列规定：

1　密度计：

1）甲种：刻度单位以 20℃时每 100mL 悬液内所含土质量的克数表示，刻度为 -5～50，分度值为 0.5。

2）乙种：刻度单位以 20℃时悬液的比重表示，刻度为 0.995～1.020，分度值为 0.0002。

2　量筒：内径约 60mm，容积 1000mL，高约 420mm，刻度 0mL～1000mL，准确至 10mL。

3　洗筛：孔径 0.075mm。

4　洗筛漏斗：上口直径大于洗筛直径，下口直径略小于量筒内径。

5　天平：称量 200g，最小分度值 0.01g。

6　搅拌器：轮径 50mm，孔径 3mm，杆长约 450mm，带螺旋叶。

7　煮沸设备：附冷凝管装置。

8 温度计:刻度 0℃～50℃,最小分度值 0.5℃。

9 其他:秒表、锥形瓶(容积 500mL)、研钵、木杵、电导率仪等。

4.4.2.3 本试验所用试剂,应符合下列规定:

1 4%六偏磷酸钠溶液:溶解 4g 六偏磷酸钠$(NaPO_3)_6$ 于 100mL 水中。

2 5%酸性硝酸银溶液:溶解 5g 硝酸银$(AgNO_3)$于 100mL 的 10%硝酸(HNO_3)溶液中。

3 5%酸性氯化钡溶液:溶解 5g 氯化钡$(BaCl_2)$于 100mL 的 10%盐酸(HCl)溶液中。

4.4.2.4 密度计法试验,应按下列步骤进行:

1 试验的试样,宜采用风干试样。当试样中易溶盐含量大于 0.5%时,应洗盐。易溶盐含量的检验方法可用电导法或目测法。

1)电导法:按电导率仪使用说明书操作测定 T℃时试样溶液(土水比为 1∶5)的电导率,并按下式计算 20℃时的电导率:

$$K_{20} = \frac{K_T}{1 + 0.02(T - 20)} \qquad (4.4.2.4\text{-}1)$$

式中 K_{20}——20℃时悬液的电导率$(\mu S/cm)$;

K_T—— T℃时悬液的电导率$(\mu S/cm)$;

T——测定时悬液的温度(℃)。

注:K_{20}若大于 $1000\mu S/cm$ 应洗盐。K_{20}若大于 $2000\mu S/cm$ 应按本细则第 4.22.3 节各步骤测定易溶盐含量。

2)目测法:取风干试样 3g 于烧杯中,加适量纯水调成糊状研散,再加纯水 25mL,煮沸 10min,冷却后移入试管中,放置过夜,观察试管,出现凝聚现象应洗盐。易溶盐含量测定按本细则第 4.22.3 节各步骤进行。

3)洗盐方法:按式(4.4.2.4-3)计算,称取干土质量为 30g 的风干试样质量,准确至 0.01g,倒入 500mL 的锥形瓶中,加纯水 200mL，搅拌后用滤纸过滤或抽气过滤，并用纯水洗滤到滤液的电导率 K_{20} 小于 $1000\mu S/cm$（或对 5％酸性硝酸银溶液和 5％酸性氯化钡溶液无白色沉淀反应）为止，滤纸上的试样按本条第 4 款步骤进行操作。

2 称取具有代表性风干试样 200g～300g，过 2mm 筛，求出筛上试样占试样总质量的百分比。取筛下土测定试样风干含水率。

3 试样干质量为 30g 的风干试样质量按下式计算：

当易溶盐含量小于 1％时，

$$m_0 = 30(1 + 0.01w_0) \qquad (4.4.2.4-2)$$

当易溶盐含量不小于 1％时，

$$m_0 = \frac{30(1 + 0.01w_0)}{1 - W} \qquad (4.4.2.4-3)$$

式中 W——易溶盐含量（％）。

4 将风干试样或洗盐后在滤纸上的试样倒入 500mL 锥形瓶，注入纯水 200mL，浸泡过夜，然后置于煮沸设备上煮沸，煮沸时间宜为 40min。

5 将冷却后的悬液移入烧杯中，静置 1min，通过洗筛漏斗将上部悬液过 0.075mm 筛，遗留杯底沉淀物用带橡皮头研杵研散，再加适量水搅拌，静置 1min，再将上部悬液过 0.075mm 筛，如此重复倾洗（每次倾洗，最后所得悬液不得超过 1000mL）直至杯底砂粒洗净，将筛上和杯中砂粒合并洗入蒸发皿中，倾去清水，烘干，称量并按本细则第 4.4.1.4 条 3、4 款的步骤进行细筛分析，并计算各级颗粒占试样总质量的百分比。

6 将过筛悬液倒入量筒，加入 4％六偏磷酸钠 10mL，再注入纯水至 1000mL。

注：对加入六偏磷酸钠后仍产生凝聚的试样应选用其他分散剂。

7 将搅拌器放入量筒中，沿悬液深度上下搅拌 1min，取出搅拌器,立即开动秒表,将密度计放入悬液中,测记 0.5、1、2、5、15、30、60、120 和 1440min 时的密度计读数。每次读数均应在预定时间前 10s～20s,将密度计放入悬液中。且接近读数的深度,保持密度计浮泡处在量筒中心,不得贴近量筒内壁。

8 密度计读数均以弯液面上缘为准。甲种密度计应准确至 0.5,乙种密度计应准确至 0.0002。每次读数后,应取出密度计放入盛有纯水的量筒中,并应测定相应的悬液温度,准确至 0.5℃,放入或取出密度计时,应小心轻放,不得扰动悬液。

4.4.2.5 小于某粒径的试样质量占试样总质量的百分比应按下式计算:

1 甲种密度计:

$$X = \frac{100}{m_d} C_G (R + m_T + n - C_D) \qquad (4.4.2.5\text{-}1)$$

式中 X——小于某粒径的试样质量百分比(%);

m_d——试样干质量(g);

C_G——土粒比重校正值,查表 4.4.2.5-1;

m_T——悬液温度校正值,查表 4.4.2.5-2;

n——弯月面校正值;

C_D——分散剂校正值;

R——甲种密度计读数。

2 乙种密度计:

$$X = \frac{100 v_x}{m_d} C'_G [(R'-1) + m'_T + n' - C'_D] \cdot \rho_{w20}$$

$$(4.4.2.5\text{-}2)$$

式中 C'_G——土粒比重校正值,查表 4.4.2.5-1;

m'_T——悬液温度校正值,查表 4.4.2.5-2;

n'——弯月面校正值;

C'_D——分散剂校正值;

R'——乙种密度计读数;

v_x——悬液体积（＝1000mL）；

ρ_{w20}——20℃时纯水的密度（＝0.998232g/cm³）。

表 4.4.2.5-1　土粒比重校正表

土粒比重	比重校正值	
	甲种密度计 C_G	乙种密度计 C'_G
2.50	1.038	1.666
2.52	1.032	1.658
2.54	1.027	1.649
2.56	1.022	1.641
2.58	1.017	1.632
2.60	1.012	1.625
2.62	1.007	1.617
2.64	1.002	1.609
2.66	0.998	1.603
2.68	0.993	1.595
2.70	0.989	1.588
2.72	0.985	1.581
2.74	0.981	1.575
2.76	0.977	1.568
2.78	0.973	1.562
2.80	0.969	1.556
2.82	0.965	1.549
2.84	0.961	1.543
2.86	0.958	1.538
2.88	0.954	1.532

表 4.4.2.5-2　温度校正值表

悬液温度℃	甲种密度计温度校正值 m_T	乙种密度计温度校正值 m'_T	悬液温度℃	甲种密度计温度校正值 m_T	乙种密度计温度校正值 m'_T
10.0	-2.0	-0.0012	20.5	+0.1	+0.0001
10.5	-1.9	-0.0012	21.0	+0.3	+0.0002
11.0	-1.9	-0.0012	21.5	+0.5	+0.0003
11.5	-1.8	-0.0011	22.0	+0.6	+0.0004
12.0	-1.8	-0.0011	22.5	+0.8	+0.0005
12.5	-1.7	-0.0010	23.0	+0.9	+0.0006
13.0	-1.6	-0.0010	23.5	+1.1	+0.0007
13.5	-1.5	-0.0009	24.0	+1.3	+0.0008
14.0	-1.4	-0.0009	24.5	+1.5	+0.0009
14.5	-1.3	-0.0008	25.0	+1.7	+0.0010
15.0	-1.2	-0.0008	25.5	+1.9	+0.0011
15.5	-1.1	-0.0007	26.0	+2.1	+0.0013
16.0	-1.0	-0.0006	26.5	+2.2	+0.0014
16.5	-0.9	-0.0006	27.0	+2.5	+0.0015
17.0	-0.8	-0.0005	27.5	+2.6	+0.0016
17.5	-0.7	-0.0004	28.0	+2.9	+0.0018
18.0	-0.5	-0.0003	28.5	+3.1	+0.0019
18.5	-0.4	-0.0003	29.0	+3.3	+0.0021
19.0	-0.3	-0.0002	29.5	+3.5	+0.0022
19.5	-0.1	-0.0001	30.0	+3.7	+0.0023
20.0	0.0	0.0000			

4.4.2.6 试样颗粒粒径应按下式计算：

$$d=\sqrt{\frac{1800\times10^4 \cdot \eta}{(G_s-G_{wT})\rho_{wT}g} \cdot \frac{L}{t}} \qquad (4.4.2.6)$$

式中　d——试样颗粒粒径（mm）；

η——水的动力粘滞系数（kPa·s×10^{-6}），查表 4.8.1.3；

G_{wT}——T℃时水的比重；

ρ_{wT}——4℃时纯水的密度（g/cm³）；

L——某一时间内的土粒沉降距离（cm）；

43

t——沉降时间（s）；

g——重力加速度（cm/s²）。

4.4.2.7 颗粒大小分布曲线，应按本细则第 4.4.1.7 条的步骤绘制，当密度计法和筛析法联合分析时，应将试样总质量折算后绘制颗粒大小分布曲线，并应将两段曲线连成一条平滑的曲线（图 4.4.1.7）。

4.4.2.8 密度计法试验的记录格式见附录 A 表 A-8。

4.4.3 移液管法

4.4.3.1 本试验方法适用于粒径小于 0.075mm 的试样。

4.4.3.2 本试验所用的主要仪器设备应符合下列要求：

1 移液管（图 4.4.3.2）：容积 25mL。

2 烧杯：容积 50mL。

3 天平：称量 200g，最小分度值 0.001g。

4 其他与密度计法相同。

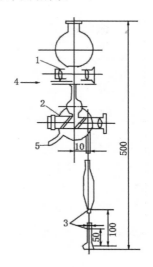

图 4.4.3.2 移液管示意图

1—二通阀；2—三通阀；3—移液管；4—接吸球；5—放流口

4.4.3.3 移液管法试验应按下列步骤进行：

1 取代表性试样，黏土 10g ～ 15g，砂土 20g，准确至 0.001g，并按本细则 4.4.2.4 条第 1～5 款的步骤制备悬液。

2 将装置悬液的量筒置于恒温水槽中，测记悬液温度，准确至 0.5℃，试验过程中悬液温度变化范围为 ±0.5℃。并按本细则式(4.4.2.6)计算粒径小于 0.05、0.01、0.005、0.002mm 和其他所需粒径下沉一定深度所需的静置时间(或查表 4.4.3.3)。

3 用搅拌器沿悬液深度上、下搅拌 1min，取出搅拌器，开动秒表，将移液管的二通阀置于关闭位置、三通阀置于移液管和吸球相通的位置，根据各粒径所需的静置时间，提前 10s 将移液管放入悬液中，浸入深度为 10cm，用吸球吸取悬液。吸取量应不少于 25mL。

4 旋转三通阀，使吸球与放液口相通，将多余的悬液从放液口流出，收集后倒入原悬液中。

5 将移液管下口放入烧杯内，旋转三通阀，使吸球与移液管相通，用吸球将悬液挤入烧杯中，从上口倒入少量纯水，旋转二通阀，使上下口连通，水则通过移液管将悬液洗入烧杯中。

6 将烧杯内的悬液蒸干，在温度 105℃ ～110℃ 下烘至恒量，称烧杯内试样质量，准确至 0.001g。

表 4.4.3.3 土粒在不同温度静水中沉降时间表

土粒比重	土粒直径 (mm)	沉降距离 (cm)	10.0℃ (h m s)	12.5℃ (h m s)	15.0℃ (h m s)	17.5℃ (h m s)	20.0℃ (h m s)	22.5℃ (h m s)	25.0℃ (h m s)	27.5℃ (h m s)	30.0℃ (h m s)	32.5℃ (h m s)	35.0℃ (h m s)
2.60	0.050	25.0	2 29	2 19	2 10	2 02	1 55	1 49	1 43	1 37	1 32	1 27	1 23
	0.050	12.5	1 14	1 09	1 05	1 01	58	54	51	48	46	44	41
	0.010	10.0	24 52	23 12	21 45	20 24	19 14	18 06	17 06	16 09	15 39	14 38	13 49
	0.005	10.0	1 39 26	1 32 48	1 26 59	1 21 37	1 16 55	1 12 24	1 08 25	1 04 14	1 01 10	58 23	55 16
2.65	0.050	25.0	2 25	2 15	2 06	1 59	1 52	1 45	1 40	1 34	1 29	1 25	1 20
	0.050	12.5	1 12	1 07	1 03	59	56	53	50	47	44	42	40
	0.010	10.0	24 07	22 30	21 05	19 47	18 39	17 33	16 35	15 39	14 50	14 06	13 24
	0.005	10.0	1 36 27	1 29 59	1 24 21	1 19 08	1 14 34	1 10 12	1 06 21	1 02 38	59 19	56 24	53 34
2.70	0.050	25.0	2 20	2 11	2 03	1 55	1 49	1 42	1 36	1 31	1 21	1 22	1 18
	0.050	12.5	1 10	1 05	1 01	58	54	51	48	45	43	41	39
	0.010	10.0	23 24	21 50	20 28	19 13	18 06	17 02	16 06	15 12	14 23	13 41	13 00
	0.005	10.0	1 33 38	1 27 21	1 21 54	1 16 50	1 12 24	1 08 10	1 04 24	1 00 47	57 34	54 44	52 00
2.75	0.050	25.0	2 16	2 07	1 59	1 52	1 45	1 39	1 34	1 28	1 24	1 21	1 16
	0.050	12.5	1 08	1 04	1 00	56	53	50	47	44	42	40	38
	0.010	10.0	22 44	21 13	19 53	18 40	17 35	16 33	15 38	14 46	13 59	13 26	12 37
	0.005	10.0	1 30 55	1 24 52	1 19 33	1 14 38	1 10 19	1 06 13	1 02 34	59 04	55 56	53 48	50 31
2.80	0.050	25.0	2 13	2 04	1 56	1 49	1 42	1 36	1 31	1 26	1 21	1 17	1 14
	0.050	12.5	1 06	1 02	58	54	51	48	46	43	41	39	37
	0.010	10.0	22 06	20 38	19 20	18 09	17 05	16 06	15 12	14 21	13 35	12 55	12 17
	0.005	10.0	1 28 25	1 22 30	1 17 20	1 12 33	1 08 22	1 04 22	1 00 50	57 25	54 21	51 42	49 07

注：表也可以固定相同的沉降距离计算出相应的沉降时间。

4.4.3.4 小于某粒径的试样质量占试祥总质量的百分比,应按下式计算:

$$X = \frac{m_x \cdot V_x}{V'_x m_d} \times 100 \qquad (4.4.3.4)$$

式中 V_x——悬液总体积(1000mL);

V'_x——吸取悬液的体积($=25$mL);

m_x——吸取悬液中的试样干质量(g)。

4.4.3.5 颗粒大小分布曲线应按本细则第4.4.1.7条绘制。当移液管法和筛析法联合分析时,应将试样总质量折算后绘制颗粒大小分布曲线,并将两段曲线连成一条平滑的曲线(图4.4.1.7)。

4.4.3.6 移液管法试验的记录格式见附录A表A-9。

4.5 界限含水率试验

4.5.1 液、塑限联合测定法

4.5.1.1 本试验方法适用于粒径小于0.5mm以及有机质含量不大于干土质量5%的土。

4.5.1.2 本试验所用的主要仪器设备,应符合下列规定:

1 光电式液塑限联合测定仪(图4.5.1.2):包括带标尺的圆锥仪、电磁铁、显示屏、控制开关和试样杯。圆锥质量为76g,锥角为30°;读数显示宜采用光电式、游标式和百分表式;试样杯内径为40mm,高度为30mm。

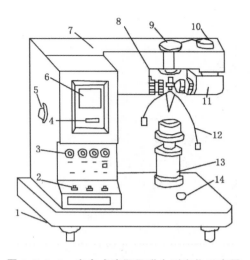

图 4.5.1.2 光电式液塑限联合测定仪示意图

1—水平调节螺丝;2—控制开关;3—指示灯;4—零线调节螺丝;5—反光镜调节螺丝;6—屏幕;7—机壳;8—物镜调节螺丝;9—电磁装置;10—光源调节螺丝;11—光源;12—圆锥仪;13—升降台;14—水平泡

2 天平:称量 200g,最小分度值 0.01g。

4.5.1.3 液、塑限联合测定法试验,应按下列步骤进行:

1 本试验宜采用天然含水率试样,当土样不均匀时,采用风干试样,当试样中含有粒径大于 0.5mm 的土粒和杂物时,应过 0.5mm 筛。

2 当采用天然含水率土样时,取代表性土样 250g;采用风干试样时,取 0.5mm 筛下的代表性土样 200g,将试样放在橡皮板上用纯水将土样调成均匀膏状,放入调土皿,浸润过夜。

3 将制备的试样充分调拌均匀,密实地填入试样杯中,填样时不应留有空隙,填满后刮平表面。

4 将试样杯放在联合测定仪的升降座上,在圆锥上抹一薄层凡士林,接通电源,使电磁铁吸住圆锥。当使用游标式或百分表式时,要提起锥杆,用旋钮固定。

5 调节零点,将屏幕上的标尺调在零位,调整升降座,使圆锥尖接触试样表面,指示灯亮时圆锥在自重下沉入试样,经 5s 后测读圆锥下沉深度(显示在屏幕上),取出试样杯,挖去锥尖入土处的凡士林,取锥体附近的试样不少于 10g,放入称量盒内,测定含水率。

6 将全部试样再加水或吹干并调匀,重复本条 3～5 款的步骤分别测定其余第二点、第三点试样的圆锥下沉深度及相应的含水率。液塑限联合测定应不少于三点。

4.5.1.4 试样的含水率应按本细则式(4.1.0.4)计算。

4.5.1.5 以含水率为横坐标,圆锥下沉深度为纵坐标在双对数坐标纸上绘制关系曲线(图 4.5.1.5),三点应在一直线上如图中 A 线。当三点不在一直线上时,通过高含水率的点和其余两点连成两条直线,在下沉为 2mm 处查得相应的两个含水率,当两个含水率的差值小于 2％时,应以两点含水率的平均值与高含水率的点连一直线如图中 B 线,当两个含水率的差值大于、等于 2％时,应重做试验。

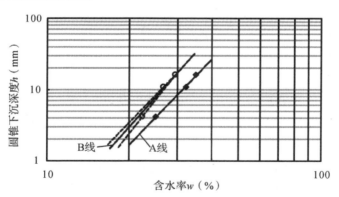

图 4.5.1.5　圆锥下沉深度与含水率关系曲线

4.5.1.6 在圆锥下沉深度与含水率的关系图(图 4.5.1.5)上查得下沉深度为 17mm 所对应的含水率为液限,查得下沉深度为 10mm 所对应的含水率为 10mm 液限,查得下沉深度为 2mm 所对应的含水率为塑限,取值以百分数表示,准确至 0.1％。

4.5.1.7 塑性指数应按下式计算：

$$I_p = w_L - w_p \tag{4.5.1.7}$$

式中　I_p——塑性指数；

　　　w_L——液限（%）；

　　　w_p——塑限（%）。

4.5.1.8 液性指数应按下式计算：

$$I_L = \frac{w_0 - w_p}{I_p} \tag{4.5.1.8}$$

式中　I_L——液性指数，计算至 0.01。

4.5.1.9 液、塑限联合测定法试验的记录格式见附录 A 表 A-10。

4.5.2 76 克圆锥仪液限测定法

4.5.2.1 本试验适用于粒径小于 0.5mm 以及有机质含量不大于干土质量 5% 的土，适用于测定 10mm 液限。

4.5.2.2 仪器设备：

1 76 克圆锥仪：锥质量为 76g，锥角为 30°，锥体标注有 10mm 刻度。

2 盛土杯：内径 50mm，深度 40mm～50mm。

3 天平：称量 200g，最小分度值 0.01g。

4 其他：筛（孔径 0.5mm）、调土刀、调土皿、称量盒、研钵（附带橡皮头研杵或橡皮板、木棒）、干燥器、吸管、凡士林等。

4.5.2.3 试验步骤：

1 取有代表性的天然含水量或风干土样进行试验。如风干土样中含大于 0.5mm 的土粒或杂物时，应将风干土样用带橡皮头的研杵研碎或用木棒在橡皮板上压碎，过 0.5mm 筛。取 0.5mm 筛下的代表性土样 200g，放入盛土皿中，加入蒸馏水，用调土刀调匀，盖上湿布，放置 18h 以上。

2 将制备的试样充分调拌均匀，密实地填入试样杯中，填样时不应留有空隙，填满后刮平表面。

3 调平仪器,提起锥杆,在锥头上涂少许凡士林。

4 将装好土样的试样杯放在测定仪的升降座上,当锥尖与土样表面刚好接触时松开圆锥仪,让圆锥仪自由下落,经5s后,此时锥入土深度为10mm。

5 改变锥尖与土接触位置(锥尖两次锥入位置距离不小于1cm),重复本条3～4款步骤。

6 去掉锥尖入土处的凡士林,取10g以上的土样两个,分别装入称量盒内,称质量(准确至0.01g),测定其含水率(计算至0.1%)。计算含水率平均值。

4.5.3 碟式仪液限试验

4.5.3.1 本试验方法适用于粒径小于0.5mm的土。

4.5.3.2 本试验所用的主要仪器设备,应符合下列规定:

1 碟式液限仪(图4.5.3.2):由铜碟、支架及底座组成,底座应为硬橡胶制成。

2 开槽器(图4.5.3.2):带量规,具有一定形状和尺寸。

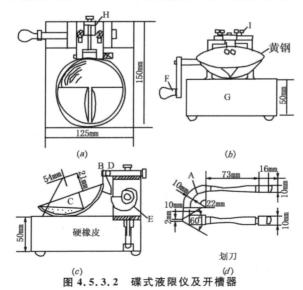

图4.5.3.2 碟式液限仪及开槽器

A—划刀;B—销子;C—土碟;D—支架;E—蜗轮;F—摇柄;G—底座;H—调整板;I—螺丝

4.5.3.3 碟式仪的校准应按下列步骤进行：

1 松开调整板的定位螺钉,将开槽器上的量规垫在铜碟与底座之间,用调整螺钉将铜碟提升高度,调整到 10mm。

2 保持量规位置不变,迅速转动摇柄以检验调整是否正确。当蜗形轮碰击从动器时,铜碟不动,并能听到轻微的声音,表明调整正确。

3 拧紧定位螺钉,固定调整板。

4.5.3.4 试样制备应按本细则 4.5.1.3 条第 1、2 款的步骤制备不同含水率的试样。

4.5.3.5 碟式仪法试验,应按下列步骤进行：

1 将制备好的试样充分调拌均匀,铺于铜碟前半部,用调土刀将铜碟前沿试样刮成水平,使试样中心厚度为 10mm,用开槽器经蜗形轮的中心沿铜碟直径将试样划开,形成 V 形槽。

2 以每秒两转的速度转动摇柄,使铜碟反复起落,坠击于底座上,数记击数,直至槽底两边试样的合拢长度为 13mm 时,记录击数,并在槽的两边取试样(不应少于 10g),放入称量盒内,测定含水率。

3 将加不同水量的试样,重复本条 1、2 款的步骤测定槽底两边试样合拢长度为 13mm 所需要的击数及相应的含水率,试样宜为 4～5 个,槽底试样合拢所需要的击数宜控制在 15～35 击之间。含水率按本细则式(4.1.0.4)计算。

4.5.3.6 以击次为横坐标,含水率为纵坐标,在单对数坐标纸上绘制击次与含水率关系曲线(图 4.5.3.6),取曲线上击次为 25 所对应的整数含水率为试样的液限。

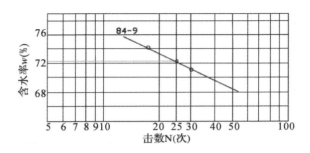

图 4.5.3.6 液限曲线

4.5.3.7 碟式仪法液限试验的记录格式见附录 A 表 A-11。

4.5.4 滚搓法塑限试验

4.5.4.1 本试验方法适用于粒径小于 0.5mm 的土。

4.5.4.2 本试验所用的主要仪器设备,应符合下列规定:

1 毛玻璃板:尺寸宜为 200mm×300mm。

2 卡尺:分度值为 0.02mm。

4.5.4.3 滚搓法试验,应按下列步骤进行:

1 取 0.5mm 筛下的代表性试样 100g,放在盛土皿中加纯水拌匀,湿润过夜。

2 将制备好的试样在手中揉捏至不粘手,捏扁,当出现裂缝时,表示其含水率接近塑限。

3 取接近塑限含水率的试样 8g～10g,用手搓成椭圆形,放在毛玻璃板上用手掌滚搓,滚搓时手掌的压力要均匀地施加在土条上,不得使土条在毛玻璃板上无力滚动,土条不得有空心现象,土条长度不宜大于手掌宽度。

4 当土条直径搓成 3mm 时产生裂缝,并开始断裂,表示试样的含水率达到塑限含水率。当土条直径搓成 3mm 时不产生裂缝或土条直径大于 3mm 时开始断裂,表示试样的含水率高于塑限或低于塑限,都应重新取样进行试验。

5 取直径 3mm 有裂缝的土条 3g～5g,测定土条的含水率。

4.5.4.4 本试验应进行两次平行测定,两次测定的差值应符合第 4.1.0.5 条的规定。

4.5.4.5 滚搓法试验的记录格式见附录 A 表 A-12。

4.5.5 收缩皿法缩限试验

4.5.5.1 本试验方法适用于粒径小于 0.5mm 的土。

4.5.5.2 本试验所用的主要仪器设备,应符合下列规定:

1 收缩皿:由金属制成,直径 45mm～50mm,高 20mm～30mm。

2 卡尺:分度值为 0.02mm。

4.5.5.3 收缩皿法试验,应按下列步骤进行:

1 取代表性试样 200g,搅拌均匀,加纯水制备成含水率等于、略大于 10mm 液限的试样。

2 在收缩皿内涂一薄层凡士林,将试样分层填入收缩皿中,每次填入后,将收缩皿底拍击试验桌,直至驱尽气泡,收缩皿内填满试样后刮平表面。

3 擦净收缩皿外部,称收缩皿和试样总质量,准确至 0.01g。

4 将填满试样的收缩皿放在通风处晾干,当试样颜色变淡时,放入烘箱内烘至恒量,取出置于干燥器内冷却至室温,称收缩皿和干试样的总质量,准确至 0.01g。

5 用蜡封法测定干试样的体积。

4.5.5.4 土的缩限,应按下式计算,准确至 0.1%。

$$w_n = w - \frac{V_0 - V_d}{m_d} \rho_w \times 100 \qquad (4.5.5.4)$$

式中 w_n——土的缩限(%);

w——制备时的含水率(%);

V_0——湿试样的体积(cm^3);

V_d——干试样的体积(cm^3)。

4.5.5.5 本试验应进行两次平行测定,两次测定的差值应符合 4.1.0.5 条的规定。

4.5.5.6 收缩皿法试验的记录格式见附录 A 表 A-13。

4.6 砂的相对密度试验

4.6.1 一般规定

4.6.1.1 本试验方法适用于粒径不大于 5mm,其中粒径 2mm ～5mm 的试样质量不大于试样总质量的 15% 的能自由排水的砂砾土。

4.6.1.2 砂的相对密度试验是进行砂的最大干密度和最小干密度试验,砂的最小干密度试验宜采用漏斗法和量筒法,砂的最大干密度试验采用振动锤击法。

4.6.1.3 本试验必须进行两次平行测定,两次测定的密度差值不得大于 0.03g/cm³,取两次测值的平均值。

4.6.2 砂的最小干密度试验

4.6.2.1 本试验所用的主要仪器设备(图 4.6.2.1),应符合下列规定:

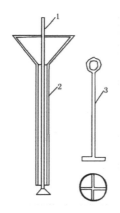

图 4.6.2.1 漏斗及拂平器

1—锥形塞;2—长颈漏斗;3—砂面拂平器

1 量筒:容积 500mL 和 1000mL,后者内径应大于 60mm。

2 长颈漏斗:颈管的内径为 1.2cm,颈口应磨平。

3 锥形塞:直径为 1.5cm 的圆锥体,焊接在铁杆上。

4 砂面拂平器:十字形金属平面焊接在铜杆下端。

4.6.2.2 最小干密度试验,应按下列步骤进行:

1 将锥形塞杆自长颈漏斗下口穿入,并向上提起,使锥底堵住漏斗管口,一并放入 1000mL 的量筒内,使其下端与量筒底接触。

2 称取烘干的代表性试样 700g,均匀缓慢地倒入漏斗中,将漏斗和锥形塞杆同时提高,移动塞杆,使锥体略离开管口,管口应经常保持高出砂面 1cm～2cm,使试样缓慢且均匀分布地落入量筒中。

3 试样全部落入量筒后,取出漏斗和锥形塞,用砂面拂平器将砂面拂平并测记试样体积,估读至 5mL。

注:若试样中不含大于 2mm 的颗粒,可取试样 400g 用 500mL 的量筒进行试验。

4 用手掌或橡皮板堵住量筒口,将量筒倒转并缓慢地转回到原来位置,重复数次,记下试样在量筒内所占体积的最大值,估读至 5mL。

5 取上述两种方法测得的较大体积值,计算最小干密度。

4.6.2.3 最小干密度应按下式计算:

$$\rho_{\text{dmin}} = \frac{m_{\text{d}}}{V_{\text{max}}} \tag{4.6.2.3}$$

式中　ρ_{dmin}——试样的最小干密度(g/cm^3)。

4.6.2.4 最大孔隙比应按下式计算:

$$e_{\text{max}} = \frac{\rho_{\text{w}} \cdot G_{\text{s}}}{\rho_{\text{dmin}}} - 1 \tag{4.6.2.4}$$

式中　e_{max}——试样的最大孔隙比。

4.6.2.5 砂的最小干密度试验记录格式见附录 A 表 A-14。

4.6.3 砂的最大干密度试验

4.6.3.1 本试验所用的主要仪器设备,应符合下列规定:

1 金属圆筒:容积 250mL,内径为 5cm,容积 1000mL,内径为 10cm,高度均为 12.7cm,附护筒。

2 振动叉(图 4.6.3.1-1)。

3 击锤(图 4.6.3.1-2):锤质量 1.25kg,落高 15cm,锤直径 5cm。

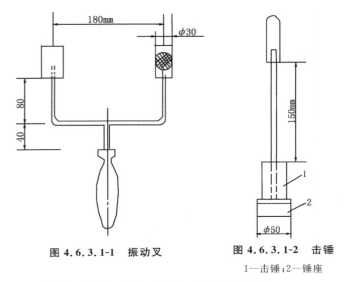

图 4.6.3.1-1 振动叉   图 4.6.3.1-2 击锤

1—击锤;2—锤座

4.6.3.2 最大干密度试验,应按下列步骤进行:

1 取代表性试样 2000g,拌匀,分 3 次倒入金属圆筒进行振击,每层试样宜为圆筒容积的 1/3,试样倒入筒后用振动叉以每分钟往返 150~200 次的速度敲打圆筒两侧,并在同一时间内用击锤锤击试样表面,每分钟 30~60 次,直至试样体积不变为止。如此重复第二层和第三层,第三层装样时应先在容器口上安装护筒。

2 取下护筒,刮平试样,称圆筒和试样的总质量,准确至 1g,并记录试样体积,计算出试样质量。

4.6.3.3 最大干密度应按下式计算:

$$\rho_{dmax} = \frac{m_d}{V_{min}}$$

(4.6.3.3)

式中 ρ_{dmax}——最大干密度(g/cm³)。

4.6.3.4 最小孔隙比应按下式计算：

$$e_{min} = \frac{\rho_w \cdot G_s}{\rho_{dmax}} - 1 \qquad (4.6.3.4)$$

式中 e_{min}——最小孔隙比。

4.6.3.5 砂的相对密度应按下式计算：

$$D_r = \frac{e_{max} - e_0}{e_{max} - e_{min}} \qquad (4.6.3.5-1)$$

或 $$D_r = \frac{(\rho_d - \rho_{dmin})\rho_{dmax}}{(\rho_{dmax} - \rho_{dmin})\rho_d} \qquad (4.6.3.5-2)$$

式中 e_0——砂的天然孔隙比或填土的相应孔隙比；

D_r——砂的相对密度；

ρ_d——要求的干密度或天然干密度(g/cm^3)。

4.6.3.6 砂的最大干密度试验记录格式见附录 A 表 A-14。

4.7 击实试验

4.7.0.1 本试验分轻型击实和重型击实试验。轻型击实试验适用于粒径小于 5mm 的黏性土。重型击实试验适用于粒径不大于 20mm 的土,采用三层击实时,最大粒径不大于 40mm。

4.7.0.2 轻型击实试验的单位体积击实功约 592.2kJ/m^3,重型击实试验的单位体积击实功约 2684.9kJ/m^3。

4.7.0.3 本试验所用的主要仪器设备(如图 4.7.0.3-1、图 4.7.0.3-2)应符合下列规定:

1 击实仪的击实筒和击锤尺寸应符合表 4.7.0.3 规定。

2 击实仪的击锤应配导筒,击锤与导筒间应有足够的间隙使锤能自由下落;电动操作的击锤必须有控制落距的跟踪装置和锤击点按一定角度(轻型 53.5°,重型 45°)均匀分布的装置(重型击实仪中心点每圈要加一击)。

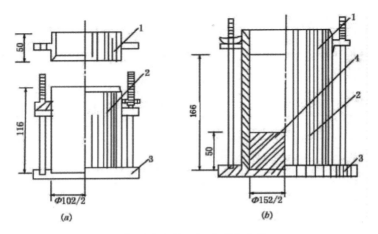

（a）轻型击实筒；（b）重型击实筒

图 4.7.0.3-1　击实筒（mm）

1—套筒；2—击实筒；3—底板；4—垫块

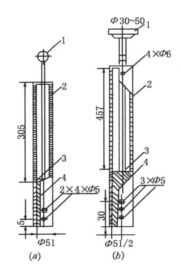

（a）2.5kg 击锤（落高 305mm）；（b）4.5kg 击锤（落高 457mm）

图 4.7.0.3-2　击锤与导筒（mm）

1—提手；2—导筒；3—硬橡皮垫；4—击锤

表 4.7.0.3　击实仪主要部件规格表

试验方法	锤底直径（mm）	锤质量（kg）	落高（mm）	击实筒			护筒高度（mm）
				内径（mm）	筒高（mm）	容积（cm³）	
轻 型	51	2.5	305	102	116	947.4	50
重 型	51	4.5	457	152	116	2103.9	50

3　天平：称量 200g，最小分度值 0.01g。

4　台秤：称量 10kg，最小分度值 5g。

5　标准筛：孔径为 20mm、40mm 和 5mm。

6　试样推出器：宜用螺旋式千斤顶或液压式千斤顶，如无此类装置，亦可用刮刀和修土刀从击实筒中取出试样。

4.7.0.4　试样制备分为干法和湿法两种。

1　干法制备试样应按下列步骤进行：用四分法取代表性土样 20kg（重型为 50kg），风干碾碎，过 5mm（重型过 20mm 或 40mm）筛，将筛下土样拌匀，并测定土样的风干含水率。根据土的塑限预估最优含水率，并按本细则第 3.1.0.7 条 4、5 款的步骤制备 5 个不同含水率的一组试样，相邻 2 个含水率的差值宜为 2%。

注：轻型击实中 5 个含水率中应有 2 个大于塑限，2 个小于塑限，1 个接近塑限。

2　湿法制备试样应按下列步骤进行：取天然含水率的代表性土样 20kg（重型为 50kg），碾碎，过 5mm 筛（重型过 20mm 或 40mm），将筛下土样拌匀，并测定土样的天然含水率。根据土样的塑限预估最优含水率，按本条 1 款注的原则选择至少 5 个含水率不同的土样，分别将天然含水率的土样风干或加水进行制备，应使制备好的土样水分均匀分布。

4.7.0.5　击实试验应按下列步骤进行：

1　将击实仪平稳置于刚性基础上，击实筒与底座连接好，安装好护筒,在击实筒内壁均匀涂一薄层润滑油。称取一定量试样,倒入击实筒内,分层击实,轻型击实试样为 2kg～5kg,分 3 层,每层 25 击,重型击实试样为 4kg～10kg,分 5 层,每层 56 击,若分 3 层,每层 94 击。每层试样高度宜相等,两层交界处的土面应刨毛。击实完成时,超出击实筒顶的试样高度应小于 6mm。

    2   卸下护筒,用直刮刀修平击实筒顶部的试样,拆除底板,试样底部若超出筒外,也应修平,擦净筒外壁,称筒与试样的总质量,准确至 1g,并计算试样的湿密度。

    3   用推土器将试样从击实筒中推出,取 2 个代表性试样测定含水率,2 个含水率的差值应不大于 1%。

    4   对不同含水率的试样依次击实。

4.7.0.6 击实后各试样的干密度应按下式计算,计算至 0.01g/cm³。

$$\rho_d = \frac{\rho_0}{1 + 0.01 w_i} \tag{4.7.0.6}$$

    式中 w_i——某点试样的含水率。

4.7.0.7 干密度和含水率的关系曲线,应在直角坐标纸上绘制(图 4.7.0.7)。并应取曲线峰值点相应的纵坐标为击实试样的最大干密度,相应的横坐标为击实试样的最优含水率。当关系曲线不能绘出峰值点时,应进行补点,土样不宜重复使用。

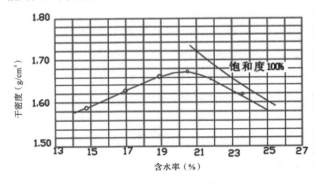

图 4.7.0.7 ρ_d-w 关系曲线

4.7.0.8 气体体积等于零(即饱和度 100%)的等值线应按下式计算并应将计算值绘于本细则图 4.7.0.7 的关系曲线上。

$$w_{sat} = (\frac{\rho_w}{\rho_d} - \frac{1}{G_s}) \times 100 \qquad (4.7.0.8)$$

式中　w_{sat}——试样的饱和含水率(%);

　　　ρ_w——温度 4℃时水的密度(g/cm³);

　　　ρ_d——试样的干密度(g/cm³);

　　　G_s——土颗粒比重。

4.7.0.9 轻型击实试验中,当试样中粒径大于 5mm 的土质量小于或等于试样总质量的 30%时,应对最大干密度和最优含水率进行校正。

1 最大干密度应按下式校正:

$$\rho'_{dmax} = \cfrac{1}{\cfrac{1-P_5}{\rho_{dmax}} + \cfrac{P_5}{\rho_w \cdot G_{s2}}} \qquad (4.7.0.9\text{-}1)$$

式中　ρ'_{dmax}——校正后试样的最大干密度(g/cm³);

　　　P_5——粒径大于 5mm 土的质量百分数(%);

　　　G_{s2}——粒径大于 5mm 土粒的饱和面干比重。

注:饱和面干比重指当土粒呈饱和面干状态时的土粒总质量与相当于土粒总体积的纯水 4℃时质量的比值。

2 最优含水率应按下式进行校正,计算至 0.1%。

$$w'_{opt} = w_{opt}(1 - P_5) + P_5 \cdot w_{ab} \qquad (4.7.0.9\text{-}2)$$

式中　w'_{opt}——校正后试样的最优含水率(%);

　　　w_{opt}——击实试样的最优含水率(%);

　　　w_{ab}——粒径大于 5mm 土粒的吸着含水率(%)。

4.7.0.10 本试验的记录格式见附录 A 表 A-15。

4.8 渗透试验

4.8.1 一般规定

4.8.1.1 常水头渗透试验适用于粗粒土,变水头渗透试验适用于细粒土。

4.8.1.2 试验用水宜采用实际作用于土中的天然水。如有困难,允许用纯水或经过滤的清水。在试验前必须用抽气法或煮沸法进行脱气。试验时的水温宜高于试验室温度 $3℃\sim4℃$。

4.8.1.3 本试验以水温 $20℃$ 为标准温度,标准温度下的渗透系数应按下式计算:

$$k_{20} = k_T \cdot \frac{\eta_T}{\eta_{20}} \tag{4.8.1.3}$$

式中 k_{20}——标准温度时试样的渗透系数(cm/s);

η_T——$T℃$ 时水的动力粘滞系数(kPa·s);

η_{20}——$20℃$ 时水的动力粘滞系数(kPa·s)。

粘滞系数比 η_T/η_{20} 查表 4.8.1.3。

表 4.8.1.3　水的动力黏滞系数、黏滞系数比、温度校正值

温度 T (℃)	动力黏滞 系数 η (10^{-6}kPa·s)	η_T/η_{20}	温度校正 系数 T_P	温度 (℃)	动力黏滞 系数 η (10^{-6}kPa·s)	η_T/η_{20}	温度校正 系数 T_P
5.0	1.516	1.501	1.17	17.5	1.074	1.066	1.66
5.5	1.498	1.478	1.19	18.0	1.061	1.050	1.68
6.0	1.470	1.455	1.21	18.5	1.048	1.038	1.70
6.5	1.449	1.435	1.23	19.0	1.035	1.025	1.72
7.0	1.428	1.414	1.25	19.5	1.022	1.012	1.74
7.5	1.407	1.393	1.27	20.0	1.010	1.000	1.76
8.0	1.387	1.373	1.28	20.5	0.998	0.988	1.78
8.5	1.367	1.353	1.30	21.0	0.986	0.976	1.80
9.0	1.347	1.334	1.32	21.5	0.974	0.964	1.83
9.5	1.328	1.315	1.34	22.0	0.968	0.958	1.85
10.0	1.310	1.297	1.36	22.5	0.952	0.943	1.87
10.5	1.292	1.279	1.38	23.0	0.941	0.932	1.89

温度 T （℃）	动力黏滞系数 η （10^{-6}kPa·s）	η_T/η_{20}	温度校正系数 T_P	温度 （℃）	动力黏滞系数 η （10^{-6}kPa·s）	η_T/η_{20}	温度校正系数 T_P
11.0	1.274	1.261	1.40	24.0	0.919	0.910	1.94
11.5	1.256	1.243	1.42	25.0	0.899	0.890	1.98
12.0	1.239	1.227	1.44	26.0	0.879	0.870	2.03
12.5	1.223	1.211	1.46	27.0	0.859	0.850	2.07
13.0	1.206	1.194	1.48	28.0	0.841	0.833	2.12
13.5	1.188	1.176	1.50	29.0	0.823	0.815	2.16
14.0	1.175	1.168	1.52	30.0	0.806	0.798	2.21
14.5	1.160	1.148	1.54	31.0	0.789	0.781	2.25
15.0	1.144	1.133	1.56	32.0	0.773	0.765	2.30
15.5	1.130	1.119	1.58	33.0	0.757	0.750	2.34
16.0	1.115	1.104	1.60	34.0	0.742	0.735	2.39
16.5	1.101	1.090	1.62	35.0	0.727	0.720	2.43
17.0	1.088	1.077	1.64				

4.8.1.4 根据计算的渗透系数,应取 3～4 个在允许差值范围内的数据的平均值,作为试样在该孔隙比下的渗透系数(允许偏差为 $\pm 2 \times 10^{-n}$cm/s)。

4.8.1.5 当进行不同孔隙比下的渗透试验时,应以孔隙比为纵坐标,渗透系数的对数为横坐标,绘制关系曲线。

4.8.2 常水头渗透试验

4.8.2.1 本试验所用的主要仪器设备,应符合下列规定:

常水头渗透装置(图 4.8.2.1):由金属封底圆筒、金属孔板、滤网、测压管和供水瓶组成。金属圆筒内径为 10cm,高 40cm。当使用其他尺寸的圆筒时,圆筒内径应大于试样最大粒径的 10 倍。

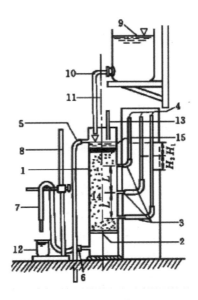

图 4.8.2.1 常水头渗透装置

1—金属封底圆筒;2—金属孔板;3—测压孔;4—玻璃测压管;5—溢水孔;6—渗水孔;7—调节管;8—滑动支架;9—容量为 5000mL 的供水瓶;10—供水管;11—止水夹;12—容量为 500mL 的量筒;13—温度计;14—试样;15—砾石层

4.8.2.2 常水头渗透试验应按下列步骤进行:

1 按本细则图 4.8.2.1 装好仪器,量测滤网至筒顶的高度,将调节管和供水管相连,从渗水孔向圆筒充水至高出滤网顶面。

2 取具有代表性的风干土样 3kg~4kg,测定其风干含水率。将风干土样分层装入圆筒内,每层 2cm~3cm,根据要求的孔隙比,控制试样厚度。当试样中含黏粒时,应在滤网上铺 2cm 厚的粗砂作为过滤层,防止细粒流失。每层试样装完后从渗水孔向圆筒充水至试样顶面,最后一层试样应高出测压管 3cm~4cm,并在试样顶面铺 2cm 砾石作为缓冲层。当水面高出试样顶面时,应继续充水至溢水孔有水溢出。

3 测量试样顶面至筒顶的高度,计算试样高度,称剩余土样的质量,计算试样质量。

4 检查测压管水位,当测压管与溢水孔水位不平时,用吸球调整测压管水位,直至两者水位齐平。

5 将调节管提高至溢水孔以上,将供水管放入圆筒内,开止水夹,使水由顶部注入圆筒,降低调节管至试样上部1/3高度处,形成水位差使水渗入试样,经过调节管流出。调节供水管止水夹,使进入圆筒的水量多于溢出的水量,溢水孔始终有水溢出,保持圆筒内水位不变,试样处于常水头下渗透。

6 当测压管水位稳定后,测记水位。并计算各测压管之间的水位差。按规定时间记录渗出水量,接取渗出水量时,调节管口不得浸入水中,测量进水和出水处的水温,取平均值。

7 降低调节管至试样的中部和下部1/3处,按本条5、6款的步骤重复测定渗出水量和水温,当不同水力坡降下测定的数据接近时,结束试验。

8 根据工程需要,改变试样的孔隙比,继续试验。

4.8.2.3 常水头渗透系数应按下式计算:

$$k_T = \frac{QL}{AHt} \qquad (4.8.2.3)$$

式中 k_T——水温为 T℃时试样的渗透系数(cm/s);

       Q——时间 t 秒内的渗出水量(cm³);

       L——两测压管中心间的距离(cm);

       A——试样的断面积(cm²);

       H——平均水位差(cm);

       t——时间(s)。

注:平均水位差 H 可按($H_1 + H_2$)/2 公式计算。

4.8.2.4 标准温度下的渗透系数应按式(4.8.1.3)计算。

4.8.2.5 常水头渗透试验的记录格式见附录A表A-16。

4.8.3 变水头渗透试验

4.8.3.1 本试验所用的主要仪器设备,应符合下列规定:

1 渗透容器:由环刀、透水石、套环、上盖和下盖组成。环刀内径 61.8mm,高 40mm,透水石的渗透系数应大于 10^{-3} cm/s。

2 变水头渗透装置(图 4.8.3.1):由渗透容器、变水头管、供水瓶、进水管等组成。变水头管的内径应均匀,管径不大于 1cm,管外壁应有最小分度为 1.0mm 的刻度,长度宜为 2m 左右。

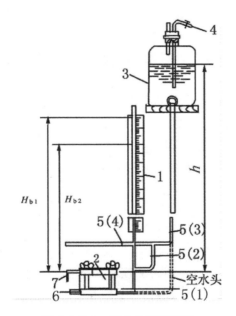

图 4.8.3.1 变水头渗透装置
1—变水头管;2—渗透容器;3—供水瓶;4—接水源管;
5—进水管夹;6—排气管;7—出水管

4.8.3.2 试样制备应按本细则第 3.1.0.5 条或第 3.1.0.7 条的规定进行,并应测定试样的含水率和密度。

4.8.3.3 变水头渗透试验,应按下列步骤进行:

1 将装有试样的环刀装入渗透容器,用螺母旋紧,要求密封至不漏水不漏气。对不易透水的试样,按本细则第3.1.0.8条的规定进行抽气饱和;对饱和试样和较易透水的试样,直接用变水头装置的水头进行试样饱和。

2 将渗透容器的进水口与变水头管连接,利用供水瓶中的水向进水管注满水,并渗入渗透容器,开排气阀,排除渗透容器底部的空气,直至溢出水中无气泡,关排水阀,放平渗透容器,关进水管夹。

3 向变水头管注水。使水升至预定高度,水头高度根据试样结构的疏松程度确定,一般不应大于2m,待水位稳定后切断水源,开进水管夹,使水通过试样,当出水口有水溢出时开始测记变水头管中起始水头高度和起始时间,按预定时间间隔测记水头和时间的变化,并测记出水口的水温。

4 将变水头管中的水位变换高度,待水位稳定再进行测记水头和时间变化,重复试验5～6次。当不同开始水头下测定的渗透系数在允许差值范围内时,结束试验。

4.8.3.4 变水头渗透系数应按下式计算:

$$k_T = 2.3 \frac{aL}{A(t_2 - t_1)} \lg \frac{H_1}{H_2} \qquad (4.8.3.4)$$

式中　　a——变水头管的断面积(cm^2);

L——渗径,即试样高度(cm);

t_1, t_2——分别为测读水头的起始和终止时间(s);

H_1, H_2——起始和终止水头。

4.8.3.5 标准温度下的渗透系数应按式(4.8.1.3)计算。

4.8.3.6 变水头渗透试验的记录格式见附录A表A-17。

4.9　固结试验

4.9.1　标准固结试验

4.9.1.1 本试验方法适用于饱和的细粒土。当只进行压缩时,允许用于非饱和土。

4.9.1.2 本试验所用的主要仪器设备,应符合下列规定:

1 固结仪(图 4.9.1.2):由环刀、护环、透水板、水槽、加压上盖和量表架等组成。

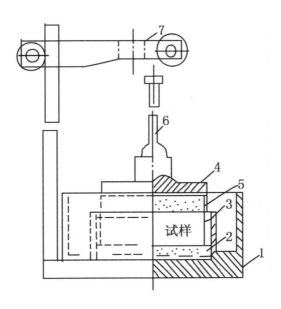

图 4.9.1.2 固结仪示意图

1—水槽;2—护环;3—环刀;4—加压上盖;5—透水板;6—量表导杆;7—量表架

1)环刀:内径为 61.8mm 和 79.8mm,高度为 20mm。环刀应具有一定的刚度,内壁应保持较高的光洁度,宜涂一薄层硅脂或聚四氟乙烯。

2)透水板:由氧化铝或不受腐蚀的金属材料制成,其渗透系数应大于试样的渗透系数。用固定式容器时,顶部透水板直径应小于环刀内径 0.2mm~0.5mm;用浮环式容器时,上下端透水板直径相等,均应小于环刀内径。

2 加压设备:可采用量程为 5kN~10kN 的杠杆式、磅秤式或其他加压设备,其最大允许误差应符合现行国家标准《土工试验仪器 固结仪 第 1 部分:单杠杆固结仪》(GB/T 4935.1)、

《土工试验仪器　固结仪　第 2 部分：全自动气压式固结仪》（GB/T 4935.2）的有关规定。

3　变形量测设备：量程 10mm，最小分度值为 0.01mm 的百分表或最大允许误差应为±0.2%F.S 的位移传感器。

4　其他：刮土刀、钢丝锯、天平、秒表。

4.9.1.3　固结仪及加压设备应定期校准，并应作仪器变形校正曲线，具体操作见有关标准。

4.9.1.4　试样制备应按本细则第 3.1.0.5 条的规定进行，并测定试样的含水率和密度，试样需要饱和时，应按本细则第 3.1.0.8 条步骤的规定进行抽气饱和。

4.9.1.5　固结试验应按下列步骤进行：

1　在固结容器内放置护环、透水板和薄型滤纸，将带有试样的环刀装入护环内，放上导环、试样再依次放上薄型滤纸、透水板和加压上盖，并将固结容器置于加压框架正中，使加压上盖与加压框架中心对准，安装百分表或位移传感器。

注：滤纸和透水板的湿度应接近试样的湿度。

2　施加 1kPa 的预压力使试样与仪器上下各部件之间接触，将百分表或传感器调整到零位或测读初读数。

3　确定需要施加的各级压力，压力等级宜为 12.5、25、50、100、200、400、800、1600、3200kPa。第一级压力的大小应视土的软硬程度而定，宜用 12.5、25 或 50kPa（第一级实加压力应减去预压压力）。最后一级压力应大于土的自重压力与附加压力之和。只需测定压缩系数时，最大压力不小于 400kPa。

4　需要确定原状土的先期固结压力时，加压率宜小于1，可采用 0.5 或 0.25。最后一级压力应使 $e \sim \log p$ 曲线下段出现较长的直线段。对超固结土，应进行卸压、再加压来评价其再压缩特性。

5　如系饱和试样，则在施加第一级压力后，立即向水槽中注水至满。如系非饱和试样，须用湿棉围住加压盖板四周，避免水分蒸发。

6 需要测定沉降速率、固结系数时,施加每一级压力后宜按下列时间顺序测记试样的高度变化。时间为 6s、15s、1min、2min15s、4min、6min15s、9min、12min15s、16min、20min15s、25min、30min15s、36min、42min15s、49min、64min、100min、200min、400min、23h、24h,至稳定为止。不需要测定沉降速率时,稳定标准规定为每级压力下固结 24h 或试样变形每小时变化不大于 0.01mm。测记稳定读数后,再施加第二级压力。依次逐级加压至试验结束。

注:当试样的渗透系数大于 10^{-5} cm/s 时,允许以主固结完成作为相对稳定标准。

7 需要进行回弹试验时,可在某级压力(大于上覆有效压力)下固结稳定后退压,直至退到要求的压力,每次退压至 24h 后测定试样的回弹量。

8 试验结束后吸去容器中的水,迅速拆除仪器各部件,取出带环刀的试样。如需测定试验后含水率,则用干滤纸吸去试样两端表面上的水。

9 需要做次固结沉降试验时,可在主固结试验结束后继续试验至固结稳定为止。

4.9.1.6 试样的初始孔隙比,应按下式计算:

$$e_0 = \frac{\rho_w G_s (1 + 0.01 w_0)}{\rho_0} - 1 \qquad (4.9.1.6)$$

式中 e_0——试样的初始孔隙比。

4.9.1.7 各级压力下试样固结稳定后的单位沉降量,应按下式计算:

$$S_i = \frac{\sum \Delta h_i}{h_0} \times 10^3 \qquad (4.9.1.7)$$

式中 S_i——某级压力下的单位沉降量(mm/m);

h_0——试样初始高度(mm);

$\sum \Delta h_i$——某级压力下试样固结稳定后的总变形量（mm）（等于该级压力下固结稳定读数减去仪器变形量）；

10^3——单位换算系数。

4.9.1.8 各级压力下试样固结稳定后的孔隙比，应按下式计算：

$$e_i = e_0 - (1 + e_0) \frac{\sum \Delta h_i}{h_0} \qquad (4.9.1.8)$$

式中　e_i——各级压力下试样固结稳定后的孔隙比。

4.9.1.9 某一压力范围内的压缩系数，应按下式计算：

$$a_v = \frac{e_i - e_{i+1}}{p_{i+1} - p_i} \times 10^3 \qquad (4.9.1.9)$$

式中　a_v——压缩系数（MPa^{-1}）；

p_i——某级压力值（kPa）。

4.9.1.10 某一压力范围内的压缩模量，应按下式计算：

$$E_s = \frac{1 + e_0}{a_v} \qquad (4.9.1.10)$$

式中　E_s——某压力范围内的压缩模量（MPa）。

4.9.1.11 某一压力范围内的体积压缩系数，应按下式计算：

$$m_v = \frac{1}{E_s} = \frac{a_v}{1 + e_0} \qquad (4.9.1.11)$$

式中　m_v——某压力范围内的体积压缩系数（MPa^{-1}）。

4.9.1.12 压缩指数 C_c 及回弹指数 C_s（C_c 即 $e \sim \log p$ 曲线直线段的斜率。用同法在回弹支上求其平均斜率，即 C_s）：

$$C_c \text{ 或 } C_s = \frac{e_i - e_{i+1}}{\log p_{i+1} - \log p_i} \qquad (4.9.1.12)$$

式中　C_c——压缩指数；

C_s——回弹指数。

4.9.1.13 以孔隙比为纵坐标，压力为横坐标绘制孔隙比与压力的关系曲线，见图 4.9.1.13。

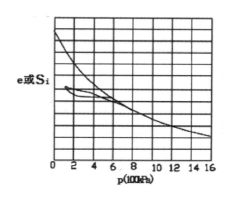

图 4.9.1.13 $e(S_i) \sim p$ 关系曲线

4.9.1.14 以孔隙比为纵坐标,以压力的对数为横坐标,绘制孔隙比与压力的对数关系,曲线见图 4.9.1.14。

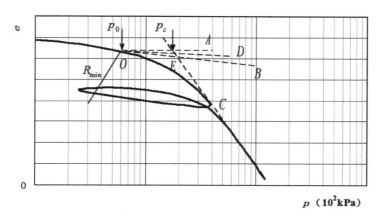

图 4.9.1.14 $e \sim \log p$ 曲线求 p_c 示意图

4.9.1.15 原状土试样的先期固结压力,用适当比例的纵横坐标作 $e \sim \log p$ 曲线,在曲线上找出最小曲率半径 R_{min} 点 O。过 O 点作水平线 OA 、切线 OB 及角 AOB 的平分线 OD,OD 与曲线的直线段 C 的延长线交于点 E,则对应于 E 点的压力值即为该原状土的先期固结压力。

4.9.1.16 固结系数应按下列方法确定：

1 时间平方根法：对于某一压力，以量表读数 d(mm) 为纵坐标，时间平方根 $\sqrt{t}$(min) 为横坐标，绘制 $d\sim\sqrt{t}$ 曲线（图4.9.1.16-1）。延长 $d\sim\sqrt{t}$ 曲线开始段的直线，交纵坐标轴于 ds(ds 称理论零点）。过 ds 绘制另一直线，令其横坐标为前一直线横坐标的1.15倍，则后一直线与 $d\sim\sqrt{t}$ 曲线交点所对应的时间的平方根即为试样固结度达90%所需的时间 t_{90}。该压力下的固结系数应按下式计算：

$$C_v = \frac{0.848(\overline{h})^2}{t_{90}} \qquad (4.9.1.16\text{-}1)$$

式中 C_v——固结系数（cm²/s）；

   $\overline{h}$——最大排水距离，等于某一压力下试样初始与终了高度的平均值之半（cm）；

   t_{90}——固结度达90%所需的时间（s）。

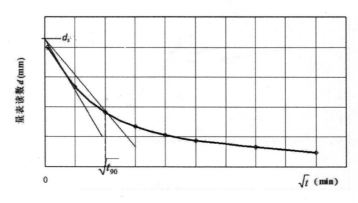

图4.9.1.16-1 时间平方根法求 t_{90}

黏性土的渗透系数可由固结系数换算求得，按下式计算：

$$k = \frac{c_v a_v \gamma_w}{1+e} \qquad (4.9.1.16\text{-}2)$$

式中 k——渗透系数（cm/s）；

C_v——固结系数（cm²/s）；

a_v——压缩系数（1/MPa）。

2 时间对数法：对于某一压力，以量表读数 d(mm)为纵坐标，时间的对数 $\log t$(min)为横坐标，绘制 $d \sim \log t$ 曲线（图4.9.1.16-2）。延长 $d \sim \log t$ 曲线的开始线段，选任一时间 t_1，相对应的量表读数为 d_1，再取时间 $t_2 = \dfrac{t_1}{4}$，相对应的量表读数为 d_2，则 $2d_2 - d_1$ 之值为 d_{01}。如此再选取另一时间，依同法求得 d_{02}、d_{03}、d_{04} 等，取其平均值即为理论零点 d_0。延长曲线中部的直线段和通过曲线尾部数点切线的交点即为理论终点 d_{100}，则 $d_{50} = (d_0 + d_{100})/2$，对应于 d_{50} 的时间即为试样固结度达到 50% 所需的时间 t_{50}。按公式(4.9.1.16-3)计算该压力下的固结系数 C_v：

$$C_v = \frac{0.197(\bar{h})^2}{t_{50}} \qquad (4.9.1.16\text{-}3)$$

式中 t_{50}——固结度达 50% 所需的时间（s）。

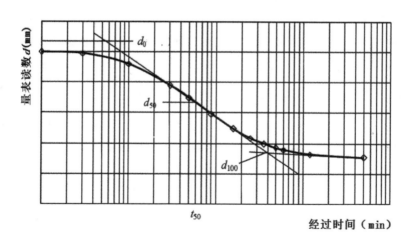

图 4.9.1.16-2 时间对数法求 t_{50}

4.9.1.17 次固结系数应按下列方法确定：

对于某一压力，以孔隙比 e 为纵坐标，时间的对数（min）为横坐标,绘制 $e \sim \log t$ 曲线。主固结结束后试验曲线下部的直线段的斜率即为次固结系数。次固结系数应按下式计算:

$$C_\alpha = \frac{-\Delta e}{\log(t_2/t_1)}$$ (4.9.1.17)

式中　C_α——次固结系数;

　　　Δe——对应时间 t_1 到 t_2 的孔隙比的差值;

　　　t_i——次固结某一时间(min)。

4.9.1.18　标准固结试验的记录格式见附录 A 表 A-18。

4.9.2　快速固结试验

4.9.2.1　仪器设备应符合本细则第 4.9.1.2 条的规定。

4.9.2.2　试验应按下列步骤进行;

　　1　快速压缩试验加压后在各级压力下的测记 1h 的试样高度变化,在最后一级压力下,还应测记达压缩稳定时的试样高度。稳定标准为每 1h 变形不大于 0.01mm。

　　2　其他应符合本细则第 4.9.1.5 条 1~3、5、8 款执行。

4.9.2.3　计算应符合本细则第 4.9.1.6 到 4.9.1.10 条的规定。对快速法所得试验结果,应校正各级压力下试样的总变形量,校正各级压力下试样的总变形量可按下式(或其他方法)计算:

$$\sum \Delta h_i = (h_i)_t \frac{(h_n)_T}{(h_n)_t}$$ (4.9.2.3)

式中　$\sum \Delta h_i$——某一压力下校正后的总变形量(mm);

　　　$(h_i)_t$——某一压力下固结 1h 的总变形量减去该压力下的仪器变形量(mm);

　　　$(h_n)_t$——最后一级压力下固结 1h 的总变形量减去该压力下的仪器变形量(mm);

　　　$(h_n)_T$——最后一级压力下达到稳定标准的总变形量减去该压力下的仪器变形量(mm)。

4.9.2.4　制图应符合本细则第 4.9.1.13 条的规定。

4.9.2.5　快速固结试验的记录格式见附录 A 表 A-19。

4.10 直接剪切试验

4.10.1 慢剪试验

4.10.1.1 本试验方法适用于细粒土。

4.10.1.2 本试验所用的主要仪器设备,应符合下列规定:

1 应变控制式直剪仪(图4.10.1.2):包括剪切盒(水槽、上剪切盒、下剪切盒),垂直加压框架,负荷传感器或测力计及推动机构等。

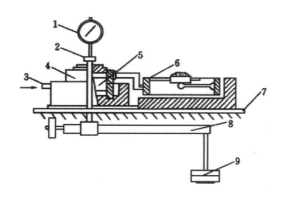

图4.10.1.2 应变控制式直剪仪结构示意图

1—垂直变形百分表;2—垂直加压框架;3—推动座;4—剪切盒;5—试样;6—测力计;7—台板;8—杠杆;9—砝码

2 环刀:内径61.8mm,高度20mm。

3 位移量测设备:量程为10mm,分度值为0.01mm的百分表或最大允许误差为±0.2%F.S的传感器。

4.10.1.3 慢剪试验,应按下列步骤进行:

1 原状土试样制备,应按本细则第3.1.0.5条的步骤进行,扰动土试样制备按本细则第3.1.0.6、3.1.0.7条的步骤进行,每组试样不得少于4个,当试样需要饱和时,应按本细则第3.1.0.8条的步骤进行。

2 对准剪切容器上下盒,插入固定销,在下盒内放透水板和滤纸,将带有试样的环刀刃口向上,对准剪切盒口,在试样上放滤纸和透水板,将试样小心地推入剪切盒内。

注:透水板和滤纸的湿度接近试样的湿度。

3 移动传动装置,使上盒前端钢珠刚好与测力计接触,依次放上传压板、加压框架,安装垂直位移和水平位移量测装置,并调至零位或测记初读数。

4 垂直压力应符合下列规定:每组试验应取 4 个试样,在 4 种不同垂直压力下进行剪切试验。可根据工程实际和土的软硬程度施加各级垂直压力,垂直压力的各级差值要大致相等。也可以取垂直压力分别为 100、200、300、400kPa,各个垂直压力可一次轻轻施加,若土质松软,也可分级施加以防试样挤出。施加压力后,向盒内注水,当试样为非饱和试样时,应在加压板周围包以湿棉纱。

5 施加垂直压力后,每 1h 测读垂直变形一次。直至试样固结变形稳定。变形稳定标准为每小时不大于 0.005mm。

6 待试样固结稳定后进行剪切。拔去固定销,剪切速率应小于 0.02mm/min。试样每产生剪切位移 0.2mm~0.4mm 测记测力计和位移读数,直至测力计读数出现峰值,应继续剪切至剪切位移为 4mm 时停机,记下破坏值;当剪切过程中测力计读数无峰值时,应剪切至剪切位移为 6mm 时停机。

7 当需要估算试样的剪切破坏时间,可按下式计算:

$$t_f = 50t_{50} \tag{4.10.1.3}$$

式中 t_f——达到破坏所经历的时间(min);

t_{50}——固结度达 50% 所需的时间(min)。

8 剪切结束,吸去盒内积水,退去剪切力和垂直压力,移动加压框架,取出试样,测定试样含水率。

4.10.1.4 剪应力应按下式计算:

$$\tau = \frac{C \cdot R}{A_0} \times 10 \tag{4.10.1.4}$$

式中 τ——试样所受的剪应力(kPa);

R——测力计量表读数(0.01mm)。

4.10.1.5 以剪应力为纵坐标,剪切位移为横坐标,绘制剪应力与剪切位移关系曲线(图4.10.1.5),取曲线上剪应力的峰值为抗剪强度,无峰值时,取剪切位移4mm所对应的剪应力为抗剪强度。

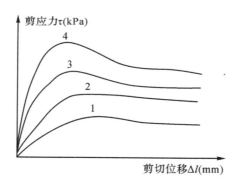

图4.10.1.5 剪应力与剪切位移关系曲线

4.10.1.6 以抗剪强度为纵坐标,垂直压力为横坐标,绘制抗剪强度与垂直压力关系曲线(图4.10.1.6),直线的倾角为摩擦角,直线在纵坐标上的截距为黏聚力。

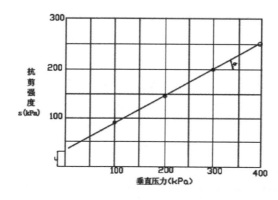

图4.10.1.6 抗剪强度与垂直压力关系曲线

79

4.10.1.7 慢剪试验的记录格式见附录 A 表 A-20。

4.10.2 固结快剪试验

4.10.2.1 本试验方法适用于渗透系数小于 10^{-6} cm/s 的细粒土。

4.10.2.2 本试验所用的主要仪器设备,应与本细则第4.10.1.2条相同。

4.10.2.3 固结快剪试验,应按下列步骤进行:

　　1 试样制备、安装和固结,应按本细则第 4.10.1.3 条 1～5款的步骤进行。

　　2 固结快剪试验应以 0.8mm/min 的速率剪切,使试样在3min～5min 内剪损,其剪切步骤应按本细则第 4.10.1.3 条 6、8款的步骤进行。

4.10.2.4 固结快剪试验的计算应按本细则第4.10.1.4条的规定进行。

4.10.2.5 固结快剪试验的绘图应按本细则第 4.10.1.5、4.10.1.6条的规定进行。

4.10.2.6 固结快剪试验的记录格式与本细则第 4.10.1.7 条相同。

4.10.3 快剪试验

4.10.3.1 本试验方法适用于渗透系数小于 10^{-6} cm/s 的细粒土。

4.10.3.2 本试验所用的主要仪器设备,应与本细则第4.10.1.2条相同。

4.10.3.3 快剪试验,应按下列步骤进行:

　　1 试样制备、安装应按本细则第 4.10.1.3 条 1～4 款的步骤进行。试样上下两面安装不透水板,应以硬塑料薄膜代替滤纸,不需安装垂直位移量测装置。

　　2 施加垂直压力,拔去固定销,立即以 0.8mm/min 的速率剪切,按本细则第 4.10.1.3 条 6、8 款的步骤进行剪切至试验结束。使试样在 3min～5min 内剪损。

4.10.3.4 快剪试验的计算应按本细则第 4.10.1.4 条的规定

进行。

4.10.3.5 快剪试验的绘图应按本细则第 4.10.1.5、4.10.1.6 条的规定进行。

4.10.3.6 快剪试验的记录格式与本细则第 4.10.1.7 条相同。

4.10.4 排水反复直接剪切试验

4.10.4.1 本试验方法适用于黏土及泥化夹层,本试验方法加荷方式为应变控制式。

4.10.4.2 本试验所用的主要仪器设备,应符合下列规定:

1 应变控制式反复直剪仪(图 4.10.4.1)应包括变速设备、可逆电动机和反推夹具。

2 其他仪器设备应符合本细则第 4.10.1.2 条的规定。

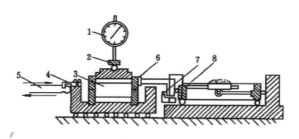

图 4.10.4.1　反复直剪仪结构示意图

1—垂直变形百分表;2—加压框架;3—试样;4—连接件;
5—推动轴;6—剪切盒;7—限制连接杆;8—测力计

4.10.4.3 排水反复直接剪切试验,应按下列步骤进行:

1 试样制备应按下列步骤进行:

1)对有软弱面的原状土样,先要分清软弱面的天然滑动方向,整平土样两端,使土样顶面平行于软弱面。在环刀内涂一薄层凡士林。切土时,使软弱面位于环刀高度一半处,在试样面上标出软弱面的天然滑动方向。

2)对无软弱面的完整原状黏土或原状的超固结黏土,可用环刀按本细则第 3.1.0.5 节的规定制备试样,将试样放入剪切盒内。先在小于 50kPa 的垂直压力下,以较快的剪速进行预剪,使形成破裂面。当试样坚硬时,也可用刀、锯等工具先切割成一个剪切面,再加垂直荷载,待固结稳定后进行剪切。

3)对泥化带较厚的软弱夹层、滑坡层面,取靠近滑裂面 1mm～2mm 的土;对泥化带较薄的滑动面,取泥化的土;对无泥化带的裂隙面,取靠裂隙面两边的土。将所刮取的土样用纯水浸泡 24h 后调制均匀,制备成液限状态的土膏,将其填入环刀内。装填时,先沿环刀四周填入,然后填中部。应排除试样内的气体。

4)原状试样应取破裂面上的土测求含水率;对于扰动土试样可取切下的余土测求含水率。

5)试样应达到饱和。饱和方法一般用抽气饱和法。

6)每组试验应制备 4 个试样,同组试样的密度最大允许差值应为 $\pm 0.03 \mathrm{g/cm^3}$。

2 试样剪切应按下列步骤进行:

1)先对仪器进行检查。然后将上、下剪切盒对准,插入固定销,顺次放入饱和的透水板、滤纸,将试样推入剪切盒内。再放上滤纸、透水板、加压盖板、钢珠、加压框架等,并安装垂直位移传感器或百分表。在加压板周围包以湿棉花,防止水分蒸发。测记测力计和垂直位移计的初始读数。

2)施加垂直压力应符合本细则 4.10.1.3 条 1～5 款的规定。对于液限状态的试样应分级施加至规定压力,并应按本细则第 4.10.1.3 条 4 款的规定进行固结。

3)除含水率相当于液限试样的剪切外,一般原状土、硬黏上的试验,在剪切时,剪切盒应开缝,缝宽应保持在 0.3mm～1.0mm。

4)转动手轮,使剪切盒前端的钢珠与测力计刚好接触,再调整测力计读数至零位。

5)拔出固定销,调节变速箱。对一般粉质土、粉质黏土及低塑性黏土的剪切速度不宜大于 0.06mm/min;对高塑性黏土的剪切速度不宜大于 0.02mm/min。开动电机,测读垂直位移和水平位移读数。在第 1 次剪切过程中,达到峰值剪应力之前,一般水平位移每隔 0.2mm～0.4mm 测记 1 次;过峰力后,每隔 0.5mm 测记 1 次。剪切时其每次正向剪切位移为 8mm～10mm,试验不能中断,直至最大剪切位移,停止剪切。

6)倒转手轮,用反推设备应以不大于 0.6mm/min 的剪切速度将下剪切盒反向推至与上剪切盒重合位置,插入固定销。按上述步骤进行第 2 次剪切。一次剪切完成后,允许相隔一定时间后再按上述步骤进行下一次剪切。如此,反复进行剪切至剪应力达到稳定值为止。粉质黏土、砂质黏土需 5～6 次正向剪切,正向总剪切位移量为 40mm～48mm;黏土需要 3～4 次正向剪切,正向总剪切位移量为 24mm～32mm。

7)剪切结束,测记垂直位移读数,吸去剪切盒中积水,尽快卸除位移传感器或位移计、垂直压力、加压框架、加压盖板及剪切盒等,并描述剪切面的破坏情况。取剪切面附近的土样测定剪后含水率。

4.10.4.4 残余剪应力应按下式计算:

$$\tau_r = \frac{CR}{A_0} \times 10 \qquad\qquad (4.10.4.4)$$

式中　τ_r——残余剪应力(kPa)。

4.10.4.5 绘制剪应力与剪切位移关系曲线。取每个试验曲线上第 1 次剪切时峰值作为破坏强度值,取曲线上最后稳定值作为残余强度,并绘制抗剪强度(峰值强度与残余强度)与垂直压力关系曲线。直线的倾角为土的内摩擦角 φ_r,直线在纵坐标轴上的截距为土的黏聚力 c_r。

4.10.4.6 本试验的记录格式见附录 A 表 A-21。

4.11　无侧限抗压强度试验

4.11.0.1 本试验方法适用于饱和软黏土,加荷方式为应变控制式。

4.11.0.2 本试验所用的主要仪器设备,应符合下列规定:

1 应变控制式无侧限压缩仪(图 4.11.0.2):由测力计、加压框架、升降设备组成。应根据土的软硬程度选用不同量程的负荷传感器或测力计。

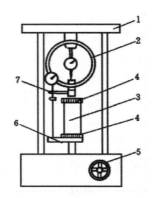

图 4.11.0.2 应变控制式无侧限压缩仪

1—轴向加荷架;2—轴向测力计;3—试样;4—上、下传压板;
5—手轮;6—升降板;7—轴向位移计

2 位移传感器或位移计(百分表):量程 30mm,分度值 0.01mm。

3 天平:称量 1000g,最小分度值 0.1g。

4 重塑筒:筒身应可以拆成两半,内径应为 35mm～40mm,高应为 80mm。

5 其他设备包括秒表、厚约 8mm 的铜垫板、卡尺、切土盘、直尺、削土刀、钢丝锯、薄塑料布、凡士林。

4.11.0.3 原状土试样制备应符合以下要求:

1 试样直径宜为 35mm～50mm,试样高度 h 与直径 D 之比(h/D)应为 2.0～2.5,对于有裂隙、软弱面或构造面的试样,直径 D 宜采用 101mm。

2 原状土试样制备应按规定将土样切成圆柱形试样。

1)对于较软的土样,先用钢丝锯或切土刀切取一稍大于规定尺寸的土柱,放在切土盘上下圆盘之间,用钢丝锯或切土刀紧靠侧板,由上往下细心切削,边切削边转动圆盘,直至土样被削成规定的直径为止。试样切削时应避免扰动。

2)对于较硬的土样,先用削土刀或钢丝锯切取一稍大于规定尺寸的土柱,上、下两端削平,按试样要求的层次方向,放在切土架上,用切土器切削。先在切土器刀口内壁涂上一薄层油,将切土器的刀口对准土样顶面,边削土边压切土器,直至切削到比要求的试样高度约高 2cm 为止。

3)取出试样,按规定的高度将两端削平。试样的两端面应平整,互相平行,侧面垂直,上下均匀。在切样过程中,当试样表面因遇砾石而成孔洞时,允许用切削下的余土填补。

4)将切削好的试样称量,直径 101mm 的试样应准确至 1g,直径 61.8mm 和 39.1mm 的试样应准确至 0.1g。取切下的余土,平行测定含水率,取其平均值作为试样的含水率。试样高度和直径用卡尺量测,试样的平均直径应按下式计算:

$$D_0 = \frac{D_1 + 2D_2 + D_3}{4} \qquad (4.11.0.3)$$

式中　　D_0——试样平均直径(mm);

　　　　D_1、D_2、D_3——分别为试样上、中、下部位的直径(mm)。

5)对于特别坚硬的和很不均匀的土样,当不易切成平整、均匀的圆柱体时,允许切成与规定直径接近的柱体,按所需试样高度将上下两端削平,称取质量,然后包上橡皮膜,用浮称法称试样的质量,并换算出试样的体积和平均直径。

6)对于直径大于 10cm 的土样,可用分样器切成 3 个土柱,按上述方法切取直径 39.1mm 的试样。

4.11.0.4 无侧限抗压强度试验,应按下列步骤进行:

1 将试样两端抹一薄层凡士林,在气候干燥时,试样周围亦需抹一薄层凡士林,防止水分蒸发。

2 将试样放在底座上,转动手轮,使底座缓慢上升,试样与加压板刚好接触,将测力计读数调整为零。

3 轴向应变速率宜为每分钟应变 1%～3%,转动手柄,使升降设备上升进行试验。轴向应变小于 3% 时,每隔 0.5% 应变(或 0.4mm)读数一次,轴向应变不小于 3% 时,每隔 1% 应变(或 0.8mm)读数一次。试验宜在 8min～10min 内完成。

4 当测力计读数出现峰值时,继续进行 3%～5% 的应变后停止试验;当读数无峰值时,试验应进行到应变达 20% 为止。

5 试验结束,取下试样,描述试样破坏后的形状。

6 当需要测定灵敏度时,应立即将破坏后的试样除去涂有凡士林的表面,加少许余土,包于塑料薄膜内用手搓捏,破坏其结构,重塑成圆柱形,放入重塑筒内,用金属垫板,将试样挤成与原状试样尺寸、密度相等的试样,并按本条 1～5 款的步骤进行试验。

4.11.0.5 轴向应变,应按下式计算:

$$\varepsilon_1 = \frac{\Delta h}{h_0} \times 100 \qquad (4.11.0.5)$$

4.11.0.6 试样面积的校正,应按下式计算:

$$A_a = \frac{A_0}{1 - 0.01\varepsilon_1} \qquad (4.11.0.6)$$

4.11.0.7 试样所受的轴向应力,应按下式计算:

$$\sigma = \frac{C \cdot R}{A_a} \times 10 \qquad (4.11.0.7)$$

式中 σ——轴向应力(kPa);

         C——测力计率定系数(N/0.01mm);

         R——测力计读数(0.01mm);

         A_a——试样剪切时的面积(cm^2)。

4.11.0.8 以轴向应力为纵坐标,轴向应变为横坐标,绘制轴向应力与轴向应变关系曲线(图 4.11.0.8)。取曲线上最大轴向应力作为无侧限抗压强度,当曲线上峰值不明显时,取轴向应变 15% 所对应的轴向应力作为无侧限抗压强度。

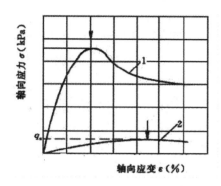

图 4.11.0.8 轴向应力与轴向应变关系曲线

1—原状试样;2—重塑试样

4.11.0.9 灵敏度应按下式计算:

$$S_t = \frac{q_u}{q'_u} \qquad (4.11.0.9)$$

式中　S_t——灵敏度;

　　　q_u——原状试样的无侧限抗压强度(kPa);

　　　q'_u——重塑试样的无侧限抗压强度(kPa)。

4.11.0.10 无侧限抗压强度试验的记录格式见附录 A 表 A-22。

4.12　三轴压缩试验

4.12.1　一般规定

4.12.1.1 本试验方法适用于粒径小于 20mm 的土。

4.12.1.2 根据排水条件的不同,本试验分为不固结不排水剪(UU)试验,固结不排水剪(CU)测孔隙水压力($\overline{\mathrm{CU}}$)试验和固结排水剪(CD)试验。

4.12.1.3 本试验必须制备 3 个以上性质相同的试样,在不同的周围压力下进行试验。周围压力宜根据工程实际荷重确定。对于填土,最大一级周围压力应与最大的实际荷重大致相等。

4.12.2　仪器设备

4.12.2.1 本试验所用的主要仪器设备,应符合下列规定:

1 应变控制式三轴仪(图 4.12.2.1-1):由压力室、轴向加压设备、周围压力系统、反压力系统、孔隙水压力量测系统、轴向变形和体积变化量测系统组成。

2 附属设备:包括击样器、饱和器、切土器、原状土分样器、切土盘、承膜筒和对开圆模,应符合下图要求:

1)击样器,饱和器。

2)切土盘、切土器和原状土分样器。

3)承膜筒及对开圆模(图 4.12.2.1-2)。

4)对开圆模(4.12.2.1-3)。

3 天平:称量 200g,分度值 0.01g;称量 1000g,分度值 0.1g。

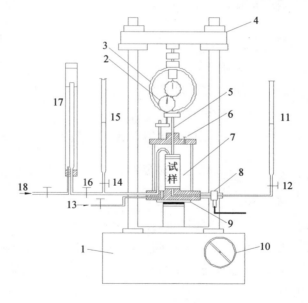

图 4.12.2.1-1 三轴仪示意图

1—试验机;2—轴向位移计;3—轴向测力计;4—试验机横梁;5—活塞;6—排气孔;7—压力室;8—孔隙压力传感器;9—升降台;10—手轮;11—排水管;12—排水管阀;13—周围压力;14—排水管阀;15—量水管;16—体变管阀;17—体变管;18—反压力

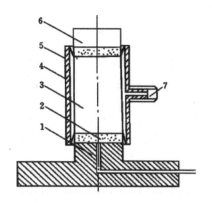

图 4.12.2.1-2 承膜筒安装示意图

1—压力室底座;2—透水板;3—试样;4—承膜筒;5—橡皮膜;6—上帽;7—吸气孔

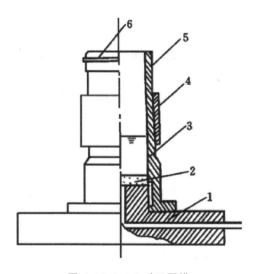

图 4.12.2.1-3 对开圆模

1—压力室底座;2—透水板;3—制样圆膜(两片合成);4—紧箍;5—橡皮膜;6—橡皮圈

4 橡皮膜:应具有弹性的乳胶膜,对直径 39.1mm 和 61.8mm 的试样,厚度以 0.1mm～0.2mm 为宜,对直径 101mm 的试样,厚度以 0.2mm～0.3mm 为宜。

5 透水板：直径与试样直径相等,其渗透系数宜大于试样的渗透系数,使用前在水中煮沸并泡于水中。

6 负荷传感器：轴向力的最大允许误差为 $\pm 1\%$。

7 位移传感器(或量表)：量程 30mm,分度值 0.01mm。

4.12.2.2 试验时的仪器,应符合下列规定：

1 周围压力的测量准确度最大允许误差为 $\pm 1\%$,根据试样的强度大小,选择不同量程的测力计,应使最大轴向压力的测量最大允许误差为 $\pm 1\%$。

2 孔隙压力量测系统的气泡应排除。其方法是：孔隙压力量测系统中充以无气水并施加压力,小心打开孔隙压力阀,让管路中的气泡从压力室底座排出。应反复几次直到气泡完全冲出为止。孔隙压力量测系统的体积因数应小于 $1.5 \times 10^{-5} \mathrm{cm}^3/\mathrm{kPa}$。

3 排水管路应通畅。活塞在轴套内应能自由滑动,各连接处应无漏水漏气现象。仪器检查完毕,关周围压力阀、孔隙压力阀和排水阀以备使用。

4 橡皮膜在使用前应做仔细检查,其方法是扎紧两端,向膜内充气,在水中检查,应无气泡逸出,方可使用。

4.12.3 试样制备和饱和

4.12.3.1 试样高度 h 与直径 D 之比 (h/D) 应为 $2.0 \sim 2.5$,对于有裂隙、软弱面或构造面的试样,直径 D 宜采用 101mm。

4.12.3.2 原状土试样制备应符合 4.11.0.3 条的要求。

4.12.3.3 扰动土试样制备应根据预定的干密度和含水率,按本细则第 3.1.0.6 条的步骤备样后,在击样器内分层击实,粉土宜为 $3 \sim 5$ 层,黏土宜为 $5 \sim 8$ 层,各层土料数量应相等,各层接触面应刨毛。击完最后一层,将击样器内的试样两端整平,取出试样称量。对制备好的试样,应量测其直径和高度。试样的平均直径应按式(4.12.3.3)计算：

$$D_0 = \frac{D_1 + 2D_2 + D_3}{4} \qquad (4.12.3.3)$$

式中 D_1、D_2、D_3——分别为试样上、中、下部位的直径(mm)。

4.12.3.4 砂类土的试样制备应先在压力室底座上依次放上不透水板、橡皮膜和对开圆模。根据砂样的干密度及试样体积,称取所需的砂样质量,分三等份,将每份砂样填入橡皮膜内,填至该层要求的高度,依次第二层、第三层,直至膜内填满为止。对含有细粒土和要求高密度的试样,可采用干砂制备,用水头饱和或反压力饱和。当制备饱和试样时,在压力室底座上依次放透水板、橡皮膜和对开圆模,在模内注入纯水至试样高度的1/3,将砂样分三等份,在水中煮沸,待冷却后分三层,按预定的干密度填入橡皮膜内,直至膜内填满为止。当要求的干密度较大时,填砂过程中,轻轻敲打对开圆模,使所称的砂样填满规定的体积,整平砂面,放上不透水板或透水板、试样帽,扎紧橡皮膜。对试样内部施加5kPa负压力使试样能站立,拆除对开圆模。

4.12.3.5 试样饱和宜选用下列方法:

1 抽气饱和:将试样装入饱和器内,按本细则3.1.0.8条第2款的步骤进行。

2 水头饱和:适用于粉土或粉土质砂。将试样按本细则第4.12.3.4条的步骤安装于压力室内。试样顶用透水帽,然后施加20kPa的周围压力,并同时提高试样底部量管的水面和降低连接试样顶部固结排水管的水面,使两管水面差在1m左右。打开量管阀、孔隙压力阀和排水阀,让水自下而上通过试样,直至同一时间间隔内量管流出的水量与固结排水管内的水量相等为止。当需要提高试样的饱和度时,宜在水头饱和前,从底部将二氧化碳气体通入试样,置换孔隙中的空气。二氧化碳的压力宜为5kPa~10kPa,再进行水头饱和。

3 反压力饱和:试样要求完全饱和时可对试样施加反压力。

1)试样装好以后装上压力室罩,关孔隙压力阀和反压力阀,测记体变管读数。先对试样施加20kPa的周围压力预压。并开孔隙压力阀待孔隙压力稳定后记下读数,然后关孔隙压力阀。

2)反压力应分级施加,并同时分级施加周围压力,以减少对试样的扰动。在施加反压力过程中,始终保持周围压力比反压力大 20kPa。反压力和周围压力的每级增量对软黏土取 30kPa。对坚实的土或初始饱和度较低的土,取 50kPa～70kPa。

3)操作时,先调周围压力至 50kPa,并将反压力系统调至 30kPa,同时打开周围压力阀和反压力阀,再缓缓打开孔隙压力阀,待孔隙压力稳定后,测记孔隙压力计和体变管读数,再施加下一级的周围压力和反压力。

4)计算每级周围压力下的孔隙压力增量 Δu,并与周围压力增量 $\Delta\sigma_3$ 比较,当孔隙水压力增量与周围压力增量之比 $\Delta u/\Delta\sigma_3$ >0.98 时,认为试样饱和;否则应重复上述步骤,直至试样饱和。

4.12.4 不固结不排水剪试验

4.12.4.1 试样的安装,应按下列步骤进行:

1 对压力室底座充水,在压力室的底座上,依次放上不透水板、试样及不透水试样帽,将橡皮膜用承膜筒套在试样外,并用橡皮圈将橡皮膜两端、底座及试样帽分别扎紧。

2 将压力室罩顶部活塞提高,放下压力室罩,将活塞对准试样中心,并均匀地拧紧底座连接螺母。开排气孔,向压力室内注满纯水,待压力室顶部排气孔有水溢出时,拧紧排气孔,并将活塞对准测力计和试样顶部。

3 将离合器调至粗位,转动粗调手轮,试样帽与活塞、测力计接近时,将离合器调至细位,改用细调手轮,使试样帽与活塞、测力计接触,装上变形指示计,将测力计和变形指示计调至零位。

4 关体变传感器或体变管阀及孔隙压力阀,开周围压力阀,施加所需的周围压力。周围压力大小应与工程的实际小主应力 σ_3 相适应,并尽可能使最大周围压力与土体的最大实际小主应力 σ_3 大致相等。也可按 100、200、300、400kPa 施加。

4.12.4.2 剪切试样应按下列步骤进行:

1 剪切应变速率宜为每分钟应变 0.5%～1.0%。

2 启动电动机,合上离合器,开始剪切。试样每产生 0.3%～0.4% 的轴向应变(或 0.2mm 变形值),测记一次测力计读数和轴向变形值。当轴向应变大于 3% 时,试样每产生 0.7%～0.8% 的轴向应变(或 0.5mm 变形值),测记一次。

3 当出现峰值后,再继续剪 3%～5% 轴向应变;若轴向力读数无明显减少,则剪切至轴向应变达 15%～20%。

4 试验结束,关电动机,关周围压力阀,脱开离合器,将离合器调至粗位,转动粗调手轮,将压力室降下,打开排气孔,排除压力室内的水,拆卸压力室罩,拆除试样,描述试样破坏形状,称试样质量,并测定试验后含水率。对于直径为 39.1mm 的试样,宜取整个试样烘干;直径为 61.8mm 和 101mm 的试样,允许切取剪切面附近有代表性的部分土样烘干。

4.12.4.3 轴向应变应按下式计算:

$$\varepsilon_1 = \frac{\Delta h_1}{h_0} \times 100 \qquad (4.12.4.3)$$

式中　ε_1——轴向应变(%);

　　　Δh_1——剪切过程中试样的高度变化(mm);

　　　h_0——试样初始高度(mm)。

4.12.4.4 试样面积的校正,应按下式计算:

$$A_a = \frac{A_0}{1-0.01\varepsilon_1} \qquad (4.12.4.4)$$

式中　A_a——试样的校正断面积(cm^2);

　　　A_0——试样的初始断面积(cm^2)。

4.12.4.5 主应力差应按下式计算:

$$\sigma_1 - \sigma_3 = \frac{CR}{A_a} \times 10 \qquad (4.12.4.5)$$

式中　$\sigma_1 - \sigma_3$——主应力差(kPa);

　　　σ_1——大总主应力(kPa);

　　　σ_3——小总主应力(kPa);

C——测力计率定系数（N/0.01mm 或 N/mV）；

R——测力计读数（0.01mm）；

10——单位换算系数。

4.12.4.6 以主应力差为纵坐标，轴向应变为横坐标，绘制主应力差与轴向应变关系曲线（图 4.12.4.6）。取曲线上主应力差的峰值作为破坏点，无峰值时，取 15% 轴向应变时的主应力差值作为破坏点。

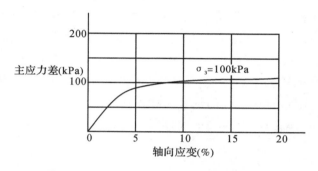

图 4.12.4.6 主应力差与轴向应变关系曲线

4.12.4.7 以法向应力 σ 为横坐标，剪应力 τ 为纵坐标。在横坐标上以 $\dfrac{(\sigma_{1f}+\sigma_{3f})}{2}$ 为圆心，$\dfrac{(\sigma_{1f}-\sigma_{3f})}{2}$ 为半径（f 注脚表示破坏时的值），绘制破坏总应力圆后，作诸圆包线。该包线的倾角为内摩擦角 φ_μ，包线在纵轴上的截距为黏聚力 c_u（图 4.12.4.7）。

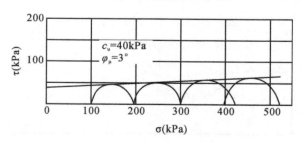

图 4.12.4.7 不固结不排水剪强度包线

4.12.4.8 不固结不排水剪试验的记录格式见附录 A 表 A-23。

4.12.5 固结不排水剪试验

4.12.5.1 试样的安装,应按下列步骤进行:

1 开孔隙水压力阀和量管阀,对孔隙水压力系统及压力室底座充水排气后,关孔隙水压力阀和量管阀。压力室底座上依次放上透水板、湿滤纸、试样、透水板,试样周围贴浸水的滤纸条7~9条。将橡皮膜用承膜筒套在试样外,并用橡皮圈将橡皮膜下端与底座扎紧。打开孔隙水压力阀和量管阀,使水缓慢地从试样底部流入,排除试样与橡皮膜之间的气泡,关闭孔隙水压力阀和量管阀。打开排水阀,使试样帽中充水,放在透水板上,用橡皮圈将橡皮膜上端与试样帽扎紧,降低排水管,使管内水面位于试样中心以下 20mm~40mm,吸除试样与橡皮膜之间的余水,关排水阀。需要测定土的应力应变关系时,应在试样与透水板之间放置中间夹有硅脂的两层圆形橡皮膜,膜中间应留有直径为 1cm 的圆孔排水。

2 压力室罩安装、充水及测力计调整应按本细则第 4.12.4.1 条 3 款的步骤进行。

4.12.5.2 试样排水固结应按下列步骤进行:

1 调节排水管使管内水面与试样高度的中心齐平,测记排水管水面读数。

2 开孔隙水压力阀,使孔隙水压力等于大气压力,关孔隙水压力阀,记下初始读数。当需要施加反压力时,应按本细则第 4.12.3.5 条 3 款的步骤进行。

3 将孔隙水压力调至接近周围压力值,施加周围压力后,再打开孔隙水压力阀,待孔隙水压力稳定测定孔隙水压力。

4 打开排水阀。当需要测定排水过程时,应按本细则第 4.9.1.5 条 6 款的步骤测记排水管水面及孔隙水压力读数,直至孔隙水压力消散 95% 以上。固结完成后,关排水阀,测记孔隙水压力和排水管水面读数。

5 微调压力机升降台,使活塞与试样接触,此时轴向变形指示计的变化值为试样固结时的高度变化值。

4.12.5.3 剪切试样应按下列步骤进行:

1 剪切应变速率黏土宜为每分钟应变 0.05%~0.1%;粉土宜为每分钟应变 0.1%~0.5%。

2 将测力计、轴向变形指示计及孔隙水压力读数均调整至零。

3 启动电动机,合上离合器,开始剪切。测力计、轴向变形、孔隙水压力应按本细则第 4.12.4.2 条 2、3 款的步骤进行测记。

4 试验结束,关电动机,关各阀门,脱开离合器,将离合器调至粗位,转动粗调手轮,将压力室降下,打开排气孔,排除压力室内的水,拆卸压力室罩,拆除试样,描述试样破坏形状,称试样质量,并测定试样含水率。

4.12.5.4 试样固结后的高度,应按下式计算:

$$h_c = h_0 (1 - \frac{\Delta V}{V_0})^{1/3} \qquad (4.12.5.4)$$

式中 h_c ——试样固结后的高度(cm);

ΔV ——试样固结后与固结前的体积变化(cm^3)。

4.12.5.5 试样固结后的面积,应按下式计算:

$$A_c = A_0 (1 - \frac{\Delta V}{V_0})^{2/3} \qquad (4.12.5.5)$$

式中 A_c ——试样固结后的断面积(cm^2)。

4.12.5.6 试样面积的校正,应按下式计算:

$$A_a = \frac{A_c}{1 - 0.01\varepsilon_1} \qquad (4.12.5.6)$$

$$\varepsilon_1 = \frac{\Delta h}{h_0} \times 100$$

4.12.5.7 主应力差按本细则式(4.12.4.5)计算。

4.12.5.8 有效主应力比应按下式计算:

1 有效大主应力：

$$\sigma'_1 = \sigma_1 - u \qquad (4.12.5.8\text{-}1)$$

式中 σ'_1——有效大主应力(kPa)；

u——孔隙水压力(kPa)。

2 有效小主应力：

$$\sigma'_3 = \sigma_3 - u \qquad (4.12.5.8\text{-}2)$$

式中 σ'_3——有效小主应力(kPa)。

3 有效主应力比：

$$\frac{\sigma'_1}{\sigma'_3} = 1 + \frac{\sigma'_1 - \sigma'_3}{\sigma'_3} \qquad (4.12.5.8\text{-}3)$$

4.12.5.9 孔隙水压力系数,应按下式计算：

1 初始孔隙水压力系数：

$$B = \frac{u_0}{\sigma_3} \qquad (4.12.5.9\text{-}1)$$

式中 B——初始孔隙水压力系数；

u_0——施加周围压力产生的孔隙水压力(kPa)。

2 破坏时孔隙水压力系数：

$$A_f = \frac{u_f}{B(\sigma_1 - \sigma_3)} \qquad (4.12.5.9\text{-}2)$$

式中 A_f——破坏时的孔隙水压力系数；

u_f——试样破坏时主应力差产生的孔隙水压力 (kPa)。

4.12.5.10 主应力差与轴向应变关系曲线(图 4.12.4.6),应按本细则第 4.12.4.6 条的规定绘制。

4.12.5.11 以有效应力比为纵坐标,轴向应变为横坐标,绘制有效应力比与轴向应变曲线(图 4.12.5.11)。

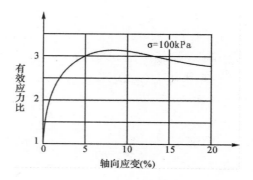

图 4.12.5.11 有效应力比与轴向应变关系曲线

4.12.5.12 以孔隙水压力为纵坐标,轴向应变为横坐标,绘制孔隙水压力与轴向应变关系曲线(图 4.12.5.12)。

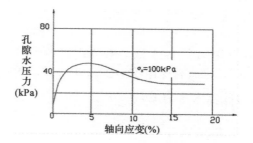

图 4.12.5.12 孔隙水压力与轴向应变关系曲线

4.12.5.13 以 $\dfrac{\sigma'_1-\sigma'_3}{2}$ 为纵坐标,$\dfrac{\sigma'_1+\sigma'_3}{2}$ 为横坐标,绘制有效应力路径曲线(图 4.12.5.13),并计算有效内摩擦角和有效黏聚力。

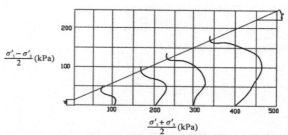

图 4.12.5.13 有效应力路径曲线

1 有效内摩擦角：

$$\varphi' = \sin^{-1}\tan\alpha \qquad (4.12.5.13\text{-}1)$$

式中　φ'——有效内摩擦角(°)；

　　　α——应力路径图上破坏点连线的倾角(°)。

2 有效黏聚力：

$$c' = \frac{d}{\cos\varphi'} \qquad (4.12.5.13\text{-}2)$$

式中　c'——有效黏聚力(kPa)；

　　　d——应力路径上破坏点连线在纵轴上的截距
(kPa)。

4.12.5.14 以主应力差或有效主应力比的峰值作为破坏点，无峰值时，以有效应力路径的密集点或轴向应变15%时的主应力差值作为破坏点，按本细则第 4.12.4.7 条的规定绘制破损应力圆及不同周围压力下的破损应力圆包线，并求出总应力强度参数；有效内摩擦角和有效黏聚力，应以 $\dfrac{\sigma'_1 + \sigma'_3}{2}$ 为圆心，$\dfrac{\sigma'_1 - \sigma'_3}{2}$ 为半径绘制有效破损应力圆确定(图 4.12.5.14)。

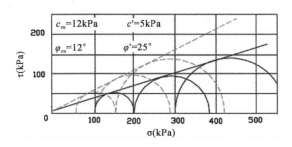

图 4.12.5.14　固结不排水剪强度包线

4.12.5.15 固结不排水剪试验的记录格式见附录 A 表 A-23。

4.12.6　固结排水剪试验

4.12.6.1 试样的安装、固结、剪切应按本细则第 4.12.5.1～4.12.5.3条的步骤进行。但在剪切过程中应打开排水阀。剪切速率采用每分钟应变 0.003%～0.012%。

4.12.6.2 试样固结后的高度、面积,应按本细则式(4.12.5.4)和式(4.12.5.5)计算。

4.12.6.3 剪切时试样面积的校正,应按下式计算:

$$A_a = \frac{V_c - \Delta V_i}{h_c - \Delta h_i} \qquad (4.12.6.3)$$

式中 ΔV_i——剪切过程中试样的体积变化(cm^3);

Δh_i——剪切过程中试样的高度变化(cm)。

4.12.6.4 主应力差按本细则式(4.12.4.5)计算。

4.12.6.5 有效应力比及孔隙水压力系数,应按本细则式(4.12.5.8)和式(4.12.5.9)计算。

4.12.6.6 主应力差与轴向应变关系曲线应按本细则第4.12.4.6条规定绘制。

4.12.6.7 主应力比与轴向应变关系曲线应按本细则第4.12.5.11条规定绘制。

4.12.6.8 以体积应变为纵坐标,轴向应变为横坐标,绘制体应变与轴向应变关系曲线。

4.12.6.9 破损应力圆,有效内摩擦角和有效黏聚力应按本细则第4.12.5.14条的步骤绘制和确定(图4.12.6.9)。

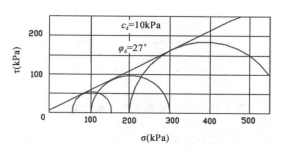

图4.12.6.9 固结排水剪强度包线

4.12.6.10 固结排水剪试验的记录格式见附录 A 表 A-23。

4.12.7 一个试样多级加荷试验

4.12.7.1 本试验仅适用于无法切取多个试样、灵敏度较低的原状土。

4.12.7.2 不固结不排水剪试验,应按下列步骤进行:

1 试样的安装,应按本细则第 4.12.4.1 条的步骤进行。

2 施加第一级周围压力,试样剪切应按本细则第 4.12.4.2 条 1 款规定的应变速率进行。当测力计读数达到稳定或出现倒退时,测记测力计和轴向变形读数。关电动机,将测力计读数调整为零。

3 施加第二级周围压力,此时测力计因施加周围压力读数略有增加,应将测力计读数调至零位。然后转动手轮,使测力计与试样帽接触,并按同样方法剪切到测力计读数稳定。如此进行第三、第四级周围压力下的剪切。累计的轴向应变不超过 20%。

4 试验结束后,按本细则第 4.12.4.2 条 4 款的步骤拆除试样,称试样质量,并测定含水率。

5 计算及绘图应按本细则第 4.12.4.3～4.12.4.7 条的规定进行,试样的轴向应变按累计变形计算(图 4.12.7.2)。

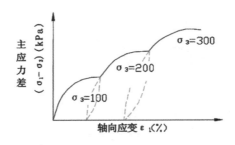

图 4.12.7.2 不固结不排水剪的应力应变关系

4.12.7.3 固结不排水剪试验,应按下列步骤进行:

1 试样的安装,应按本细则第 4.12.5.1 条的规定进行。

2 试样固结应按本细则第 4.12.5.2 条的规定进行。第一级周围压力宜采用 50kPa,第二级和以后各级周围压力应等于、大于前一级周围压力下的破坏大主应力。

 3 试样剪切按本细则第 4.12.5.3 条的规定进行。第一级剪切完成后,退除轴向压力,待孔隙水压力稳定后施加第二级周围压力,进行排水固结。

 4 固结完成后进行第二级周围压力下的剪切,并按上述步骤进行第三级周围压力下的剪切,累计的轴向应变不超过 20%。

 5 试验结束后,拆除试样,称试样质量,并测定含水率。

 6 计算及绘图应按本细则第 4.12.5.4～4.12.5.14 条的规定进行。试样的轴向变形,应以前一级剪切终了退去轴向压力后的试样高度作为后一级的起始高度,计算各级周围压力下的轴向应变(图 4.12.7.3)。

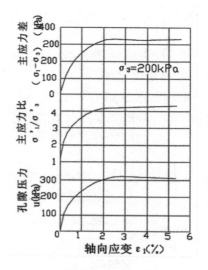

图 4.12.7.3 固结不排水剪应力一应变关系

4.12.7.4 一个试样多级加荷试验的记录格式应与本细则第 4.12.4.8 和 4.12.5.15 条的要求相同。

4.13 休止角试验

4.13.0.1 本试验方法适用于测定粒径小于 5mm 的无黏性土在风干状态下或水下状态的休止角。

4.13.0.2 仪器设备：

1 休止角测定仪（图 4.13.0.2）：圆盘直径为 10cm（适用于粒径小于 2mm 的无黏性土）及 20cm（适用于粒径小于 5mm 的无黏性土）。

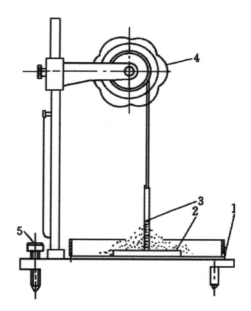

图 4.13.0.2 休止角测定仪

1—底盘；2—圆盘；3—铁杆；4—制动器；5—水平螺丝

2 附属设备：勺子、水槽等。

4.13.0.3 操作步骤：

1 取代表性的充分风干试样若干，并选择相应的圆盘。

2 转动制动器，使圆盘落在底盘中。

3 用小勺细心地沿铁杆四周倾倒试样。小勺离试样表面的高度应始终保持在 1cm 左右,直至圆盘外缘完全盖满为止。

4 慢慢转动制动器,使圆盘平稳升起,直至离开底盘内的试样为止。测记锥顶与铁杆接触处的刻度(h_{zc})。

5 当测定水下状态的休止角时,先将盛土圆盘慢慢地沉入水槽内。水槽内水面应达铁杆的 0 刻度处,应按本条 3 款的规定注入试样。应按本条 4 款的规定转动制动器,使圆盘下降。当锥体顶端达水面时,测记锥顶与铁杆接触处的刻度(h_{zm})

6 根据测得的 h_{zc} 和 h_{zm} 值,计算其休止角。

7 本试验需进行 2 次平行测定,取其算术平均值,以整数(°)表示。

4.13.0.4 风干状态下及水下休止角应按下式计算:

$$\sigma'_3 = C(R - R_0) \tag{4.13.0.4-1}$$

$$\alpha_m = \arctan\left(\frac{2h_{zm}}{d_z}\right) \tag{4.13.0.4-2}$$

式中　α_c——风干状态下休止角(°);

α_m——水下休止角(°);

h_{zc}——风干状态下试样堆积圆锥高度(cm);

h_{zm}——水下试样堆积圆锥高度(cm);

d_z——圆锥底面直径(cm)。

4.13.0.5 本试验的记录格式见附录 A 表 A-24。

4.14　静止侧压力系数试验

4.14.0.1 适用范围

1 本试验方法适用于饱和的细粒土。

2 试验方法采用 K_0 固结法或三轴法。

4.14.0.2 仪器设备

1 K_0 固结法

1)侧压力仪(图 4.14.0.2)。

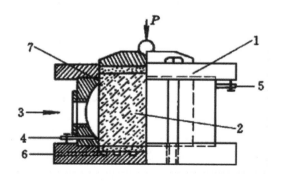

图 4.14.0.2 侧压力仪 K_0 试验装置示意图

1—侧压力容器;2—试样;3—接压力传递系统;4—进水孔;5—排气孔阀;6—固结
排水孔;7—O 型圈

2)轴向加压设备:杠杆式或布进驱动电机。

3)侧向压力量测设备:压力传感器,准确度为全量程的
0.5%F.S.

4)切土环刀:内径 61.8mm,高度 40mm。

5)其他:钢丝锯、切土刀、定位校正样块(内径 61.8mm,高度
100mm)、薄硅脂、顶土器、脱气水、滤纸等。

2 三轴法

本试验所采用的仪器符合本细则 4.12 节三轴压缩试验的
仪器要求。

4.14.0.3 使用前仪器检查

1 侧压力仪

1)排除密闭受压室内和测压系统的气泡。其方法是打开排气
孔阀,从进水孔注入纯水,当排气孔溢出水时,用手挤压受压室内
的橡皮膜,使受压室中的水从排气阀冲出。如此反复数次,直至无
气泡逸出时为止。排气完毕,关排气阀,拧紧进水孔螺丝(阀)。

2)用校正样块代替试样,慢慢放入容器内,开排气孔阀使受
压室多余的水从排气孔泻出,使橡皮膜平整并紧贴校正样块。

关排气孔阀,用侧压力量测系统逐级施加压力,直至压力达500kPa。如压力表读数不下降,表示受压室和各管路系统不漏水。然后卸除压力,取出校正样块。

2 三轴仪

三轴仪试验前的仪器检查工作按本细则4.12节三轴压缩试验中的要求进行。

4.14.0.4 K_0 固结法应按下列步骤进行:

1 试样的制备按照第3.1.0.1~3.1.0.5条的规定进行。试样制备好后应按照第3.1.0.8条的规定进行饱和,饱和度要求达到95%以上。

2 打开底座进水三通阀,用调压针筒抽出密闭受压室中的部分水,使橡皮膜凹进,在橡胶套内壁和上下抹一层薄硅脂,将试样推入环刀,贴上滤纸条,再将抽出的水压回受压室,使试样与橡皮膜紧密接触,关闭底座进水阀。放上透水板、护水圈、压力板、钢珠,将容器置于加压框架正中,施加1kPa预压力,安装轴向位移计,并将读数调整至零位。

3 打开连接侧压力测量装置的阀门,调平电测仪表,测记受压室中水压力为零时的压力传感器读数。

4 施加轴向压力,压力等级一般按照25、50、100、200、400kPa施加。施加每级轴向压力后,随时调平电测仪表,按照0.5、1、4、9、16、25、36、49、100min……的时间间隔测记仪表读数和轴向变形,直至变形稳定,再加下一级轴向压力。试样变形稳定标准为每小时变形量不大于0.01mm。

5 试验结束后,关闭连接侧压力装置阀门,卸去轴向压力,拆除护水圈、传压板及透水板等。需要时,取出试样称量,并测定含水率。

4.14.0.5 三轴法应按下列步骤进行:

1 试样制备工作按本细则4.12节三轴压缩试验中的方法进行。

2 测试原理与方法

样品在侧压力作用下产生固结排水,势必导致轴向和侧向的同时变形,通过调节轴向压力,使样品轴向的体积变形等于样品排水量,可近似地认为样品的截面积保持不变,从而模拟侧向不变形条件,即:$\delta_v = \delta_h \times a_0$,通过测量不同侧向压力下的轴向压力和孔隙压力,绘制 $\sigma_1 \sim \sigma_3$ 关系曲线,根据曲线斜率求出静止侧压力系数。

在围压恒定条件下调节轴向变形,模拟侧向不变形条件,测定各级侧压力下对应的轴向应力,求得静止侧压力系数。

3 试验步骤

1)样品制备:待测样品切制成直径 39.1mm、高 80.0mm 的柱形试件。

2)试件饱和:将土样放入饱和器进行大于 1h 的抽气(砂类土和粉土可直接注水饱和),并注水饱和一昼夜,使试样充分饱和。

3)样品安装:用反压调压筒注水驱除试件底座和压帽内的气泡,将试件两端贴上润湿的滤纸圆片后垫上透水板,并在试件侧边加贴 6mm 宽的滤纸条 7~9 条,借助承膜筒及对开模具,将试件安装到压力室中,底座和压帽均用橡皮筋扎紧。

4)等向固结参数设定

①符合下列条件之一的可判定固结过程结束:

a. 孔压消散:以孔隙水压力消散判定,如果固结度达到设定值自动结束固结过程。

b. 排水增量:以排水增量判定,如果 Δt 时间内试样的排水增量不大于设定值 ΔV 自动结束固结过程。

②固结度:孔隙水压力消散程度,一般应设≥95%。

③排水增量:ΔV,即在 Δt 时间内试样的排水增量小于 ΔV 时自动结束固结过程。一般采用 0.10mL/10min。

④判定排水增量间隔:Δt,测定ΔV 的间隔,一般采用 10min。

⑤ΔV 增量:试样垂向压缩体积变化量(cm³),一般采用

$0.03cm^3/10min$。

⑥孔压增量(kPa):1.0kPa/10min。

⑦σ_3 预压:开始 K_0 固结试验时,先施加 σ_3 进行预压,一般可设 20~30kPa。

⑧$\Delta\sigma_3$:每次加围压增加量。

5)开机进行试验,适时检查仪器运行是否正常。

6)试验结束后,保存数据。

4.14.0.6 试验结果

1 计算侧向压力:

$$\sigma'_3 = C(R - R_0) \tag{4.14.0.6-1}$$

式中 σ'_3——密封受压室的水压力即侧向有效应力(kPa);

C——压力传感器比例常数(kPa/$\mu\epsilon$,kPa/mV);

R_0——侧向压力等于零时,电测仪表的初读数($\mu\epsilon=10^{-6}$,mV);

R——试样竖向变形稳定时电测仪表读数($\mu\epsilon=10^{-6}$,mV)。

2 以有效轴向压力为横坐标,有效侧向压力为纵坐标,绘制 $\sigma'_1 \sim \sigma'_3$ 关系曲线,其斜率为静止侧压力系数,即:

$$K_0 = \frac{\sigma'_3}{\sigma'_1} \tag{4.14.0.6-2}$$

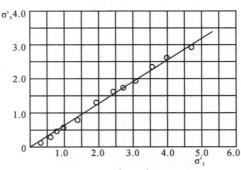

图 4.14.0.6 $\sigma'_1 \sim \sigma'_3$ 关系曲线

4.15 弹性模量试验

4.15.0.1 适用范围

本试验适用于饱和原状细粒土。

4.15.0.2 仪器设备

1 应力控制式三轴仪(图 4.15.0.2)。

2 附属设备:应符合本细则 4.12 节三轴压缩试验中的规定。

3 天平:称量 200g,分度值 0.01g;称量 1000g,分度值 0.1g。

4 位移计(千分表):量程 2mm,分度值 0.001mm。

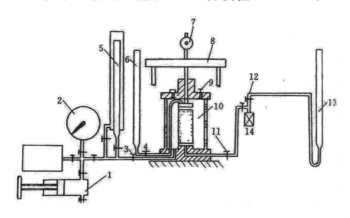

图 4.15.0.2 应力控制式三轴仪装置

1—调压筒;2—周围压力表;3—周围压力阀;4—排水阀;5—体变管;6—排水管;7—轴向位移计;8—轴向加压设备;9—排气孔;10—压力室;11—孔隙压力阀;12—量管阀;13—量管;14—孔压传感器

4.15.0.3 操作步骤

1 原状土试样制备按本细则 4.12 节三轴压缩试验的规定进行。

2 试样饱和按本细则 4.12 节三轴压缩试验的规定进行。

3 试样安装和固结按本细则 4.12 节三轴压缩试验的规定

进行。

4 试样 K_0 固结按本细则 4.14 节静止侧压力系数试验的规定进行。若不需要加反压力,排水量由排水管测读。

5 关排水阀和孔隙压力阀,将轴向位移计的读数调整至零位。分级加轴向压力,每级压力按预计的试样破坏主应力差的 $1/10 \sim 1/12$ 施加。

6 施加第 1 级压力,同时开动秒表,测记加压后 1 min 时位移计的读数。每隔 1min 施加一级压力,测记位移计读数 1 次,施压到第 4 级压力为止。

7 在测记第 4 级压力施加后 1min 位移计读数的同时,逐级卸压。每隔 1min 卸去一级,并测记卸压后 1min 的位移计读数,直至施加的轴向压力全部卸去。

8 在测记最后一级压力卸去后 1min 位移读数时,按本细则本条第 6 款至第 7 款的规定重复加荷、卸荷 $4 \sim 5$ 遍后,继续加压。测记每级压力施加后 1min 位移计读数,直至破坏为止。

9 关周围压力阀,卸去轴向压力,拆除试样,称试样质量并测定试验后含水率。

4.15.0.4 制图计算

1 绘制加压、卸压与轴向变形关系曲线,如图 4.15.0.4 所示。将最后一个滞回圈的两端点连成直线,其斜率为土的弹性模量。

2 计算试样弹性模量:

$$E = \frac{\dfrac{\sum \Delta p}{A_0}}{\dfrac{\sum \Delta h}{h_c}} \times 10 \qquad (4.15.0.4)$$

式中 E——试样的弹性模量(kPa);

Δp——每级轴向荷载(N);

$\sum \Delta h$——相应于总压力下的弹性变形(mm);

A_0——试样初始面积（cm^2）；

h_c——试样固结后高度（mm）；

10——单位换算系数。

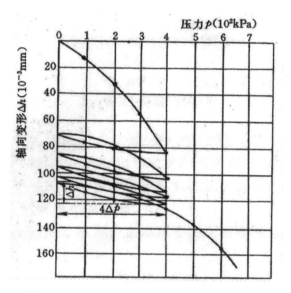

图 4.15.0.4　加压、卸压与轴向变形关系曲线

4.16　振动三轴试验

4.16.1　一般规定

4.16.1.1　本试验方法适用于饱和砂土和细粒土，粗粒土也可参照执行。

4.16.1.2　动强度（或抗液化强度）特性试验，宜采用固结不排水振动试验条件。动力变形特性试验，宜采用固结不排水振动试验条件。动残余变形特性试验，宜采用固结排水振动试验条件。

4.16.2　仪器设备

4.16.2.1　本试验所用的主要仪器设备应符合下列规定：

1 振动三轴仪:按激振方式可分为惯性力式、电磁式、电液伺服式及气动式等振动三轴仪。其组成包括主机、静力控制系统、动力控制系统、量测系统、数据采集和处理系统。

1)主机(图 4.16.2.1):包括压力室和激振器等。

2)静力控制系统:用于施加周围压力、轴向压力、反压力,包括储气罐、调压阀、放气阀、压力表和管路等。

3)动力控制系统:用于轴向激振,施加轴向动应力,包括液压油源、伺服控制器、伺服阀、轴向作动器等。要求激振波形良好,拉压两半周幅值和持时基本相等,相差应小于 10%。

4)量测系统:由用于量测轴向载荷、轴向位移及孔隙水压力的传感器等组成。

5)计算机控制、数据采集和处理系统:包括计算机、绘图和打印设备、计算机控制、数据采集和处理程序等。

6)整个设备系统各部分均应有良好的频率响应,性能稳定,误差不应超过允许范围。

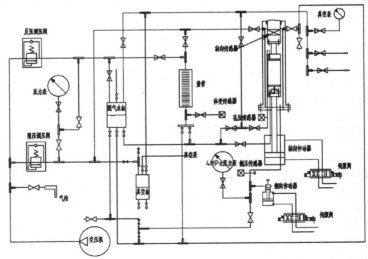

图 4.16.2.1 液压伺服单向激振式振动三轴仪示意图

2 附属设备应符合本细则 4.12.2.1 条第 2 款的规定。

3 天平:称量 200g,分度值 0.01g;称量 1000g,分度值 0.1g。

4.16.2.2 压力室、静力控制系统、孔隙水压力量测系统的检查应符合本细则 4.12.2.2 条第 1～3 款的规定。

4.16.3 操作步骤

4.16.3.1 试样制备应符合下列规定:

1 本试验采用的试样最小直径为 39.1mm,最大直径为 101mm,高度以试样直径的 2～2.5 倍为宜。

2 原状土样的试样制备应按本细则第 4.12.3.2 条的规定进行。

3 扰动土样的试样制备应按本细则第 4.12.3.3 条的规定进行。

4 砂土试样制备应按本细则第 4.12.3.4 条的规定进行。

5 对填土宜模拟现场状态用密度控制。对天然地基宜用原状试样。

4.16.3.2 试样饱和应符合下列规定:

1 抽气饱和应按本细则 4.12.3.5 条第 1 款的规定进行。

2 水头饱和应按本细则 4.12.3.5 条第 2 款的规定进行。

3 反压力饱和应按本细则 4.12.3.5 条第 3 款的规定进行。

4.16.3.3 试样安装应符合下列规定:

1 打开供水阀,使试样底座充水排气,当溢出的水不含气泡时,应按本细则 4.12.4.1 条第 1～2 款的规定安装试样。

2 砂样安装在试样制备过程中完成。

4.16.3.4 试样固结应符合下列规定:

1 等向固结。先对试样施加 20kPa 的侧压力,然后逐级施加均等的周围压力和轴向压力,直到周围压力和轴向压力相等并达到预定压力。

2 不等向固结。应在等向固结变形稳定后,逐级增加轴向压力,直到预定的轴向压力。加压时勿使试样产生过大的变形。

3 对施加反压力的试样应按本细则 4.12.3.5 条第 3 款的规定施加反压力。

4 施加压力后打开排水阀或体变管阀和反压力阀,使试样排水固结。固结稳定标准,对黏土和粉土试样 1h 内固结排水量变化不大于 $0.1cm^3$,砂土试样等向固结时,关闭排水阀后 5min内孔隙压力不上升;不等向固结时,5min 内轴向变形不大于 $0.005mm$。

5 固结完成后关排水阀,并计算振前干密度。

4.16.3.5 动强度(抗液化强度)试验应按下列步骤进行:

1 动强度(抗液化强度)特性试验为固结不排水振动三轴试验,试验中测定应力、应变和孔隙水压力的变化过程,根据一定的试样破坏标准,确定动强度(抗液化强度)。对于等压固结实验,可取双幅弹性应变等于 5%;对于偏压固结实验,可取试样的弹性应变与塑性应变之和等于 5%。对于可液化土的抗液化强度试验,可采用初始液化作为破坏标准,也可根据具体工程情况选取。

2 试样固结好后,在计算机控制界面中设定试验方案,包括动荷载大小、振动频率、振动波形、振动次数等。动强度试验宜采用正弦波激振,振动频率宜根据实际工程动荷载条件确定振动频率,也可采用 1.0Hz。

3 在计算机控制界面中新建试验数据存储的文件。

4 关闭排水阀,并检查管路各个开关的状态,确认活塞轴上、下锁定处于解除状态。

5 当所有工作检查完毕,并确定无误后,点击计算机控制界面的开始按钮,试验开始。

6 当试样达到破坏标准后,再振 5 周～10 周左右停止振动。

7 试验结束后卸掉压力,关闭压力源。

8 描述试样破坏形状,必要时测定试样振后干密度,拆除试样。

9 对同一密度的试样,可选择 1~3 个固结比。在同一固结比下,可选择 1~3 个不同的周围压力。每一周围压力下用 4 至 6 个试样。可分别选择 10 周、20~30 周和 100 周等不同的振动破坏周次,应按本细则上述的规定进行试验。

10 整个试验过程中的动荷载、动变形、动孔隙水压力及侧压力由计算机自动采集和处理。

4.16.3.6 动力变形特性试验应按下列步骤进行:

1 在动力变形特性试验中,根据振动试验过程中的轴向应力和轴向动应变的变化过程和应力应变滞回圈,计算动弹性模量和阻尼比。动力变形特性试验一般采用正弦波激振,振动频率可根据工程需要选择确定。

2 试样固结好后,在计算机控制界面中设定试验方案,包括振动次数、振动的动荷载大小、振动频率和振动波形等。

3 在计算机控制界面中新建试验数据存储的文件。

4 关闭排水阀,检查管路各个开关的状态,确认活塞轴上、下锁定处于解除状态。

5 当所有工作检查完毕,并确定无误后,点击计算机控制界面的开始按钮,分级进行试验。试验过程中由计算机自动采集轴向动应力、轴向变形及试样孔隙水压力等的变化过程。

6 试验结束后卸掉压力,关闭压力源。

7 在需要时测定试样振后干密度,拆除试样。

8 在进行动弹性模量和阻尼比随应变幅的变化的试验时,一般每个试样只能进行一个动应力试验。当采用多级加荷试验时,同一干密度的试样,在同一固结应力比下,可选 1~5 个不同的侧压力试验,每一侧压力用 3~5 个试样,每个试样采用 4~5 级动应力,宜采用逐级施加动应力幅的方法,后一级的动应力幅值可控制为前一级的 2 倍左右,每级的振动次数不宜大于 10 次。

按本细则上述的规定进行试验。

9 试验过程的试验数据由计算机自动采集、处理,并根据所采集的应力应变关系,画出应力应变滞回圈,整理出动弹性模量和阻尼比随应变幅的关系曲线。

4.16.3.7 动力残余变形特性试验应按下列步骤进行:

1 动力残余变形特性试验为饱和固结排水振动试验。根据振动试验过程中的排水量计算其残余体积应变的变化过程,根据振动试验过程中的轴向变形量计算其残余轴应变及残余剪应变的变化过程。

2 动力残余变形特性试验一般采用正弦波激振,振动频率可根据工程需要选择确定。

3 试样固结好后,在计算机控制界面中设定试验方案,包括动荷载、振动频率、振动次数、振动波形等。

4 在计算机控制界面中新建试验数据存储的文件。

5 保持排水阀开启,并检查管路各个开关的状态,确认活塞轴上、下锁定处于解除状态。

6 当所有工作检查完毕,并确定无误后,点击计算机控制界面的开始按钮,试验开始。

7 试验结束后卸掉压力,关闭压力源。

8 在需要时测定试样振后干密度,拆除试样。

9 对同一密度的试样,可选择 1~3 个固结比。在同一固结比下,可选择 1~3 个不同的周围压力。每一周围压力下用 3~5 个试样,按本细则上述的规定进行试验。

10 整个试验过程中的动荷载、侧压力、残余体积和残余轴向变形由计算机自动采集和处理。根据所采集的应力应变(包括体应变)时程记录,整理需要的残余剪应变和残余体应变模型参数。

4.16.4 计算、制图及记录

4.16.4.1 试样的静、动应力指标应按下列规定计算：

1 固结应力比：

$$K_c = \frac{\sigma'_{1c}}{\sigma'_{3c}} = \frac{\sigma_{1c} - u_0}{\sigma_{3c} - u_0} \qquad (4.16.4.1\text{-}1)$$

式中 K_c——固结应力比；

       σ'_{1c}——有效轴向固结应力(kPa)；

       σ'_{3c}——有效侧向固结应力(kPa)；

       σ_{1c}——轴向固结应力(kPa)；

       σ_{3c}——侧向固结应力(kPa)；

       u_0——初始孔隙水压力(kPa)。

2 轴向动应力：

$$\sigma_d = \frac{W_d}{A_c} \qquad (4.16.4.1\text{-}2)$$

式中 σ_d——轴向动应力(kPa)；

       W_d——轴向动荷载(kN)；

       A_c——试样固结后截面积(m^2)。

3 轴向动应变：

$$\varepsilon_d = \frac{\Delta h_d}{h_c} \times 100 \qquad (4.16.4.1\text{-}3)$$

式中 ε_d——轴向动应变(%)；

       $\triangle h_d$——轴向动变形(mm)；

       h_c——固结后试样高度(mm)。

4 体积应变：

$$\varepsilon_V = \frac{\Delta V}{V_c} \times 100 \qquad (4.16.4.1\text{-}4)$$

式中 ε_V——体积应变(%)；

       $\triangle V$——试样体积变化，即固结排水量(cm^3)。

       V_c——试样固结后体积(cm^3)。

4.16.4.2 动强度(抗液化强度)计算应在试验记录的动应力、动变形和动孔隙水压力的时程曲线上，应根据本细则 4.16.3.5 条第

1 款规定的破坏标准，确定达到该标准的破坏振次。相应于该破坏振次试样 45°面上的破坏动剪应力比 τ_d/σ'_0 应按下式计算：

$$\frac{\tau_d}{\sigma'_0} = \frac{\sigma_d}{2\sigma'_0} \qquad (4.16.4.2\text{-}1)$$

$$\tau_d = \frac{\sigma_d}{2} \qquad (4.16.4.2\text{-}2)$$

$$\sigma'_0 = \frac{\sigma'_{1c} + \sigma'_{3c}}{2} \qquad (4.16.4.2\text{-}3)$$

式中 $\dfrac{\tau_d}{\sigma'_0}$ ——试样 45°面上的破坏动剪应力比；

      σ_d ——试样轴向动应力(kPa)；

      τ_d ——试样 45°面上的动剪应力(kPa)；

      σ'_0 ——试样 45°面上的有效法向固结应力(kPa)；

      σ'_{1c} ——有效轴向固结应力(kPa)；

      σ'_{3c} ——有效侧向固结应力(kPa)。

4.16.4.3 动强度(抗液化强度)试验的试验曲线可按下列规定进行绘图：

1 对同一固结应力条件进行多个试样的测试，以破坏动剪应力比 R_f 为纵坐标，破坏振次 N_f 为横坐标，在单对数坐标上绘制破坏动剪应力比 τ_d/σ'_0 与破坏振次 N_f 的关系曲线。

2 对于工程要求的等效破坏振次 N，可根据破坏动剪应力比 τ_d/σ'_0 与破坏振次 N_f 的曲线确定相应的破坏动剪应力比 $(\tau_d/\sigma'_0)_N$。并可根据工程需要，按不同表示方法，整理出动强度(抗液化强度)特性指标。

3 在对动孔隙水压力数据进行整理时，可取动孔隙水压力的峰值；也可根据工程需要，取残余动孔隙水压力值。

4 当由于土的性能影响或仪器性能影响导致测试记录的孔隙水压力有滞后现象时，可对记录值进行修正后再做处理。

5 以动孔隙水压力为纵坐标，振次为横坐标，根据试验结果在单对数坐标上动孔隙水压力比与振次的关系曲线。

6 以动孔压比为纵坐标,以破坏振次 N_f 为横坐标,绘制振次比与动孔压比的关系曲线。

7 对于初始剪应力比相同的各个试验,可以动孔压比为纵坐标,动剪应力比为横坐标,绘制在固定振次作用下的动孔压比与动剪应力比的关系曲线;也可根据工程需要,绘制不同初始剪应力比与不同振次作用下的同类关系曲线。

4.16.4.4 动弹性模量和阻尼比应按下列公式计算:

1 动弹性模量:

$$E_d = \frac{\sigma_d}{\varepsilon_d} \times 100 \qquad (4.16.4.4-1)$$

式中 E_d ——动弹性模量(kPa);

σ_d ——轴向动应力(kPa);

ε_d ——轴向动应变(%)。

2 阻尼比:

$$\lambda = \frac{1}{4\pi} \cdot \frac{A_z}{A_s} \qquad (4.16.4.4-2)$$

式中 λ ——阻尼比;

A_z ——滞回圈 ABCDA 的面积(cm^2),见图 4.16.4.4-1;

A_s ——三角形 OAB 的面积(cm^2)。

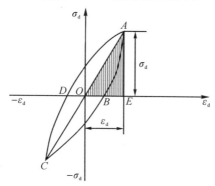

图 4.16.4.4-1 应力应变滞回圈

3 动弹性模量和动剪切模量及动轴向应变幅和动剪应变幅之间,可按下列公式进行换算:

$$G_d = \frac{E_d}{2(1+\mu)} \tag{4.16.4.4-3}$$

$$\gamma_d = \varepsilon_d(1+\mu) \tag{4.16.4.4-4}$$

式中　G_d——动剪切模量(kPa);

　　　μ——泊松比;

　　　γ_d——动剪应变(%)。

4 最大动弹性模量按下列规定求得:绘制 ε_d/σ_d(即 $1/E_d$)与动应变 ε_d 的关系曲线(图 4.16.4.4-2),将曲线切线在纵轴上的截距作为最大动弹性模量。有条件时,可将在微小应变($\varepsilon_d \leqslant 10^{-5}$)测得的动弹性模量作为最大动弹性模量。

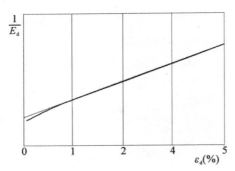

图 4.16.4.4-2　最大动弹性模量的确定示意图

4.16.4.5 残余变形计算应根据所采用的计算模型和计算方法要求,对每个试样试验可分别整理残余体积应变、残余轴应变与振次关系曲线。

4.16.4.6 动强度(抗液化强度)试验记录和计算格式应符合附录 A 表 A-25 的规定。动弹性模量和阻尼比试验记录和计算格式应符合附录 A 表 A-26 的规定。动残余变形特性试验记录和计算格式应符合附录 A 表 A-27 的规定。

4.17 土的承载比(CBR)试验

4.17.0.1 目的和适用范围

1 本试验方法只适用于在规定的试筒内制件后,对各种土和路面基层、底基层材料进行承载比试验。

2 试样的最大粒径宜控制在 20mm 以内,最大不得超过 40mm 且含量不超过 5%。

4.17.0.2 仪器设备

1 击实仪主要部件的尺寸应符合下列规定:

1)试样筒:内径 152mm,高 166mm 的金属圆筒;试样筒内底板上放置垫块,垫块直径为 151mm,高 50mm,护筒高度 50mm。

2)击锤和导筒:锤底直径 51mm,锤质量 4.5kg,落距 457mm;击锤与导筒之间的空隙应符合 GB/T 22541 的规定。

2 贯入仪(图 4.17.0.2-1)应符合下列规定:

1)加荷和测力设备:量程应不低于 50 kN,最小贯入速度应能调节至 1mm/min。

2)贯入杆:杆的端面直径 50mm,杆长 100mm,杆上应配有安装百分表的夹孔。

3)百分表:2 只,量程分别为 10mm 和 30mm,分度值 0.01mm。

4)秒表:分度值 0.1s。

3 标准筛:孔径为 40mm、20mm、5mm。

4 台秤:称量 20kg,分度值 1g。

5 天平:称量 200g,分度值 0.01g。

6 本试验所用的其他仪器设备应符合下列规定:

1)膨胀量测定装置(图 4.17.0.2-2):由百分表和三脚架组成。

2)有孔底板:孔径宜小于 2mm,底板上应配有可紧密连接试样筒的装置;带调节杆的多孔顶板(图 4.17.0.2-3)。

3)荷载块(图 4.17.0.2-4):直径 150mm,中心孔直径 52mm;每对质量 1.25kg,共 4 对,并沿直径分为两个半圆块。

4)水槽:槽内水面应高出试件顶面 25mm。

5)其他:刮刀,修土刀,直尺,量筒,土样推出器,烘箱,盛土盘。

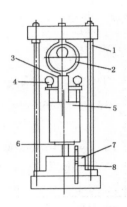

图 4.17.0.2-1 贯入仪示意图

1—框架;2—测力计;3—贯入杆;4—位移计;5—试样;6—升降台;7—蜗轮蜗杆箱;8—摇把

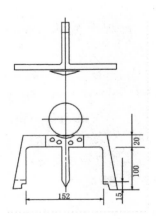

图 4.17.0.2-2 膨胀量测定装置(单位:mm)

122

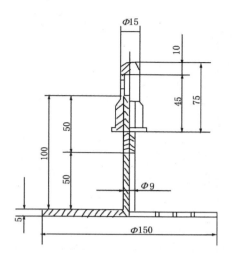

图 4.17.0.2-3 带调节杆的多孔顶板(单位:mm)

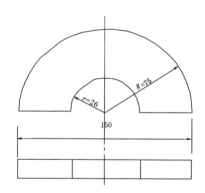

图 4.17.0.2-4 荷载块(单位:mm)

4.17.0.3 操作步骤

1 试样制备应按下列步骤进行:

1)试样制备应按本细则第4.7.0.4条执行。其中土样需过20mm筛,以筛除大于20mm的颗粒,并记录超径颗粒的百分数;按需要制备数份试样,每份试样质量约为6.0kg。

2）应按本细则第 4.7.0.5 条的规定进行重型击实试验，求取最大干密度和最优含水率。

3）应按最优含水率备料，进行重型击实试验制备 3 个试样。击实完成后试样超高应小于 6mm。

4）卸下护筒，沿试样筒顶修平试样，表面不平整处宜细心用细料修补，取出垫块，称试样筒和试样的总质量。

2 浸水膨胀应按下列步骤进行：

1）将一层滤纸铺于试样表面，放上多孔底板，并用拉杆将试样筒与多孔底板固定好。

2）倒转试样筒，取一层滤纸铺于试样的另一表面，并在该面上放置带有调节杆的多孔顶板，再放上 8 块荷载块。

3）将整个装置放入水槽，先不放水，安装好膨胀量测定装置，并读取初读数。

4）向水槽内缓缓注水，使水自由进入试样的顶部和底部，注水后水槽内水面应保持在荷载块顶面以上大约 25mm 左右（图 4.17.0.3）；通常试样要浸水 4d。

5）根据需要以一定时间间隔读取百分表的读数。浸水终了时，读取终读数。膨胀率应按下式计算：

$$\delta_w = \frac{\Delta h_w}{h_0} \times 100 \qquad (4.17.0.3)$$

式中　δ_w——浸水后试样的膨胀率（%）；

　　　　Δh_w——浸水后试样的膨胀量（mm）；

　　　　h_0——试样的初始高度（mm）。

6）卸下膨胀量测定装置，从水槽中取出试样，吸去试样顶面的水，静置 15min 让其排水，卸去荷载块、多孔顶板和有孔底板，取下滤纸，并称试样筒和试样总质量，计算试样的含水率与密度的变化。

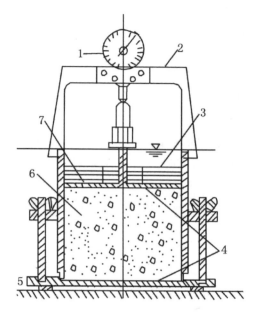

图 4.17.0.3　浸水膨胀试验装置

1—百分表；2—三脚架；3—荷载板；4—滤纸；5—多孔底板；6—试样；7—多孔顶板

3　贯入试验应按下列步骤进行：

1）将浸水终了的试样放到贯入仪的升降台上，调整升降台的高度，使贯入杆与试样顶面刚好接触，并在试样顶面放上 8 块荷载块。

2）在贯入杆上施加 45N 荷载，将测力计量表和测变形的量表读数调整至零点。

3）加荷使贯入杆以 1mm/min～1.25mm/min 的速度压入试样，按测力计内量表的某些整读数（如 20、40、60）记录相应的贯入量，并使贯入量达 2.5mm 时的读数不得少于 5 个，当贯入量读数为 10mm～12.5mm 时可终止试验。

4）应进行 3 个试样的平行试验，每个试样间的干密度最大允许差值应为 ±0.03g/cm^3。当 3 个试样试验结果所得承载比的变异系数大于 12％时,去掉一个偏离大的值,试验结果取其余 2 个结果的平均值;当变异系数小于 12％时,试验结果取 3 个结果的平均值。

4.17.0.4 计算、制图和记录

1 由 $p \sim l$ 曲线上获取贯入量为 2.5mm 和 5.0mm 时的单位压力值,各自的承载比应按下列公式计算。承载比一般是指贯入量为 2.5mm 时的承载比,当贯入量为 5.0mm 时的承载比大于 2.5mm 时,试验应重新进行。当试验结果仍然相同时,应采用贯入量为 5.0mm 时的承载比。

1)贯入量为 2.5mm 时的承载比应按下式计算:

$$CBR_{2.5} = \frac{p}{7000} \times 100 \qquad (4.17.0.4\text{-}1)$$

式中　$CBR_{2.5}$——贯入量为 2.5mm 时的承载比(％);

　　　p——单位压力(kPa);

　　　7000——贯入量为 2.5mm 时的标准压力(kPa)。

2)贯入量为 5.0mm 时的承载比应按下式计算:

$$CBR_{5.0} = \frac{p}{10500} \times 100 \qquad (4.17.0.4\text{-}2)$$

式中　$CBR_{5.0}$——贯入量为 5.0mm 时的承载比(％);

　　　10500——贯入量为 5.0mm 时的标准压力(kPa)。

2 以单位压力(p)为横坐标,贯入量(l)为纵坐标,绘制 $p \sim l$ 曲线(图 4.17.0.4)。图上曲线 1 是合适的,曲线 2 的开始段是凹曲线,应进行修正。修正的方法为:在变曲率点引一切线,与纵坐标交于 O' 点,这 O' 点即为修正后的原点。

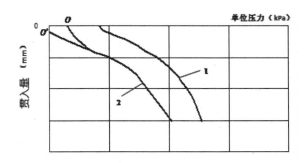

图 4.17.0.4 单位压力与贯入量的关系曲线

3 承载比试验的记录格式可参照附录 A 表 A-28 的规定。

4.18 回弹模量试验

4.18.0.1 适用范围

本方法使用固结回弹试验的加载、卸载,测定回弹模量,适用于原状细粒土。

4.18.0.2 仪器设备

同本细则 4.9.1.2 固结试验。

4.18.0.3 操作步骤

同本细则 4.9.1.3~4.9.1.5 固结试验。

4.18.0.4 结果计算

固结回弹模量应按下列公式计算:

$$E_e = \frac{1+e_1}{a_0} \qquad (4.18.0.4\text{-}1)$$

式中 E_e ——土的回弹模量(kPa);

e_1 ——卸荷后或再加荷时土的孔隙比;

a_0 ——土的回弹系数(kPa^{-1})。

$$a_0 = \frac{\Delta e'}{p_c - p_1} \qquad (4.18.0.4\text{-}2)$$

式中 p_c ——卸荷前的压力或前期固结压力(kPa);

p_1——卸荷后的压力或土的自重有效应力(kPa);

$\Delta e'$——卸荷和再压缩曲线上相应于压力从 p_1 到 p_c 的孔隙比变化量。

4.18.0.5 本试验的记录格式见附录 A 表 A-29。

4.19 基床系数试验

4.19.1 K_0 固结仪法

4.19.1.1 本方法适用于各类饱和原状细粒土。

4.19.1.2 仪器设备

1 静止侧压力系数测试仪(K_0 仪)。

2 固结仪。

3 位移百分表或数据采集仪。

4.19.1.3 操作步骤

1 K_0 仪使用前排除密闭室和侧压力系统的气泡,并检查验证受压室及管路系统不漏水。

2 用内径 61.8mm,高 40mm 的环刀切取原状土试样,推入 K_0 固结仪容器中,装上侧压力传感器,排除受压室及管路系统的气泡,安装加压框架和位移传感器。

3 施加 1kPa 的预压力使试样与仪器上下各部件之间接触,将位移传感器调整到合适位置。

4 确定需要施加的各级压力,压力等级宜为 25、50、75、100、150、200、300、400kPa。

5 施加第一级压力,退去预压力;施加剩余的各级压力直至试验结束。每级压力数按照 0.5、1、4、9、16、25、36、49、64min ……的时间间隔测记仪表读数和轴向变形。

4.19.1.4 基床系数计算

黏性土:

$$K_v = K_1 \times \frac{P_s}{S_s} \qquad\qquad (4.19.1.4\text{-}1)$$

砂性土：

$$K_v = K_2 \times \frac{P_s}{S_s} \qquad (4.19.1.4\text{-}2)$$

式中　K_v——基床系数（MPa/m），计算取一位小数；

　　　P_s——P～S曲线上土样下沉量基准值所对应的压力（kPa）；

　　　S_s——土样下沉量基准值（取1.25mm）；

　　　K_1、K_2——承压板面积校正系数，分别取0.203、0.114。

当P～S曲线不过原点时应当先校正至原点。也可以计算P～S曲线上直线段斜率作为基床系数。

4.19.1.5　本试验的记录格式见附录A表A-30。

4.19.2　固结试验计算法

4.19.2.1　本方法适用于各类原状细粒土。

4.19.2.2　仪器设备

同本细则第4.9.1.2条固结试验。

4.19.2.3　操作步骤

同本细则第4.9.1.3～4.9.1.5条固结试验。

4.19.2.4　计算

根据固结试验中测得的应力与变形关系来确定基床系数 K_v：

$$K_v = \frac{\sigma_2 - \sigma_1}{e_1 - e_2} \times \frac{1 + e_m}{h_o} \qquad (4.19.2.4)$$

式中　K_v——基床系数（MPa/m），计算取一位小数；

　　　$\sigma_2 - \sigma_1$——应力增量（MPa）；

　　　$e_1 - e_2$——相应的孔隙比增量；

　　　e_m——平均孔隙比，$e_m = \dfrac{e_1 + e_2}{2}$；

　　　h_o——样品高度（m）。

4.19.2.5 本试验的记录格式见附录 A 表 A-31。

4.19.3 三轴仪法

4.19.3.1 本方法适用于各类原状细粒土。

4.19.3.2 仪器设备

仪器设备:同本细则 4.12.2 节规定。

4.19.3.3 操作步骤

1 试样制备与饱和处理同本细则 4.12.3 节规定。

2 土的静止侧压力系数 K_0 值应按本细则 4.14 节的规定计算。

3 试样安装和固结应符合下列规定:

1)试样安装应符合本细则第 4.12.5 节的规定。

2)将试样在 K_0 条件下进行排水固结,侧向围压应按下式计算,排水固结应按本细则第 4.12.5 节的规定的规定进行。

$$\sigma_3 = K_0 \times \sigma_1 \qquad (4.19.3.3-1)$$

$$\sigma_1 = \gamma \times h_0 \qquad (4.19.3.3-2)$$

式中　σ_1——轴向应力(kPa);

　　　σ_3——侧向围压(kPa);

　　　γ——上覆土层重度(kN/m³);

　　　h_0——上覆土层厚度(m);

　　　K_0——土的静止侧压力系数。

4 固结稳定后,控制主应力增量 $\Delta\sigma_1$ 与围压增量 $\Delta\sigma_3$ 比值 n 为某一固定数值,应分别按 $n = 0$、0.1、0.2、0.3 等不同应力路径进行,剪切速率宜采用每分钟 0.003%～0.012%,剪切过程中应打开排水阀。

5 试验结束后关闭电动机,下降升降台,开排气孔,排去压力室内的水,拆除压力室罩,擦干试样周围的余水,脱去试样外的橡皮膜,描述试验后试样形状,称试样质量,测定试验后试样含水率。

4.19.3.5 计算、制图

1 试验结果的整理应按本细则第 4.12.5 节的规定进行。

2 以主应力增量为纵坐标,轴向应变为横坐标,绘制 $\Delta\sigma_1 \sim \varepsilon_1$ 关系曲线;以主应力增量为纵坐标,轴向变形量为横坐标,绘制不同应力比的 $\Delta\sigma_1 \sim \Delta h_i$ 关系曲线。

3 取 $\Delta\sigma_1 \sim \Delta h_i$ 关系曲线初始段切线模量或取对应应力段的割线模量为基床系数。

4.19.3.6 本试验的记录格式见附录 A 表 A-32。

4.20 热物理试验

4.20.1 面热源法导热系数试验

4.20.1.1 本方法适用于各类土。

4.20.1.2 仪器设备

1 导热系数测试仪:

1)导热系数测定范围:$0.01\text{W/mK} \sim 100\text{W/mK}$。

2)测量时间:$1\text{s} \sim 600\text{s}$。

3)准确度:$\leqslant 5\%$。

4)温度范围:室温。

2 探头(传感器):准确度 $0.1℃$。

4.20.1.3 操作步骤

1 仪器测试前,应平稳放置,开机预热不小于 30min;仪器附近应无大的电流干扰。

2 从试样中切取高不小于 15mm,直径不小于 45mm 的代表性试样。

3 将探头置于试样中后,试验与探头的接触平面宜光滑平整,必要时可涂抹硅胶。约 20min 温度稳定后(10min 内温度变化不超过 $0.05℃$)才能进行测定。同一试样重复测试,需 30min 以上时间间隔。试样应在环境温度相对稳定且无风条件下进行。

4.20.1.4 测定结果处理

本试验宜进行 2 次平行测定,差值不宜大于0.1W/m・K,取 2 个值的平均值作为试验结果。

4.20.1.5 本试验的记录格式见附录 A 表 A-33。

4.20.2 平板热流计法导热系数试验

4.20.2.1 本方法适用于各类土。

4.20.2.2 仪器设备

1 导热系数测试仪(含热流计)。

2 防风罩。

3 土样制备工具。

4.20.2.3 操作步骤

1 用规格为 ϕ 61.8mm×20mm 的不锈钢环刀制备原状土试样,称试样质量,测定土样天然密度,同时测定土样天然含水率。

2 打开仪器电源开关,使仪器不加热通电 2 小时。

3 取下防风罩,将试样推入同样规格的环形试样筒中,在试样冷热面上涂上少量导热硅脂,将试样放在冷热面正中间,压紧试样。

4 对热面进行加热,热面进入升温状态,再打开风扇开关对冷面进行强制控制。

5 对冷面、热面温度进行监控直至稳定(5min 内冷面、热面温度变化不超过 0.1℃),采集测试数据。

4.20.2.4 计算

$$\lambda = \frac{Q \cdot L}{A \cdot (TA - TB)} \qquad (4.20.2.4)$$

式中　λ——导热系数(W/m・K);

　　　Q——热流(W);

　　　L——试样长度(m);

　　　A ——试样面积(m^2);

　　　TA——试样热面温度(K);

TB——试样冷面温度（K）。

4.20.2.5 本试验的记录格式见附录 A 表 A-34。

4.20.3 比热容试验

4.20.3.1 本方法适用于各类岩土。

4.20.3.2 仪器设备

1 比热容测试仪。

2 电子天平：称量 2000g，分度值 0.01g。

3 保温桶（桶盖上带有预留小圆孔，插电热偶用）。

4 紫铜试样筒（筒盖上带有预留小圆孔，插电热偶用）。

5 高精度恒温箱。

6 插入式测温热电偶。

4.20.3.3 操作步骤

1 首先测试仪要开机预热半小时以上，消除仪器本身误差。

2 准备一只保温桶，盛装一定量的冰水混合物，将仪器的一只热电偶插入保温筒（另一只热电偶测试样品用），此温度作为试验的基准温度。

3 将有代表性的天然岩（土）试样进行击碎处理，岩样可击碎为粒径小于 10mm 的较均匀的颗粒，土样可切成 5mm～10mm 的细粒。

4 取 50g 岩（土）试样，装入试样筒中，盖好盖后，将热电偶的一端插入试样筒盖的预留孔中，并深入试样深度的中部。

5 将装好样的试样筒放入恒温箱（或恒温水槽）中加温至 60℃～70℃保持稳定（保证试样初温与水的初温有足够的温差，温差一般在 40℃～50℃），当试样中心温度与恒温箱温度相等时，认为试样温度均匀，此时的温度为试样温度 T_1（岩土下落时的初温，精确到 0.01℃）。

6 保温筒中装入 250g 水（实验时水土比为 5∶1），插入测温热电偶，温度恒定后，读出水的初温 T_2（保温筒水的初温，一般保持水温在 20℃左右,精确到 0.01℃)。

7 快速从恒温箱中把试样倒入保温筒的水中(切忌有水溅出)。摇动保温桶,记录水和岩土混合物温度,当温度不变化时,混合物温度是水的计算终温 T_3。

4.20.3.4 计算

依据热量守恒法则,用下式计算所测试样的比热容:

$$C = 4.2 \times \frac{G_1 \times (T_3 - T_2)}{G_2 \times (T_1 - T_3)} \qquad (4.20.3.4)$$

式中　C——比热容(J/kg·K);

　　　4.2——纯水在 T_3 到 T_2 温度范围内的平均比热容
　　　　　　　(J/kg·K);

　　　T_1——土样下落时的初温(℃);

　　　T_2——保温桶中水的初温(℃);

　　　T_3——保温桶中水的计算终温(℃);

　　　G_1——水质量(g);

　　　G_2——土样质量(g)。

4.20.3.5 本试验的记录格式见附录 A 表 A-35。

4.21　人工冻土试验

4.21.1 冻结温度试验

4.21.1.1 本试验方法采用无外加载荷法,适用于原状和扰动的黏性土和砂性土。

4.21.1.2 仪器设备包括零温瓶、低温瓶、测温设备和试样杯(图 4.21.1.2),应符合下列规定:

1 零温瓶容积为 3.57L,内盛冰水混合物(其温度应为 0±0.1℃)。

2 低温瓶容积为 3.57L,内盛低熔冰晶混合物,其温度宜为 -7.6℃。

3 数字电压表量程可取 2mV,分度值应为 1μV。

4 铜和康铜热电偶线直径宜为 0.2mm。

5 塑料管可用内径 5cm、壁厚 5mm，长 25cm 的硬质聚氯乙烯管。管底应密封，管内装 5cm 高干砂。

6 黄铜试样杯直径 3.5cm、高 5cm，带有杯盖。

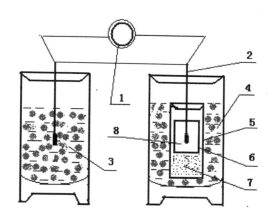

图 4.21.1.2 冻结温度测定装置

1—数字电压表；2—热电偶；3—零温瓶；4—低温瓶；5—塑料管；6—试样杯；7—干砂；8—试样

4.21.1.3 原状土试验应按下列步骤进行：

1 试样杯内壁涂一薄层凡士林，杯口向下放在土样上，将试样杯垂直下压，并用切土刀沿杯外壁切削土样，边压边削至土样高出试样杯，用钢丝锯整平杯口，擦净外壁，盖上杯盖，并取余土测定含水率。

2 将热电偶测温端插入试样中心，杯盖周侧用硝基漆密封。

3 零温瓶内装入用纯水制成的冰块，冰块直径应小于2cm，再倒入纯水，使水面与冰块面相平，然后插入热电偶零温端。

4 低温瓶内装入用 2mol/L 氯化钠溶液制成的盐冰块，其直径应小于 2cm,再倒入相同浓度的氯化钠溶液制成的盐冰块,使之与冰块面相平。

5 将封好底且内装 5cm 高干砂的塑料管插入低温瓶内,再把试样杯放入塑料管内,塑料管口和低温瓶口分别用橡皮塞和瓶盖密封。

6 将热电偶测温端与数字电压表相连,每分钟测量一次热电势,当势值突然减小并 3 次测值稳定时,试验结束。

4.21.1.4 扰动冻土试验应按下列步骤进行:

1 称取风干碾碎土样 200g,平铺于搪瓷盘内,按所需的加水量将纯水均匀喷洒在土样上,充分拌匀后装入盛土器内盖紧,润湿一昼夜(砂土的润湿时间可酌减)。

2 将配制好的土装入试样杯中,以装实装满为度。杯口加盖。将热电偶测温端插入试样中心,杯盖周侧用硝基漆密封。

3 按本细则 4.21.1.3 条第 3~6 款的步骤进行试验。

4.21.1.5 冻结温度应按下式计算:

$$T = V/K_f \qquad (4.21.1.5)$$

式中 T——冻结温度(℃);

V——热电势跳跃后的稳定值(μV);

K_f——热电偶的标定系数(μV/℃)。

4.21.1.6 冻结温度试验的记录格式应符合附录 A 表 A-36 的规定,并以温度为纵坐标,时间为横坐标,绘制温度和时间过程曲线。

4.21.2 冻土含水率试验

4.21.2.1 本试验方法适用于有机质含量不大于干土质量 5% 的人工冻土。当有机质含量在 5%~10% 之间,仍允许采用烘干法,但需注明有机质含量。

4.21.2.2 本试验的标准方法为烘干法。在现场或需要快速测定含水率时可采用联合测定法。

Ⅰ 烘干法

4.21.2.3 本试验所用的仪器设备应符合下列规定:

1 烘箱:可采用电热烘箱或温度能保持 105℃～110℃ 的其他加热干燥设备。

2 天平:称量 500g,分度值 0.1g;称量 5000g,分度值 1g。

3 称量盒:可将盒调整为恒量并定期校正。

4 其他:干燥器、搪瓷盘、切土刀、吸水球、滤纸。

4.21.2.4 烘干法试验应按下列步骤进行:

1 每个试样的质量不宜少于 50g,试验应符合本细则第 4.1.0.2～4.1.0.3 条的规定。

2 试验应进行两次平行测定,取其算术平均值,其最大允许平行差值应符合表 4.21.2.4 的规定。

表 4.21.2.4　冻土含水率测定平行差值(%)

含水率 w_f	最大允许平行差值
$w_f \leqslant 10$	± 1
$10 < w_f \leqslant 20$	± 2
$20 < w_f \leqslant 30$	± 3

4.21.2.5 人工冻土含水率应按本细则式(4.1.0.4)计算。

4.21.2.6 烘干法人工冻土含水率试验的记录格式应符合附录 A 表 A-37 的规定。

Ⅱ 联合测定法

4.21.2.7 本试验所用的仪器设备应符合下列规定:

1 排液筒(图 4.21.2.7)。

2 台秤:称量 5kg,分度值 1g。

3 量筒:容量 1000mL,分度值 10mL。

4.21.2.8 联合测定法试验应按下列步骤进行:

1 将排液筒置于台秤上,拧紧虹吸管止水夹。排液筒在台秤上的位置,在试验过程中不得移动。

2 取 1000g～1500g 保鲜膜包装好的冻土试样,并称质量。

3 将接近 0℃ 的清水缓慢倒入排液筒,使水面超过虹吸管顶。

4 松开虹吸管的止水夹,使排液筒中的水面徐徐下降,待水面稳定和虹吸管不再出水时,拧紧止水夹,称排液筒和水的质量。

5 将冻土试样轻轻放入排液筒中,松开止水夹,使排液筒中的水流入量筒内。

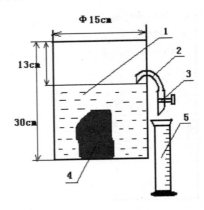

图 4.21.2.7 排液筒装置示意图

1—排液筒;2—虹吸管;3—止水夹;4—冻土试样;5—量筒

6 水流停止后,拧紧止水夹,立即称排液筒、水和试样质量。同时测读量筒中水的体积,用以校核冻土试样的体积。

7 使冻土试样在排液筒中充分融化成松散状态,澄清。补加清水使水面超过虹吸管顶。

8 松开止水夹,排水。当水流停止后,拧紧止水夹,并称排液筒、水和土颗粒质量。

9 在试验过程中应保持水面平稳,在排水和放入冻土试样时排液筒不得发生上下剧烈晃动。

4.21.2.9 人工冻土含水率 w_f 应按下式计算,计算至 0.1%。

$$w_f = \left[\frac{m_f(G_s - 1)}{(m_{tws} - m_{tw})G_s} - 1 \right] \times 100 \qquad (4.21.2.9)$$

式中　m_f——冻土试样质量(g);

　　　　m_{tw}——筒加水的质量(g);

　　　　m_{tws}——筒、水和冻土颗粒的总质量(g)。

4.21.2.10　联合测定法冻土含水率试验的记录格式应符合附录 A 表 A-38 的规定。

4.21.3　冻土密度试验

4.21.3.1　本试验方法适用于原状冻土和人工冻土。

4.21.3.2　根据冻土的特点和试验条件宜采用浮称法,在无烘干设备的现场或需要快速测定时可采用联合测定法。

4.21.3.3　人工冻土密度试验宜在负温环境下进行,无负温环境时,应采取保温措施和快速测定,试验过程中冻土表面不得发生融化。

4.21.3.4　人工冻土密度试验应进行不少于两组平行试验,对于整体状构造的冻土,两次测定的差值不得大于 $0.03g/cm^3$,结果取两次测值的平均值。

Ⅰ　浮称法

4.21.3.5　本试验所用的主要仪器设备应符合下列规定:

1　天平(图 4.21.3.5):称量 1000g,最小分度值 0.1g。

2　液体密度计:分度值为 $0.001g/cm^3$。

3　温度表:测量范围为 $-30℃\sim+20℃$,分度值为 $0.1℃$。

4　量筒:容积为 1000mL。

5　盛液筒:容积为 1000mL$\sim$2000mL。

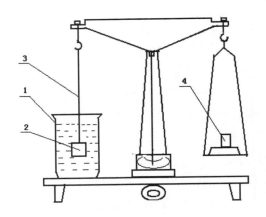

图 4.21.3.5 浮重天平

1—盛液筒;2—试样;3—细线;4—砝码

4.21.3.6 本试验所用的试验溶液可采用煤油或 0℃ 纯水。试验前应先用密度计法测定不同温度下煤油的密度,绘出密度与温度关系曲线。采用 0℃ 纯水和试样温度较低时,应快速测定,试样表面不得发生融化。

4.21.3.7 浮称法试验应按下列步骤进行:

1 天平调平,将空盛液筒置于称重一端。

2 切取 300g～1000g 冻土试样,放入盛液筒中,称盛液筒和冻土试样质量(m_f),准确至 0.1g。

3 将事先预冷至接近冻土试样温度的煤油缓慢注入盛液筒,液面宜超过试样顶面 2cm,并用温度表测量煤油温度,准确至 0.1℃。

4 称取试样在煤油中的质量(m_{fm}),准确至 0.1g。

5 从煤油中取出冻土试样,削去表层带煤油的部分,然后按规定取样测定冻土的含水率。

4.21.3.8 人工冻土密度应按下列公式计算:

$$\rho_f = \frac{m_f}{V} \qquad (4.21.3.8-1)$$

$$V = \frac{m_\mathrm{f} - m_\mathrm{fm}}{\rho_\mathrm{m}} \qquad (4.21.3.8\text{-}2)$$

式中　ρ_f ——冻土密度（g/cm³）；

　　　V ——冻土试样体积密度（cm³）；

　　　m_f ——冻土试样质量（g）；

　　　m_fm ——冻土在煤油中的质量（g）；

　　　ρ_m ——试验温度下煤油的密度（g/cm³），可查煤油密度与温度关系曲线。

4.21.3.9　人工冻土的干密度应按下式计算：

$$\rho_\mathrm{fd} = \frac{\rho_\mathrm{f}}{1 + 0.01 w_\mathrm{f}} \qquad (4.21.3.9)$$

式中　ρ_fd ——人工冻土干密度（g/cm³）；

　　　w_f ——冻土含水率（%）。

4.21.3.10　浮称法冻土密度试验的记录格式应符合附录 A 表 A-39 的规定。

Ⅱ　联合测定法

4.21.3.11　本试验所用的仪器设备应符合本细则 4.21.2.7 条规定。

4.21.3.12　联合测定法试验应按本细则 4.21.2.8 条的步骤进行。

4.21.3.13　冻土的含水率和密度应按下列各式计算：

$$w = \left[\frac{m(G_\mathrm{s} - 1)}{(m_3 - m_1) G_\mathrm{s}} - 1 \right] \times 100 \qquad (4.21.3.13\text{-}1)$$

$$\rho_\mathrm{f} = \frac{m_\mathrm{f}}{V} \qquad (4.21.3.13\text{-}2)$$

$$V = \frac{m_\mathrm{f} + m_1 - m_2}{\rho_\mathrm{w}} \qquad (4.21.3.13\text{-}3)$$

式中　V ——冻土试样体积（cm³）；

　　　m_f ——冻土试样质量（g）；

　　　m_1 ——冻土试样放入排液筒前的筒、水总质量（g）；

m_2——放入冻土试样后的筒、水、试样总质量(g);

ρ_w——水的密度(g/cm³)。

4.21.3.14 联合测定法的冻土干密度应按本细则式(4.21.3.9)计算。

4.21.3.15 本试验应进行两次平行试验,试验结果取其算术平均值。

4.21.4 冻土导热系数试验

4.21.4.1 本试验采用稳定态比较法,适用于扰动黏性土和砂性土。

4.21.4.2 仪器设备由恒温系统、测温系统和试样盒组成(图4.21.4.1),应符合下列规定:

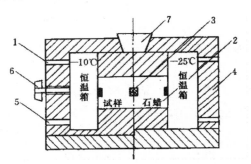

图 4.21.4.1 导热系数试验装置图

1—冷浴循环液出口;2—试样盒;3—热电偶测温端;4—保温材料;5—冷浴循环液进口;6—夹紧螺杆;7—保温盖

1 恒温系统由两个尺寸为 L×B×H(cm):50×20×50 的恒温箱和两台低温循环冷浴组成。恒温箱与试样盒接触面应采用5mm厚的平整铜板。两个恒温箱分别提供两个不同的负温环境(−10℃和−25℃)。恒温精度应为±0.1℃。

2 测温系统由热电偶、零温瓶和量程为 2mV,分度值 1μV 的数字电压表组成。有条件时,后者可用数据采集仪,并与计算机连接。

3 试样盒两只,其外形尺寸均为 L×B×H(cm):25×25×25,盒面两侧为厚 0.5cm 的平整铜板,试样盒的两侧,底面和上端盒盖应采用尺寸为 25cm×25cm,厚 0.3cm 的胶木板。

4.21.4.3 导热系数试验应按下列步骤进行:

1 将风干试样平铺在搪瓷盘内,按所需含水率制备土样。

2 将土样按要求的密度装入一个试样盒,盖上盒盖。装土时,将两支热电偶的测温端安装在试样两侧铜板内壁中心位置。

3 另一个试样盒装入石蜡,作为标准试样。装石蜡时,按本条 2 款的要求安装两支热电偶。

4 将装有石蜡和试样的试样盒安装好,驱动夹紧螺杆使试样盒和恒温箱的各铜板面接触紧密。

5 接通测温系统。

6 开动两个低温循环冷浴,分别设定冷浴循环液温度为一10℃和-25℃。

7 冷浴循环液达到要求温度再运行 8h 后,开始测温。每隔10min 分别测定一次标准试样和冻土试样两侧壁面的温度,并记录。当各点的温度连续 3 次测得的差值小于 0.1℃时,试验结束。

8 取出冻土试样,测定其含水率和密度。

4.21.4.4 导热系数应按下式计算:

$$\lambda = \frac{\lambda_0 \Delta\theta_0}{\Delta\theta} \qquad (4.21.4.4)$$

式中 λ——冻土的导热系数(W/(m·K));

λ_0——石蜡的导热系数(0.279W/(m·K));

$\Delta\theta_0$——石蜡样品盒中两壁温度差(℃);

$\Delta\theta$——待测试样中两壁温度差(℃)。

4.21.4.5 人工冻土导热系数试验的记录格式应符合附录 A 表A-40 的规定。

4.21.5 冻胀率试验

4.21.5.1 本试验方法适用于原状、扰动黏性土和砂性土,试验降温速度黏土应为 0.3℃/h,砂质土应为 0.2℃/h。

4.21.5.2 仪器设备由试样盒、恒温箱、温度控制系统、温度监测系统、补水系统、变形监测系统和加压系统组成,且应符合下列规定:

1 试样盒由外径为 12cm、壁厚为 1cm 的有机玻璃筒和与之配套的顶、底板组成(图 4.21.5.2)。有机玻璃筒周侧每隔 1cm 设热敏电阻温度计插入孔。顶底板的结构能提供恒温液循环和外界水源补给通道,并使板面温度均匀。

2 恒温箱的容积不小于 0.8m³,内设冷液循环管路和加热器(功率为 500W),通过热敏电阻温度计与温度控制仪相连,使试验期间箱温保持在 1±0.5℃。

3 温度控制系统由低温循环浴和温度控制仪组成,提供试验所需的顶、底板温度。

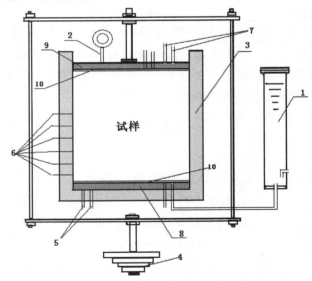

图 4.21.5.2 试样盒结构示意图

1—供水装置;2—百分表;3—保温材料;4—加压装置;5—正温循环液进出口;6—热敏电阻测温点;7—负温循环液进出口;8—底板;9—顶板;10—滤水板

4 温度监测系统由热敏电阻温度计、数据采集仪和电子计算机,监测试验过程中土样,顶、底板温度和箱温变化。

5 补水系统由恒定水位的供水装置通过塑料管与顶板相连,水位应高出顶板与土样接触面 1cm,试验过程中定时记录水位以确定补水量。

6 变形监测系统可用百分表或位移传感器(量程 30mm 最小分度值 0.01mm),有条件时可采用数据采集仪和计算机,监测试验过程中土样变形量。

7 加压系统由液压油源及加压装置(或加压框架和砝码)组成。加压系统仅在需要模拟原状土天然受压状况时使用,加载等级根据天然受压状况确定。

4.21.5.3 原状土试验应按下列步骤进行:

1 土样应按自然沉积方向放置,剥去蜡封和胶带,开启土样筒取出土样。

2 用土样切削器将原状土样削成直径为 10cm、高为 5cm 的试样,称量确定密度并取余土测定初始含水率。

3 有机玻璃试样盒内壁涂上一薄层凡士林,放在底板上,盒内放一张薄型滤纸,然后将试样装入盒内,让其自由滑落在底板上。

4 在试样顶面再加上一张薄型滤纸,然后放上顶板,并稍稍加力,以使试样与顶、底板接触紧密。

5 将盛有试样的试样盒放入恒温箱内,试样周侧,顶、底板内插入热敏电阻温度计,试样周侧包裹 5cm 厚的泡沫塑料保温。连接顶、底板冷液循环管路及底板补水管路,供水并排除底板内气泡,调节水位。安装位移传感器。

6 开启恒温箱,试样盒,顶、底板冷浴,设定恒温箱冷浴温度为−15℃,箱内气温为 1℃,顶、底板冷浴温度为 1℃。

7 试样恒温 6h,并监测温度和变形。待试样初始温度均匀达到 1℃以后,开始试验。

8　底板温度调节到－15℃并持续 0.5h,让试样迅速从底面冻结,然后将底板温度调节到－2℃。使黏土以 0.3℃/h,砂土以 0.2℃/h 的速度下降。保持箱温和顶板温度均为 1℃,记录初始水位。每隔 1h 记录水位、温度和变形量各一次。试验持续 72h。

9　试验结束后,迅速从试样盒中取出土样,测量试样高度并测定冻结深度。

4.21.5.4　扰动土试验应按下列步骤进行:

1　称取风干土样 500g,加纯水拌匀至呈稀泥浆状,装入内径为 10cm 的有机玻璃筒内,加压固结,直至达到所需初始含水率后,将土样从有机玻璃筒中推出,并将土样高度修正到 5cm。

2　继续按 4.21.5.3 条第 3～9 款的步骤进行试验。

4.21.5.5　冻胀率应按下式计算:

$$\eta = \frac{\Delta h}{H_f} \times 100 \qquad\qquad (4.21.5.5)$$

式中　η——冻胀率(%);

　　　Δh——试验期间总冻胀量(mm);

　　　H_f——冻结深度(不包括冻胀量)(mm)。

4.21.5.6　原状土和扰动土冻胀力试验可按下列步骤进行:

1　按第 4.21.5.3、4.21.5.4 条进行试验,待冷板温度达到试验温度时,安装调试好量表或压力传感器。

2　当试样在某级荷载下间隔 2h 不再冻胀时,则试样在该级荷载下达到稳定,允许冻胀量不应大于 0.01mm,记录施加的平衡荷载,或由数据采集系统自动记录。

4.21.5.7　冻胀力应按下式计算:

$$\sigma_{fh} = \frac{F}{A} \qquad\qquad (4.21.5.7)$$

式中　σ_{fh}——t 时刻试样的冻胀力(MPa);

　　　F——t 时刻试样的轴向荷载(N);

A——试样的截面积（mm²）。

4.21.5.8 冻胀率试验的记录格式应符合附录 A 表 A-41 的规定,冻胀力试验记录表格应符合附录 A 表 A-42 的规定。

4.21.6 人工冻土单轴抗压强度试验

4.21.6.1 本试验适用于冻结原状土及重塑土等人工冻土,试验用仪器、设备应符合下列规定:

1 冻土压力仪:采用单轴应变速率控制式必须具备使试样轴向应变速率为 1.0%/min 和 0.1%/min 的加载条件;采用负荷增加速率控制式必须具备在 0MPa/min～60MPa/min 范围内恒定任一加载速率值。

2 应力及变形测试元件:压力传感器（量程 0kN～100kN,精度 1%）;位移传感器（轴向量程 0mm～50mm,精度 1%;径向量程 0mm～25mm,精度 1%）;百分表;数据自动采集系统。

3 温度传感器:量程－40℃～＋40℃,精度 0.2℃。

4 试验用含水率、密度测试装置。

4.21.6.2 冻结原状土试样和冻结重塑土试样,其制备、规格符合本细则第 3.3 节相关规定,每层土每个试验温度 4 个试样。

4.21.6.3 应变速率控制加载方式下人工冻土单轴抗压强度试验应按下列步骤进行:

1 选择试样应变速率为 1.0%/min,有特殊要求时按要求确定。

2 试验前将试样表面涂抹一薄层凡士林,防止水分流失。

3 把已准备好的试样同轴放在压力仪上下加压板之间,安装压力传感器、位移传感器。

4 按设定加载速率开动压力仪,同时测读轴向变形和力值。当轴向应变在 3% 之内时,每增加 0.3%～0.5%（或轴向变形 0.5mm）测读一次;超过 3% 时,每增加 0.6%～1.0%（或轴向变形 1mm）测读一次。

5 当力值达到峰值或稳定时,再继续增加 3%～5% 的应变值,即可停止试验;如果力值一直增加,则试验进行到轴向应变达到或大于 25% 为止。如果在刚性试验机上做应力—应变全过程试验,则一直进行到应力接近零为止。

　　6　停机卸载后取下试样,描述试样破坏后的状况,做好记录。

　　7　对于冻结原状土试样的试验,若需测定抗压强度灵敏度时,可将冻结原状土在常温下解冻,105℃~110℃温度下烘干,按原状土密度及含水率制成相同规格的冻结重塑土试样,再按第 1~5 款规定的步骤进行试验。

4.21.6.4　单轴负荷增加速率控制式下人工冻土单轴抗压强度试验应按下列步骤进行:

　　1　准备工作按 4.21.6.3 条第 2~3 款规定的步骤进行。

　　2　确定负荷增加速率,使试样在 30s±5s 内达到破坏或轴向变形大于 20% 为止。

　　3　试验中按确定的负荷增加速率加载,测读轴向变形和力值。若用百分表测量变形,根据本条第 2 款确定的负荷增加速率选取测读间隔,至少应有 5 个以上有效读数。

　　4　试验过程按 4.21.6.3 条第 4~7 款规定的步骤进行。

4.21.6.5　人工冻土单轴抗压强度计算如下

　　1　应变计算:

$$\varepsilon_1 = \frac{\Delta h}{h_0} \qquad\qquad (4.21.6.5\text{-}1)$$

　　式中　ε_1——轴向应变;

　　　　　Δh——轴向变形(mm);

　　　　　h_0——试验前试样高度(mm)。

　　2　试样横截面积校正计算:

$$A_a = A_0 / (1 - \varepsilon_1) \qquad\qquad (4.21.6.5\text{-}2)$$

　　式中　A_a——校正后试样截面积(mm^2);

　　　　　A_0——试验前试样截面积(mm^2)。

3 应力计算：

$$\sigma = F/A_a \tag{4.21.6.5-3}$$

式中 σ——轴向应力（MPa）；

F——轴向荷载（N）。

4 应力—应变曲线

以轴向应力为纵坐标，轴向应变为横坐标，绘制应力—应变曲线，取最大轴向应力为冻土单轴抗压强度。

5 灵敏度计算：

$$S_t = \sigma_b/\sigma'_b \tag{4.21.6.5-4}$$

式中 σ_b——原状人工冻土瞬时单轴抗压强度（MPa）；

σ'_b——重塑人工冻土瞬时单轴抗压强度（MPa）。

6 试验结果

单轴抗压强度以三个试样的平均值作为试验结果，当最大值、最小值与中间值之差均超过15%时，该组试验结果无效。

4.21.6.6 人工冻土单轴抗压强度试验的记录格式应符合附录A表A-43的规定。

4.21.7 人工冻土三轴剪切强度试验

4.21.7.1 本试验适用于对冻结原状土及冻结重塑土三轴压缩强度参数测定，试验用仪器、设备应符合下列规定：

1 三轴压缩试验仪（图4.21.7.1）：变速率可调，最大轴向荷载200kN。

2 应力及变形测试元件：压力传感器（量程0kN～200kN，精度1%）；位移传感器（轴向量程0mm～50mm，精度1%）；数据自动采集系统等。

3 温度传感器：量程－40℃～＋40℃，精度0.2℃。

4 冷却及温控设备。

5 试验用含水率、密度测试装置。

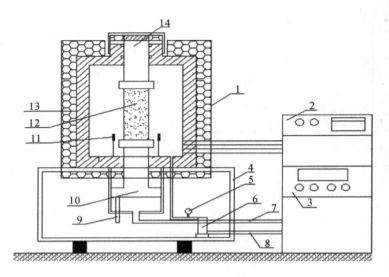

图 4.21.7.1 低温三轴压缩试验仪

1—油缸；2—制冷系统；3—液压系统；4—支座；5—围压量测装置；6—体变量测装置；7—轴压加载油路；8—围压加载油路；9—轴向位移传感器；10—轴向加载活塞；11—温度传感器；12—试样；13—保温层；14—轴向压力传感器

4.21.7.2 人工冻土单试样分级加载三轴剪切强度试样数量为 1 个，多试样加载为 3～4 个。

4.21.7.3 多试样三轴压缩试验应按下列步骤进行：

1 根据试样所处层位的静水压力 0.013H，确定出三级围压值：(0.013H－1) MPa、(0.013H)MPa 和 (0.013H＋1)MPa，或 (0.013H)MPa、(0.013H＋1)MPa 和 (0.013H＋2)MPa(当深度小于 120m 时)。

2 安装固结仪压力室，并充满不冻液，按本细则 4.9 节相关规定进行试样固结。

3 轴向应变速率取 1％/min。

4 启动三轴试验仪，测读体变，试验过程中围压波动度不大于±10kPa。

5 试验开始阶段，试样应变每增加 0.3％～0.4％测读轴向荷载及变形各一次,当应变达 3% 以后,每增加 0.6%～0.7% 各测读一次,体积变化由体变测量仪随时记录。如果试样特别硬脆或软弱,可增加或减少测读的次数。

6 当轴向应力不再增加时,继续加载到轴向应变增加 3%～5%,若压力传感器读数无明显变化,则试验直至轴向应变达到 20% 为止,记录荷载及变形终值。

7 试验结束后卸去轴向荷载和围压,描述试样破坏后形状,测定试验后试样的含水率和密度。

4.21.7.4 单试样分级加载三轴剪切试验应按下列步骤进行:

1 按 4.21.7.3 条第 1～5 款规定的步骤进行。

2 当荷载值接近稳定(主应力差小于 5kPa)或轴向应变达到弹性极限后刚出现屈服时,停止加载。记录荷载及轴向变形。

3 卸去轴向荷载,施加第二级围压,固结稳定之后按 4.21.7.3 条第 3～5 款和本条第 2 款规定进行。

4 卸去轴向荷载,施加第三级围压,固结稳定之后按 4.21.7.3 条第 3～5 款和本条第 2 款规定进行,最后一级围压下的剪切直至试样破坏为止,再完成 4.21.7.3 条第 7 款规定。

4.21.7.6 结果计算

1 固结后的试样高度和面积:

$$h_c = h_0 - \Delta h_c \qquad (4.21.7.6\text{-}1)$$
$$A_c = (V_0 - \Delta V_c)/h_c \qquad (4.21.7.6\text{-}2)$$

式中　h_c——固结后试样高度(mm);

　　　h_0——固结前试样高度(mm);

　　　Δh_c——固结后试样高度的变化量(mm);

　　　A_c——固结后试样截面积(mm²);

　　　V_0——固结前试样体积(mm³);

　　　ΔV_c——固结后试样体积变化量(mm³)。

2 剪切时的试样应变及面积:

$$\varepsilon_1 = \Delta h/h_c \qquad (4.21.7.6\text{-}3)$$

$$\varepsilon_3 = \Delta D / D_0 \tag{4.21.7.6-4}$$

$$A_a = A_0 / (1 - \varepsilon_1) \tag{4.21.7.6-5}$$

式中　ε_1——轴向应变；

　　　Δh——剪切过程中试样轴向变形(mm)；

　　　ε_3——试样平均径向应变；

　　　ΔD——试样径向平均变化量(mm)；

　　　D_0——试验前试样平均直径(mm)；

　　　A_a——剪切过程中试样截面积(mm^2)。

3　试样体积变化量计算：

$$\Delta V = \Delta L \cdot A_v - (\Delta h_c + \Delta h) \cdot A_p \tag{4.21.7.6-6}$$

式中　ΔV——试样体积变化量(mm^3)；

　　　ΔL——体变量测仪活塞杆位移量(mm)；

　　　A_v——体变量测仪缸体截面积(mm^2)；

　　　A_p——进入压力室活塞杆截面积(mm^2)。

4　弹性模量计算：

$$E_t = \frac{(\sigma_1 - \sigma_3)_{0.5}}{\varepsilon_{0.5}} \tag{4.21.7.6-7}$$

式中　E_t——弹性模量(MPa)；

　　　$(\sigma_1 - \sigma_3)_{0.5}$——50%的破坏应力(MPa)；

　　　$\varepsilon_{0.5}$——$(\sigma_1 - \sigma_3)_{0.5}$对应的应变值($10^{-6}$)。

5　泊松比计算：

$$\mu = \frac{\varepsilon_3}{\varepsilon_1} \tag{4.21.7.6-8}$$

式中　ε_1——对应主应力差$(\sigma_1 - \sigma_3)$与应变关系曲线直线段的轴向应变；

　　　ε_3——计算轴向应变所对应的试样总平均径向应变。

6　黏聚力、内摩擦角计算：绘制人工冻土三轴剪切应力莫尔圆，按常规三轴试验方法获取黏聚力、内摩擦角。

4.21.7.7　人工冻土三轴抗压强度试验的记录格式应符合附录

A 表 A-44 的规定。

4.21.8 人工冻土抗折强度试验

4.21.8.1 本试验适用于冻结原状土及重塑土的抗折强度的测定,主要试验仪器、设备应符合下列规定:

    1 低温冻土抗折试验机:最大轴向压力 100kN,精度 1%。

    2 压力传感器:量程 0kN～100kN,精度 1%。

    3 温度传感器:量程−40℃～+40℃,精度 0.2℃。

    4 试验加载装置:双点加载的钢制加压头,其要求应使两个相等的荷载同时作用在小梁的两个三分点处;与试样接触的两个支座头和两个加压头应具有直径约 15mm 的弧形端面(为防止接触面出现压融,弧形端面宜采用非金属材料制作),其中的一个支座头及两个加压头宜做成使之既能滚动又能前后倾斜。试样受力情况如图 4.21.8.1 所示。

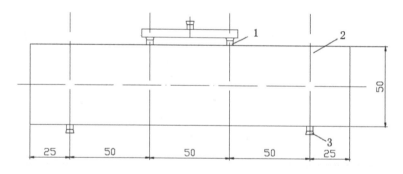

图 4.21.8.1 试样受力情况

1—加压头;2—试样;3—支座头

4.21.8.2 人工冻土抗折强度试验各层土每个试验温度 4 个试样,试样制备及尺寸要求按 3.3 节执行。

4.21.8.3 人工冻土抗折强度试验应按下列步骤进行:

    1 将试样在试验机的支座上放稳对中,承压面应选择试样成型时的侧面。按图 4.21.8.1 要求,调整支座和加压头位置,其间距的尺寸偏差应不大于±1mm。

2 开动试验机,当加载压头与试样快接近时,调整加压头及支座,使接触均衡。对试样进行两次预弯,预弯荷载均相当于破坏荷载的 5%～10%。

3 以 60N/s 的速度连续而均匀地加载(不得冲击)。每加载 100N 或 200N 测读并记录应变值,当试样接近破坏时应停止调整试验机油门直至试样破坏;如果试样没有破坏,支座位置已经发生错动,则停止试验,破坏荷载按发生错动时荷载计算,记录破坏荷载。

4 停机卸载后取下试样,描述试样破坏后的状况,做好记录。

4.21.8.4 结果计算

$$f_\mathrm{f} = \frac{pl}{bh^2} \tag{4.21.8.4}$$

式中 f_f——抗折强度(MPa);

       p——破坏荷载(MPa);

       l——支座间距 $l = 3h$(mm);

       b——试样截面宽度(mm);

       h——试样截面高度(mm)。

试验结果按 4.21.6.5 条第 6 款处理。

4.21.8.5 人工冻土抗折强度试验的记录格式应符合附录 A 表 A-45 的规定。

4.21.9 人工冻土融化压缩试验

4.21.9.1 人工冻土融化压缩试验是测定冻土融化过程中的相对下沉量(融沉系数)和融沉后的变形与压力关系(融化压缩系数)。

Ⅰ 室内冻土融化压缩试验

4.21.9.2 本试验适用于冻结黏土和粒径小于 2mm 的冻结砂土。

4.21.9.3 本试验宜在负温环境下进行。严禁在切样和装样过程中使试样表面发生融化。试验过程中试样应满足自上而下单向融化。

4.21.9.4 本试验所用的仪器设备应符合下列规定：

1 融化压缩仪(图 4.21.9.4)：加热传压板应采用导热性能好的金属材料制成；试样环应采用有机玻璃或其他导热性低的非金属材料制成，其尺寸宜为内径 79.8mm，高 40.0mm；保温外套可用聚苯乙烯或聚氨酯泡沫塑料。

2 原状冻土钻样器：钻样器宜由钻架和钻具两部分组成。钻具开口内径为 79.8mm。钻样时将试样环套入钻具内，环外壁与钻具内壁应吻合平滑。

3 恒温供水设备。

4 加荷和变形测量设备应符合本细则第 4.9 节的规定。

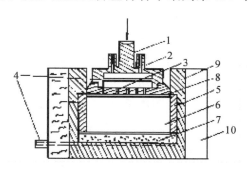

图 4.21.9.4 融化压缩仪

1—加热传压板；2—热循环水进出口；3—透水板；4—上下排水孔；5—试样杯；6—试样；
7—透水板；8—滤纸；9—导环；10—保温外套

4.21.9.5 融化压缩试验应按下列步骤进行：

1 钻取冻土试样，其高度应大于试样环高度。从钻样剩余的冻土中取样测定含水率。钻样时必须保持试样的层面与原状土一致，且不得上下倒置。

2 冻土试样必须与试样环内壁紧密接触。刮平上下面，但不得造成试样表面发生融化。测定冻土试样的密度。

3 在融化压缩容器内先放透水板,其上放一张润湿滤纸。将装有试样的试样环放在滤纸上,套上护环。在试样上铺滤纸和透水板,再放上加热传压板。然后装上保温外套。将融化压缩容器置于加压框架正中。安装百分表或位移传感器。

4 施加 1kPa 的压力。调平加压杠杆。调整百分表或位移传感器到零位。

5 用胶管连接加热传压板的热循环水进出口与事先装有温度为 40℃～50℃水的恒温水槽,并打开开关和开动恒温器,以保持水温。

6 试样开始融沉时即开动秒表,分别记录 1、2、5、10、30、60min 时的变形量。以后每 2h 观测记录一次,直至变形量在 2h 内小于 0.05mm 时为止,并测记最后一次变形量。

7 融沉稳定后,停止热水循环,并开始加荷进行压缩试验。加荷等级视实际工程需要确定,宜取 50、100、200、400、800kPa,最后一级荷载应比土层的计算压力大 100kPa～200kPa。

8 施加每级荷载后 24h 为稳定标准,并测记相应的压缩量。直至施加最后一级荷载压缩稳定为止。

9 试验结束后,迅速拆除仪器各部件,取出试样,测定含水率。

4.21.9.6 融沉系数应按下式计算:

$$a_{f0} = \frac{\Delta h_{f0}}{h_{f0}} \times 100 \qquad (4.21.9.6)$$

式中　a_{f0}——冻土融沉系数(%);

　　　Δh_{f0}——冻土融化下沉量(mm);

　　　h_{f0}——冻土试样初始高度(mm)。

4.21.9.7 冻土试样初始孔隙比应按下式计算:

$$e_{f0} = \frac{\rho_w G_s (1 + 0.1 w_f)}{\rho_{f0}} - 1 \qquad (4.21.9.7)$$

式中　e_{f0}——冻土试样初始孔隙比;

ρ_{f0}——冻土试样初始密度（g/cm³）。

4.21.9.8 融沉稳定后和各级压力下压缩稳定后的孔隙比应按下列公式计算：

$$e = e_{f0} - (h_{f0} - \Delta h_0) \frac{1 + e_{f0}}{h_{f0}} \qquad (4.21.9.8\text{-}1)$$

$$e_i = e - (h - \Delta h) \frac{1 + e}{h} \qquad (4.21.9.8\text{-}2)$$

式中　e、e_i——分别为融沉稳定后和压力作用下压缩稳定后的孔隙比；

　　　h、h_{f0}——分别为融沉稳定后和初始试样高度（mm）；

　　　Δh、Δh_0——分别为压力作用下稳定后的下沉量和融沉下沉量（mm）。

4.21.9.9 某一压力范围内的冻土融化压缩系数应按下式计算：

$$a_{fv} = \frac{e_i - e_{i+1}}{p_{i+1} - p_i} \times 10^3 \qquad (4.21.9.9)$$

式中　α_{fv}——某一压力范围内的冻土融化压缩系数（MPa^{-1}）。

4.21.9.10 以孔隙比为纵坐标、单位压力为横坐标绘制孔隙比与压力关系曲线。

4.21.9.11 冻土融化压缩试验的记录格式应符合附录 A 表 A-46 的规定。

Ⅱ　现场冻土融化压缩试验

4.21.9.12 本试验适用于除漂石以外的各类冻土,应在现场试坑内进行。试坑深度不应小于季节融化深度,对于非衔接的多年冻土应等于或超过多年冻土层的上限深度。试坑底面积不应小于 2m×2m。

4.21.9.13 试验前应进行冻结土层的岩性和冷生构造的描述,并取样对其物理性进行试验。

4.21.9.14 本试验所用的主要仪器设备应符合下列规定：

1 内热式传压钢板：传压板可取圆形或方形。中空式平板。应有足够刚度，承受上部荷载时不发生变形，面积不宜小于 $5000cm^2$。

2 加热系统：传压板加热可用电热或水（汽）热，加热应均匀，加热温度不应超过 90℃。传压板周围应形成一定的融化圈，其宽度宜等于或大于传压板直径的 0.3 倍。加热系统应根据上述加热方式和要求确定。

3 加荷系统：传压板加荷可通过传压杆自设在坑顶上的加荷装置实现。加荷方式可用千斤顶或压块。当冻土的总含水率超过液限时，加荷装置的压重应等于或小于传压板底面高程处的原始压力。

4 沉降测量系统：沉降测量可采用百分表或位移传感器。测量准确度应为 0.1mm。

5 温度测量系统：温度测量系统可由热电偶及数字电压表组成，测量准确度为 0.1℃。

4.21.9.15 试验前应按下列步骤进行试验准备和仪器设备的安装：

1 仔细开挖试坑，整平坑底面，不得破坏基土。必要时进行坑壁保护。

2 在传压板的边侧打钻孔，孔径 3cm～5cm，孔深宜为 50cm。将五支热电偶测温端自下而上每隔 10cm 逐个放入孔内，并用黏土填实钻孔。

3 坑底面铺砂找平。铺砂厚度不应大于 2cm。

4 将传压板放置在坑底中央砂面上。

5 安装加荷装置，应使加荷点处于传压板中心部位。

6 在传压板周边等距安装 3 个沉降位移计。

7 接通加热、测温系统，并进行安全和安装可靠性检查后，向传压板施加等于该处上部原始土层的压力（不小于 50kPa），直至传压板沉降稳定后,调整位移计读数至零,做好记录。

4.21.9.16 试验应按下列步骤进行:

1 施加等于原始土层的上覆压力(包括加荷设备)。接通电源,使传压板下和周围冻土缓慢均匀融化。每隔 1h 测记一次土温和位移。

2 当融化深度达到 25cm～30cm 时,切断电源停止加热。用钢钎探测一次融化深度,并继续测记土温和位移。当融化深度接近 40cm(0.5 倍传压板直径)时,每 15min 测记一次融化深度。当 0℃ 温度达到 40cm 时测记位移量,并用钢钎测记一次融化深度。

3 当停止加热后,依靠余热不能使传压板下的冻土继续融化达到 0.5 倍传压板直径的深度时,应继续补热,直至满足这一要求。

4 经上述步骤达到融沉稳定后,开始逐级加荷进行压缩试验。加荷等级视实际工程需要确定,对黏土宜取 50kPa,砂土宜取 75kPa,含巨粒土宜取 100kPa,最后一级荷载应比上层的计算压力大 100kPa～200kPa。

5 施加一级荷载后,每 10、20、30、60min 测记一次位移计示值,此后每 1h 测记一次,直至传压板沉降稳定后再加下一级荷载。沉降量可取 3 个位移计该数的平均值。沉降稳定标准对黏土宜取 0.05mm/h,砂和含巨粒土宜取 0.1mm/h。

6 试验结束后,拆除加荷装置,清除垫砂和 10cm 厚表土,然后取 2～3 个融化压实土样,用作含水率、密度及其他必要的试验。最后,应挖除其余融化压实土测量融化盘。

4.21.9.17 进行下一土层的试验时,应刮除表面 5cm～10cm 土层。

4.21.9.18 融沉系数应按下式计算:

$$a_0 = \frac{S_0}{H_0}$$

(4.21.9.18)

式中 S_0——冻土融沉阶段的沉降量(cm)；

H_0——融化深度(cm)。

4.21.9.19 融化压缩系数应按下式计算：

$$a_{tc} = \frac{\Delta\delta}{\Delta p}K_{fv} \qquad (4.21.9.19\text{-}1)$$

$$\Delta\delta = \frac{S_{i+1} - S_i}{H_0} \qquad (4.21.9.19\text{-}2)$$

式中 $\Delta\delta$——相应于某一压力范围(Δp)的相对沉降；

K_{fv}——系数(黏土1.0,粉质黏土1.2,砂土1.3,巨类土1.35)；

S_i——某一荷载作用下的沉降量(cm)。

4.21.9.20 现场冻土融化压缩试验的记录格式应符合附录A表A-47的规定。

4.21.10 人工冻土单轴蠕变试验

4.21.10.1 本试验适用于单向压缩应力条件下冻结原状土及重塑土蠕变性能的测定,主要试验仪器、设备应符合下列规定：

1 单轴蠕变试验仪：最大轴向压力100kN,精度1%。

2 应力及变形测试元件：压力传感器(量程0kN~100kN,精度1%)；位移传感器(轴向量程0mm~50mm,精度1%；径向量程0mm~25mm,精度1%)；数据自动采集系统。

3 温度传感器：量程-40℃~40℃,精度0.2℃。

4.21.10.2 多试样单轴蠕变试验每一土层5个试样,单试样分级加载单轴蠕变试验2个试样,其中一个试样用于进行瞬时单轴抗压强度试验。

4.21.10.3 多试样单轴蠕变试验应按下列步骤进行：

1 测量试样尺寸,对冻结后变形的试样进行修正,称重并记录。

2 按本细则第6.6节规定,对1个试样进行瞬时单轴抗压强度试验。

3 确定合适的蠕变加载系数 k_i，可按 0.3,0.4,0.5 和 0.7（或根据试验需要选择）取值。对于需超过 100h 的蠕变试验, k_i 按 0.1,0.2,0.3 和 0.5 取值。

4 根据瞬时单轴抗压强度计算出逐级加载所需荷载。

5 在试样外套一层塑料膜,防止含水率变化,将试样安装在单轴蠕变试验仪上下加压头之间,连接压力量测系统、位移量测系统。

6 启动加载系统,迅速加载至所需荷载或应力值,将此刻的变形值(弹性变形)进行记录,并随时记录时间、变形值。试验过程中试样所受应力宜保持恒定(其波动度不超过 10kPa)。

7 当试样变形已达稳定($d\varepsilon/dt \leqslant 0.0005h^{-1}$,Ⅰ类蠕变)24h 小时以上或趋于破坏(Ⅱ类蠕变)时,测试结束。记下时间、变形终值。

8 卸去荷载,取出试样,描述其破坏情况。

9 若需获得蠕变曲线簇,可根据需要确定几个不同的蠕变加载系数 k_i。重复本条第 1、3~8 款。

4.21.10.4 单试样分级加载单轴蠕变试验应按下列步骤进行:

1 根据需要确定各级加载的蠕变加载系数 k_i,取值同 4.21.10.3 条第 4 款规定。

2 取最小一级蠕变加载系数,按 4.21.10.3 条第 1~6 款规定步骤进行。

3 测试进行到变形已达稳定($d\varepsilon/dt \leqslant 0.0005h^{-1}$,Ⅰ类蠕变),或变形速率趋于常数($d^2\varepsilon/dt^2 \leqslant 0.0005h^{-2}$,Ⅱ类蠕变)超过 24h(但不超过 48h)时,一级蠕变结束。

4 依次取不同的蠕变加载系数,计算出所需荷载值,重复本细则 4.21.10.3 条第 6 款和本条第 3 款规定的步骤。

5 当某一级的测试进入第三阶段时,不能再进行下一步的加载,可将此级蠕变进行到试验破坏为止。卸去荷载,取出试样,描述其破坏情况。

4.21.10.5 结果计算

1 轴向应变计算

$$\varepsilon_h = \Delta h / h_0 \tag{4.21.10.5-1}$$

$$\varepsilon_c = \varepsilon_h - \varepsilon_e \tag{4.21.10.5-2}$$

式中 ε_h ——轴向总应变;

Δh ——试样轴向变形(mm);

h_0 ——试验前试样高度(mm);

ε_c ——蠕变应变;

ε_e ——弹性应变(加载过程瞬时应变)。

2 径向应变计算

$$\varepsilon_d = \Delta D / D_0 \tag{4.21.10.5-3}$$

式中 ε_d ——径向应变;

ΔD ——试样直径平均变化量(mm);

D_0 ——试验前试样直径(mm)。

3 应力荷载计算

$$\sigma_i = k_i / \sigma_b \tag{4.21.10.5-4}$$

$$p_i = k_i \sigma_b \tag{4.21.10.5-5}$$

$$A_i = \frac{A_{i-1}}{1 - \varepsilon_{i-1}} \tag{4.21.10.5-6}$$

式中 σ_i ——第 i 级加载应力(MPa);

k_i ——第 i 级蠕变加载系数;

σ_b ——瞬时单轴抗压强度(MPa);

p_i ——第 i 级所加荷载值(N);

A_i ——第 i 级加载时试样横截面积(mm^2)。

4 蠕变模型

$$\varepsilon_C = f(T, \sigma_i, t) = \frac{A_0}{(|T| + 1)^D} \cdot \sigma^B \cdot t^C \tag{4.21.10.5-7}$$

式中 T ——试验温度(℃);

t ——蠕变时间(h);

σ——轴向恒应力(MPa);

A_0、B、C、D——蠕变参数。

4.21.11 人工冻土三轴蠕变试验

4.21.11.1 本试验适用于轴对称三向剪切应力条件下冻结原状土及重塑土蠕变性能测定,主要试验仪器、设备应符合下列规定:

1 低温三轴蠕变试验仪(图 4.21.11.1):最大轴向荷载200kN,围压 6MPa(适用于土层埋深小于 300m)、12MPa(适用于土层埋深小于 700m)及 20MPa(适用于土层埋深小于 1200m),波动度不超过 10kPa。

2 应力及变形测试元件:压力传感器(量程 0kN~200kN,精度 1%);位移传感器(轴向量程 0mm~50mm,精度 1%;径向量程 0mm~25mm,精度 1%);数据自动采集系统等。

3 温度传感器:量程-40℃~$+40$℃,精度 0.2℃。

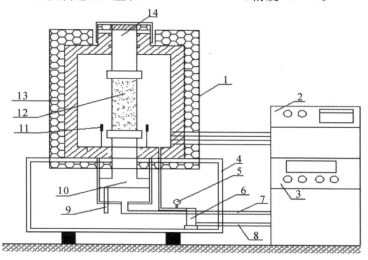

图 4.21.11.1 低温三轴蠕变试验仪

1—油缸;2—制冷系统;3—液压系统;4—支座;5—围压量测装置;6—体变量测装置;7—轴压加载油路;8—围压加载油路;9—轴向位移传感器;10—轴向加载活塞;11—温度传感器;12—试样;13—保温层;14—轴向压力传感器

4.21.11.2 人工冻土多试样三轴蠕变试样 5 个,单试样分级加载三轴蠕变试样 2 个,其中一个试样用于进行三轴剪切强度试验。

4.21.11.3 人工冻土多试样分别加载三轴压缩蠕变试验应按下列步骤进行:

1 按本细则 4.21.10.3 条第 1~5 款完成试验准备工作。

2 按本细则 4.21.6 节规定,对 1 个试样进行瞬时三轴抗压强度试验。

3 确定合适的蠕变加载系数 k_i,可按 0.3,0.4,0.5 和 0.7(或根据试验需要选择)取值。并根据瞬时三轴抗压强度计算出逐级加载所需荷载。

4 在试样外套一层塑料膜,防止含水率变化,将试样安装在三轴蠕变试验仪上下加压头之间,连接压力量测系统、位移量测系统。

5 施加围压,使试样在规定围压下固结稳定。

6 按本细则 4.21.10.3 条第 6~9 款进行试验。

4.21.11.4 人工冻土单试样分级加载三轴压缩蠕变试验应按下列步骤进行:

1 按本细则 4.21.11.3 条第 3 款确定各级蠕变加载系数。

2 取最小的一级蠕变加载系数,按 4.21.11.3 条第 1~5 款规定各步骤进行。

3 按本细则 4.21.10.4 条第 3~5 款进行分级加载试验。

4.21.11.5 结果计算

1 轴向应变计算

$$\varepsilon_1 = \Delta h / h_0 \qquad (4.21.11.5\text{-}1)$$

$$\varepsilon_{1c} = \varepsilon_1 - \varepsilon_e \qquad (4.21.11.5\text{-}2)$$

式中 ε_1——轴向总应变;

Δh——试样轴向变形(mm);

h_0——试验前试样高度(mm);

ε_{1c}——轴向蠕变应变;

ε_e——弹性应变(加载过程瞬时应变)。

2　径向应变计算

$$\varepsilon_3 = \Delta D / D_0 \qquad (4.21.11.5\text{-}3)$$

$$\varepsilon_{3c} = \varepsilon_3 - \varepsilon_{3e} \qquad (4.21.11.5\text{-}4)$$

式中　ε_3——径向应变;

ΔD——试样直径平均变化量(mm);

ε_{3c}——试样平均径向蠕变应变;

ε_{3e}——试样加恒定应力后平均瞬时径向应变。

3　应变强度计算

$$\gamma_c = \frac{2}{3}(\varepsilon_{1c} - \varepsilon_{3c}) \qquad (4.21.11.5\text{-}5)$$

式中　γ_c——应变强度。

4　应力强度计算

$$\tau = \sigma_1 - \sigma_3 \qquad (4.21.11.5\text{-}6)$$

式中　τ——应变强度;

σ_1——轴向主应力(MPa);

σ_3——径向主应力(MPa)。

5　应力强度取值

$$\tau_i = k_i \tau_b \qquad (4.21.11.5\text{-}7)$$

式中　τ_i——第 i 级蠕变应力强度取值(MPa);

k_i——加载系数(MPa);

τ_b——试样瞬时应力强度(MPa)。

6　蠕变模型

$$\gamma_c = f(T, \tau, t) = \frac{A_0}{(|T|+1)^D} \cdot \tau^B \cdot t^C \qquad (4.21.11.5\text{-}8)$$

式中　T——试验温度(℃);

t——蠕变时间(h);

σ——轴向恒应力(MPa);

A_0、B、C、D——蠕变参数。

4.22 土的化学试验

4.22.1 酸碱度试验

4.22.1.1 本试验方法采用电测法,适用于各类土。

4.22.1.2 本试验所用的主要设备应符合下列规定:

1 酸度计:应附玻璃电极、甘汞电极或复合电极。

2 分析筛:孔径 2mm。

3 天平:称量 200g,最小分度值 0.01g。

4 电动振荡器和电动磁力搅拌器。

5 其他设备:烘箱、烧杯、广口瓶、玻璃棒、1000mL 容量瓶、滤纸等。

4.22.1.3 本方法所用试剂应符合下列规定:

1 标准缓冲溶液 pH 值=4.01:

准确称取经 105℃~110℃烘干 2h,在干燥器中冷却至室温的邻苯二甲酸氢钾($KHC_8H_4O_4$)10.21g,溶于煮沸冷却后的纯水中,移入 1000mL 容量瓶,用水稀释至标线,混匀。

2 标准缓冲溶液 pH 值=6.87:

准确称取经 105℃~110℃烘干 2h,在干燥器中冷却至室温的磷酸二氢钾(KH_2PO_4)3.39g 和磷酸氢二钠(Na_2HPO_4)3.53g,溶于煮沸冷却后的纯水中,移入 1000mL 容量瓶,用水稀释至标线,混匀。

3 标准缓冲溶液 pH 值=9.18:

准确称取硼砂($Na_2B_4O_7 \cdot 10H_2O$)3.80g,溶于煮沸冷却后的纯水中,定容至 1000mL,储存于干燥的塑料瓶中,有效期为 2 个月。

4 饱和氯化钾溶液:

将氯化钾(KCl)溶于 100mL 水中,混匀,直至溶液中出现氯化钾晶体为止。

4.22.1.4 酸度计校正：应在测定试样悬液之前，按照酸度计使用说明书，用标准缓冲溶液进行标定。

4.22.1.5 试样悬液的制备：称取过 2mm 筛的风干试样 10g，放入广口瓶中，加纯水 50mL（土水比为 1：5），振荡 3min，静置 30min。

4.22.1.6 酸碱度试验应按下列步骤进行：

1 于小烧杯中倒入试样悬液至杯容积的 2/3 处，杯中投入搅拌棒一只，然后将杯置于电动磁力搅拌器上。

2 小心地将玻璃电极和甘汞电极（或复合电极）放入杯中，直至玻璃电极球部被悬液浸没为止，电极与杯底应保持适量距离，然后将电极固定于电极架上，并使电极与酸度计连接。

3 开动磁力搅拌器，搅拌悬液约 1min 后，按照酸度计使用说明书测定悬液的 pH 值，准确至 0.01。

4 测定完毕，关闭电源，用纯水洗净电极，并用滤纸吸干，或将电极浸泡于纯水中。

4.22.1.7 酸碱度试验的记录格式应符合附录 A 表 A-48 的规定。

4.22.2 易溶盐试验浸出液制取

4.22.2.1 本试验方法适用于各类土。

4.22.2.2 主要仪器设备：

1 天平：称量 200g，最小分度值 0.01g。

2 电动振荡器。

3 过滤设备：抽滤瓶、平底瓷漏斗、真空泵等。

4 离心机：转速为 1000r/min。

4.22.2.3 浸出液制取应按下列步骤进行：

1 称取制备好的试样 50g～100g（视土中含盐量和分析项目而定），准确至 0.01g。置于广口瓶中，按土水比 1：5 加入纯水，搅匀，在振荡器上振荡 3min 后抽气过滤。另取试样 3g～5g 测定风干含水率。

2 将滤纸用纯水浸湿后贴在漏斗底部,漏斗装在抽滤瓶上,联通真空泵抽气,使滤纸与漏斗贴紧,将振荡后的试样悬液摇匀,倒入漏斗中抽气过滤,过滤时漏斗应用表面皿盖好。

3 当发现滤液混浊时,应重新过滤,经反复过滤,如果仍然混浊,应用离心机分离。所得的透明滤液,即为试样浸出液,贮于细口瓶中供分析用。

4.22.3 易溶盐总量测定

4.22.3.1 本试验采用蒸干法,适用于各类土。

4.22.3.2 主要仪器设备:

1 分析天平:称量 200g,最小分度值 0.0001g。

2 水浴锅、蒸发皿。

3 烘箱、干燥器、坩埚钳等。

4 移液管。

4.22.3.3 本试验所用的试剂:

1 15%双氧水溶液。

2 2%碳酸钠溶液。

4.22.3.4 易溶盐总量测定,应按下列步骤进行:

1 用移液管吸取试样浸出液 50mL～100mL,注入已知质量的蒸发皿中,盖上表面皿,放在水浴锅上蒸干。当蒸干残渣中呈现黄褐色时,应加入 15%双氧水 1mL～2mL,继续在水浴锅上蒸干,反复处理至黄褐色消失。

2 将蒸发皿放入烘箱,在 105℃～110℃温度下烘干 4h～8h,取出后放入干燥器中冷却,称蒸发皿加试样的总质量,再烘干 2h～4h,于干燥器中冷却后再称蒸发皿加试样的总质量,反复进行至最后相邻两次质量差值不大于 0.0001g。

3 当浸出液蒸干残渣中含有大量结晶水时,将使测得易溶盐质量偏高,遇此情况,可取蒸发皿两个,一个加浸出液 50mL,另一个加纯水 50mL,然后各加入等量 2%碳酸钠溶液,搅拌均匀后,一起按照本条第 1、2 款的步骤操作,烘干温度改为 180℃。

4.22.3.5 易溶盐含量计算：

1 未经 2% 碳酸钠处理的易溶盐总量按下式计算：

$$W = \frac{(m_2 - m_1)\dfrac{V_w}{V_s}(1 + 0.01w)}{m_s} \times 100 \qquad (4.22.3.5\text{-}1)$$

2 用 2% 碳酸钠溶液处理后的易溶盐总量按下式计算：

$$W = \frac{(m - m_0)\dfrac{V_w}{V_s}(1 + 0.01w)}{m_s} \times 100 \qquad (4.22.3.5\text{-}2)$$

其中
$$\left.\begin{array}{l} m_0 = m_3 - m_1 \\ m = m_4 - m_1 \end{array}\right\} \qquad (4.22.3.5\text{-}3)$$

式中　W——易溶盐总量（%）；

　　　V_w——浸出液用纯水体积（mL）；

　　　V_s——吸取浸出液体积（mL）；

　　　m_s——风干试样质量（g）；

　　　w——风干试样含水率（%）；

　　　m_1——蒸发皿质量（g）。

　　　m_2——蒸发皿加供干残渣质量（g）；

　　　m_3——蒸发皿加碳酸钠蒸干后质量（g）；

　　　m_4——蒸发皿加碳酸钠加试样蒸干后的质量（g）；

　　　m_0——蒸干后碳酸钠质量（g）；

　　　m——蒸干后试样加碳酸钠质量（g）。

4.22.3.6 易溶盐总量测定试验的记录格式应符合附录 A 表 A-49 的规定。

4.22.4 碳酸根和重碳酸根的测定

4.22.4.1 本试验方法适用于各类土。

4.22.4.2 主要仪器设备：

1 酸式滴定管：容量 25mL，最小分度值为 0.05mL。

2 分析天平：称量 200g，最小分度值 0.0001g。

3 其他设备：移液管、锥形瓶、烘箱、容量瓶。

4.22.4.3 所用试剂,应符合下列规定:

1 甲基橙指示剂（0.1%）:称0.1g甲基橙溶于100mL纯水中。

2 酚酞指示剂（0.5%）:称取0.5g酚酞溶于50mL乙醇中,用纯水稀释至100mL。

3 硫酸标准溶液:溶解3mL分析纯浓硫酸于适量纯水中,然后继续用纯水稀释至1000mL。

4 硫酸标准溶液的标定:称取预先在160℃～180℃烘干2h～4h的无水碳酸钠3份,每份0.1g。精确至0.0001g,放入3个锥形瓶中,各加入纯水20mL～30mL,再各加入甲基橙指示剂2滴,用配制好的硫酸标准溶液滴定至溶液由黄色变为橙色为终点,记录硫酸标准溶液用量,按下式计算硫酸标准溶液的准确浓度。

$$c(H_2SO_4) = \frac{m(Na_2CO_3) \times 1000}{V(H_2SO_4)M(Na_2CO_3)} \qquad (4.22.4.3)$$

式中 $c(H_2SO_4)$——硫酸标准溶液浓度（mol/L）;

         $V(H_2SO_4)$——硫酸标准溶液用量 （mL）;

         $m(Na_2CO_3)$——碳酸钠的用量（g）;

         $M(Na_2CO_3)$——碳酸钠的摩尔质量 （g/mol）。

计算至0.0001mol/L。3个平行滴定,平行误差不大于0.05mL,取算术平均值。

4.22.4.4 碳酸根和重碳酸根的测定,应按下列步骤进行:

1 用移液管吸取试样浸出液25mL,注入锥形瓶中,加酚酞指示剂2～3滴,摇匀,试液如不显红色,表示无碳酸根存在,如果试液显红色,即用硫酸标准溶液滴定至红色刚褪去为止,记下硫酸标准溶液用量,准确至0.05mL。

2 在加酚酞滴定后的试液中,再加甲基橙指示剂1～2滴,继续用硫酸标准溶液滴定至试液由黄色变为橙色为终点,记下硫酸标准溶液用量,准确至0.05mL。

4.22.4.5 碳酸根和重碳酸根的含量应按下列公式计算。

1 碳酸根含量应按下式计算：

$$b(CO_3^{2-}) = \frac{2V_1 c(H_2SO_4)\frac{V_w}{V_s}(1+0.01w)\times 1000}{m_s}$$

(4.22.4.5-1)

$$CO_3^{2-} = b(CO_3^{2-})\times 10^{-3}\times 0.060\times 100(\%)$$

(4.22.4.5-2)

或 $CO_3^{2-} = b(CO_3^{2-})\times 60(\text{mg/kg 土})$ (4.22.4.5-3)

式中 $b(CO_3^{2-})$——碳酸根的质量摩尔浓度（mmol/kg 土）；

　　　CO_3^{2-}——碳酸根的含量（%或 mg/kg 土）；

　　　V_1——酚酞为指示剂滴定硫酸标准溶液的用量（mL）；

　　　V_s——吸取试样浸出液体积（mL）；

　　　10^{-3}——换算因数；

　　　0.060——碳酸根的摩尔质量（kg/mol）；

　　　60——碳酸根的摩尔质量（g/mol）。

计算至 0.01mmol/kg 土和 0.001%或 1mg/kg 土。平行滴定误差不大于 0.1mL，取算术平均值。

2 重碳酸根含量应按下式计算：

$$b(HCO_3^-) = \frac{2(V_2-V_1)c(H_2SO_4)\frac{V_w}{V_s}(1+0.01w)\times 1000}{m_s}$$

(4.22.4.5-4)

$$HCO_3^- = b(HCO_3^-)\times 10^{-3}\times 0.061\times 100(\%)$$

(4.22.4.5-5)

或 $HCO_3^- = b(HCO_3^-)\times 61(\text{mg/kg 土})$ (4.22.4.5-6)

式中 $b(HCO_3^-)$——重碳酸根的质量摩尔浓度（mmol/kg 土）；

HCO$_3^-$ —— 重碳酸根的含量(%或 mg/kg 土);

10^{-3} —— 换算因数;

V_s —— 甲基橙为指示剂滴定硫酸标准溶液的用量(mL);

0.061 —— 重碳酸根的摩尔质量(kg/mol);

61 —— 重碳酸根的摩尔质量(g/mol)。

计算至 0.01mmol/kg 土和 0.001%或 1mg/kg 土。平行滴定允许误差不大于 0.1mL,取算术平均值。

4.22.5 氯根的测定

4.22.5.1 本试验方法适用于各类土。

4.22.5.2 主要仪器设备:

1 分析天平:称量 200g,最小分度值 0.0001g。

2 酸式滴定管:容量 25mL,最小分度值 0.05mL,棕色。

3 其他设备:移液管、烘箱、锥形瓶、容量瓶等。

4.22.5.3 氯根测定所用试剂,应符合下列规定:

1 5%铬酸钾指示剂:

称取 5g 铬酸钾(K$_2$CrO$_4$)溶于适量纯水中,以 0.050mol/L 硝酸银溶液滴定,至出现微砖红色沉淀,静置 24h 以上,过滤并稀释至 100mL,混匀。

2 氯化钠基准溶液 c(NaCl)=0.050mol/L:

将基准物氯化钠(NaCl)置于瓷蒸发皿内,在高温炉中 500℃～600℃下灼烧 40min～50min 或在电炉上炒至无爆裂声,放入干燥器冷却至室温,再准确称取 2.9221g 溶于适量水中,仔细地全部移入 1000mL 容量瓶,用水稀释至标线,混匀。

3 硝酸银标准溶液 c(AgNO$_3$)=0.050mol/L:

1)称取 8.5g 硝酸银(AgNO$_3$)溶于适量水中,移入 1000mL 容量瓶,用水稀释至标线,混匀。贮于棕色瓶,用氯化钠基准溶液标定。

2)标定:

吸取 0.050mol/L 氯化钠基准溶液 25.00mL(V_1),置于 150mL 锥形瓶中,加入 25mL 水和 5%铬酸钾指示剂 0.5mL,在不断振荡下用硝酸银标准溶液滴定,至溶液由黄色突变为微砖红色为终点,记录滴定消耗的硝酸银标准溶液体积(V_2)。同时取 25.00mL 蒸馏水代替氯化钠基准溶液按上述步骤做空白试验,记录消耗的硝酸银标准溶液体积(V_0)。

3)硝酸银标准溶液浓度应按下式计算:

$$c(AgNO_3) = \frac{c(NaCl) \cdot V_1}{V_2 - V_0} \qquad (4.22.5.3)$$

式中　$c(AgNO_3)$——硝酸银标准溶液浓度(mol/L);

　　　$c(NaCl)$——氯化钠基准溶液浓度(mol/L);

　　　V_1——吸取氯化钠基准溶液体积(mL);

　　　V_2——滴定消耗硝酸银标准溶液体积(mL);

　　　V_0——空白支试验滴定消耗硝酸银标准溶液体积(mL)。

4　重碳酸钠 $c(NaHCO_3)$溶液:

称取重碳酸钠 1.7g 溶于纯水中,并用纯水稀释至 1000mL,其浓度约为 0.02mol/L。

4.22.5.4　测定应按下列步骤进行:

吸取试样浸出液 25mL 于锥形瓶中加甲基橙指示剂 1~2 滴,逐滴加入浓度 0.02mol/L 的重碳酸钠至溶液呈纯黄色(控制 pH 值为 7),再加入铬酸钾指示剂 5~6 滴,用硝酸银标准溶液滴定至生成砖红色沉淀为终点,记下硝酸银标准溶液的用量。

另取纯水 25mL 按本条款的步骤操作空白试验。

4.22.5.5　氯根的含量应按下式计算:

$$b(Cl^-) = \frac{(V_1 - V_2)c(AgNO_3)\frac{V_W}{V_s}(1 + 0.01w) \times 1000}{m_s}$$

$$(4.22.5.5\text{-}1)$$

$$Cl^- = b(Cl^-) \times 10^{-3} \times 0.0355 \times 100(\%) \qquad (4.22.5.5-2)$$

$$或 \ Cl^- = b(Cl^-) \times 35.5(mg/kg \ 土) \qquad (4.22.5.5-3)$$

式中 $b(Cl^-)$——氯根的质量摩尔浓度（mmol/kg 土）；

$\quad\quad\quad Cl^-$——氯根的含量（%或 mg/kg 土）；

$\quad\quad\quad V_1$——浸出液消耗硝酸银标准溶液的体积（mL）；

$\quad\quad\quad V_s$——纯水（空白）消耗硝酸银标准溶液的体积（mL）；

$\quad\quad\quad 0.0355$——氯根的摩尔质量（kg/mol）。

计算准确至 0.01mmol/kg 土和 0.001%或 1mg/kg 土。平行滴定偏差不大于 0.1mL，取算术平均值。

4.22.5.6 易溶盐氯根的测定试验的记录格式应符合附录 A 表 A-50 的规定。

4.22.6 硫酸根的测定

Ⅰ EDTA 络合容量法

4.22.6.1 本试验方法适用于硫酸根含量大于、等于 0.025 %（相当于 50mg/L）的土。

4.22.6.2 EDTA 络合容量法测定所用的主要仪器设备，应符合下列规定：

1 天平：称量 200g，最小分度值 0.0001g。

2 酸式滴定管：容量 25mL，最小分度值 0.1mL。

3 其他设备：移液管、锥形瓶、容量瓶、量杯、角匙、烘箱、研钵和杵、量筒。

4.22.6.3 EDTA 络合容量法测定所用的试剂，应符合下列规定：

1 1∶4 盐酸溶液：将 1 份浓盐酸与 4 份纯水互相混合均匀。

2 钡镁混合剂：称取 1.22g 氯化钡（$BaCl_2 \cdot 2H_2O$）和 1.02g 氯化镁（$MgCl_2 \cdot 6H_2O$），一起通过漏斗用纯水冲洗入 500mL 容量瓶中，待溶解后继续用纯水稀释至 500mL。

174

3 氨缓冲溶液:称取 70g 氯化铵（NH₄Cl）于烧杯中,加适量纯水溶解后移入 1000mL 量筒中,再加入分析纯浓氨水 570mL,最后用纯水稀释至 1000mL。

4 铬黑 T 指示剂:称取 0.5g 铬黑 T 和 100g 预先烘干的氯化钠（NaCl）,互相混合研细均匀,贮于棕色瓶中。

5 锌基准溶液:称取预先在 105℃～110℃烘干的分析纯锌粉（粒）0.6538g 于烧杯中,小心地分次加入 1∶1 盐酸溶液 20mL～30mL,置于水浴上加热至锌完全溶解（切勿溅失）,然后移入 1000mL 容量瓶中,用纯水稀释至 1000mL。即得锌基准溶液浓度为:

$$c(Zn^+) = \frac{m(Zn)^+}{V \cdot M(Zn^+)} = \frac{0.6538}{1 \times 65.38} = 0.0100 \text{mol/L}$$

$$(4.22.6.3-1)$$

6 EDTA 标准溶液:

1)配制:称取乙二铵四乙酸二钠 3.72g 溶于热纯水中,冷却后移入 1000mL 容量瓶中,再用纯水稀释至 1000mL。

2)标定:用移液管吸取 3 份锌基准溶液,每份 20mL,分别置于 3 个锥形瓶中,用适量纯水稀释后,加氨缓冲溶液 10mL,铬黑 T 指示剂少许,再加 95％乙醇 5mL,然后用 EDTA 标准溶液滴定至溶液由红色变亮蓝色为终点,记下用量。按下式计算 EDTA 标准溶液的浓度。

$$c(EDTA) = \frac{V(Zn^{2+})c(Zn^{2+})}{V(EDTA)} \qquad (4.22.6.3-2)$$

式中　$c(EDTA)$——EDTA 标准溶液浓度（mol/L）;

　　　$V(EDTA)$——EDTA 标准溶液用量（mL）;

　　　$c(Zn^{2+})$——锌基准溶液的浓度（mol/L）;

　　　$V(Zn^{2+})$——锌基准溶液的用量（mL）。

计算至 0.0001mol/L,3 份平行滴定,滴定误差不大于0.05mL,取算术平均值。

7　乙醇:浓度为 95%。

8　1:1 盐酸溶液:取 1 份盐酸与 1 份水混合均匀。

9　5% 氯化钡($BaCl_2$)溶液:溶解 5g 氯化钡($BaCl_2$)于 1000mL 纯水中。

4.22.6.4　EDTA 络合容量法测定,应按下列步骤进行:

1　硫酸根(SO_4^{2-})含量的估测:取浸出液 5mL 于试管中,加入 1:1 盐酸 2 滴,再加 5% 氯化钡溶液 5 滴,摇匀,按表 4.22.6.4 估测硫酸根含量。当硫酸盐含量小于 50mg/L 时,应采用比浊法。

表 4.22.6.4　硫酸根估测方法选择与试剂用量表

加氯化钡后溶液混浊情况	SO_4^{2-} 含量（mg/L）	测定方法	吸取土浸出液（mL）	钡镁混合剂用量（mL）
数分钟后微混浊	<10	比浊法	—	—
立即呈生混浊	25~50	比浊法	—	—
立即混浊	50~100	EDTA	25	4~5
立即沉淀	100~200	EDTA	25	8
立即大量沉淀	>200	EDTA	10	10~12

2　按表 4.22.6.4 估测硫酸根含量,吸取一定量试样浸出液于锥形瓶中,用适量纯水稀释后,投入刚果红试纸一片,滴加(1:4)盐酸溶液至试纸呈蓝色,再过量 2~3 滴,加热煮沸,趁热由滴定管准确滴加过量钡镁合剂,边滴边摇,直到预计的需要量(注意滴入量至少应过量 50%),继续加热微沸 5min,取下冷却静置 2h。然后加氨缓冲溶液 10mL,铬黑 T 少许,95% 乙醇 5mL,摇匀,再用 EDTA 标准溶液滴定至试液由红色变为天蓝色为终点,记下用量 V_1(mL)。

3　另取一个锥形瓶加入适量纯水,投刚果红试纸一片,滴加(1:4)盐酸溶液至试纸呈蓝色,再过量 2~3 滴。由滴定管准确加入与本条第 2 款步骤等量的钡镁合剂,然后加氨缓冲溶液

10mL,铬黑 T 指示剂少许,95% 乙醇 5mL 摇匀。再用 EDTA 标准溶液滴定至由红色变为天蓝色为终点,记下用量 V_2(mL)。

4 再取一个锥形瓶加入与本条第 2 款步骤等体积的试样浸出液,然后用移液管吸取试样浸出液 25mL 于锥形瓶中,加入氨缓冲溶液 5mL,摇匀后加入铬黑 T 指示剂少许,95% 乙醇 5mL,充分摇匀,用 EDTA 标准溶液滴定至试液由红色变为亮蓝色为终点,记下 EDTA 标准溶液用量,精确至 0.05mL,测定同体积浸出液中钙镁对 EDTA 标准溶液的用量 V_3(mL)。

4.22.6.5 硫酸根含量应按下式计算:

$$b(SO_4^{2-}) = \frac{(V_3 + V_2 - V_1)c(EDTA)\dfrac{V_w}{V_s}(1 + 0.01w) \times 1000}{m_s}$$

(4.22.6.5-1)

$$SO_4^{2-} = b(SO_4^{2-}) \times 10^{-3} \times 0.096 \times 100(\%) \quad (4.22.6.5-2)$$

$$SO_4^{2-} = b(SO_4^{2-}) \times 96(mg/kg\ 土) \quad (4.22.6.5-3)$$

式中　$b(SO_4^{2-})$——硫酸根的质量摩尔浓度(mmol/kg 土);

　　　SO_4^{2-}——硫酸根的含量(%或 mg/kg 土);

　　　V_1——浸出液中钙镁与钡镁合剂对 EDTA 标准溶液的用量(mL);

　　　V_2——用同体积钡镁合剂(空白)对 EDTA 标准溶液的用量(mL);

　　　V_3——同体积浸出液中钙镁对 EDTA 标准溶液的用量(mL);

　　0.096——硫酸根的摩尔质量(kg/mol);

　　$c(EDTA)$——EDTA 标准溶液浓度(mol/L)。

计算准确至 0.01mmol/kg 土和 0.001% 或 1mg/kg 土。平行滴定允许偏差不大于 0.1mL,取算术平均值。

4.22.6.6 硫酸根测定试验的记录格式应符合附录 A 表 A-51 的规定。

Ⅱ 比浊法

4.22.6.7 本试验方法适用于硫酸根含量小于 0.025 ％（相当于 50mg/L）的土。

4.22.6.8 比浊法测定所用的主要仪器设备，应符合下列规定：

    1 光电比色计或分光光度计。

    2 电动磁力搅拌器。

    3 量匙：容量 $0.2cm^3 \sim 0.3cm^3$。

    4 其他设备：移液管、容量瓶、筛子（0.6mm～0.85mm）、烘箱、分析天平（最小分度值 0.1mg）。

4.22.6.9 比浊法测定所用的试剂，应符合下列规定：

    1 悬浊液稳定剂：将浓盐酸（HCl）30mL，95％的乙醇 100mL，纯水 300mL，氯化钠（NaCl）25g 混匀的溶液与 50mL 甘油混合均匀。

    2 结晶氯化钡（$BaCl_2$）：将氯化钡结晶过筛取粒径在 0.6mm～0.85mm 之间的晶粒。

    3 硫酸根标准溶液：称取预先在 105℃～110℃烘干的无水硫酸钠 0.1479g，用纯水通过漏斗冲洗入 1000mL 容量瓶中，溶解后，继续用纯水稀释至 1000mL，此溶液中硫酸根含量为0.1mg/mL。

4.22.6.10 比浊法测定，应按下列步骤进行：

    1 标准曲线的绘制：用移液管分别吸取硫酸根标准溶液5、10、20、30、40 mL 注入 100 mL 容量瓶中，然后均用纯水稀释至刻度，制成硫酸根含量分别为 0.5、1.0、2.0、3.0、4.0mg/100mL 的标准系列。再分别移入烧杯中，各加悬浊液稳定剂 5.0mL 和一量匙的氯化钡结晶，置于磁力搅拌器上搅拌 1min。以纯水为参比，在光电比色计上用紫色滤光片（如用分光光度计，则用 400mm～450mm 的波长）进行比浊，在 3min 内每隔 30s 测读一次悬浊液吸光值，取稳定后的吸光值。再以硫酸根含量为纵坐标，相对应的吸光值为横坐标，在坐标纸上绘制关系曲线，即得标准曲线。

2 硫酸根含量的测定:用移液管吸取试样浸出液 100mL (硫酸根含量大于 4 mg/mL 时,应少取浸出液并用纯水稀释至 100mL) 置于烧杯中,然后按本条第 1 款的标准系列溶液加悬浊液稳定剂等一系列步骤进行操作,以同一试样浸出液为参比,测定悬浊液的吸光值,取稳定后的读数,由标准曲线查得相应硫酸根的含量(mg/100mL)。

4. 22. 6. 11 硫酸根含量按下式计算:

$$SO_4^{2-} = \frac{m(SO_4^{2-})\dfrac{V_W}{V_s}(1+0.01w)\times 100}{m_s \times 10^3} (\%) \quad (4.22.6.11\text{-}1)$$

$$或 \quad SO_4^{2-} = (SO_4^{2-}\%)\times 10^6 (mg/kg \ 土) \qquad (4.22.6.11\text{-}2)$$

$$b(SO_4^{2-}) = (SO_4^{2-}\%/0.096)\times 1000 \qquad (4.22.6.11\text{-}3)$$

式中 $b(SO_4^{2-})$——硫酸根的质量摩尔浓度(mmol/kg 土);

SO_4^{2-}——硫酸根的含量(%或 mg/kg 土);

$m(SO_4^{2-})$——由标准曲线查得含量(mg);

$SO_4^{2-}\%$——硫酸根含量以小数计;

0.096——硫酸根的摩尔质量(kg/mol)。

计算准确至 0.01mmol/kg 土和 0.001%或 1mg/kg 土。

4. 22. 6. 12 硫酸根的测定试验的记录格式应符合附录 A 表 A-51 的规定。

Ⅲ 重量法

4. 22. 6. 13 适用范围

本方法适用于硫酸盐含量在为 0.005%～2.5%的土。

4. 22. 6. 14 主要设备

1 烘箱:带恒温控制器。

2 高温炉:带高温控制器。

3 实验室常用仪器、设备。

4. 22. 6. 15 主要试剂

1 (1+1)、(1+99)盐酸溶液。

2 10%氯化钡溶液。

3 0.1%甲基红指示剂：

称取 0.1g 甲基红溶于适量水中,用水稀释至 100mL,混匀。

4 5%硝酸银溶液：

称取 5.0g 硝酸银溶于 80mL 水,加 0.1mL 浓硝酸,用水稀释至 100mL,贮存于棕色玻璃瓶,避光可长期保存。

5 (1+1)氨水：

量取 50mL 浓氨水,缓缓倾入适量水中,用水稀释至 100mL,混匀。

4.22.6.16 分析步骤

1 吸取适量制备液于 500mL 烧杯中,加入 2～3 滴 0.1% 甲基红指示剂。用(1+1)盐酸或氨水溶液调至试液呈橙黄色,再加 2mL 盐酸,加热煮沸 5min,在不断搅拌下逐滴加入热的 10%氯化钡溶液 10mL～15mL,直到不再出现沉淀,再过量 2mL,继续煮沸 2min,置水浴锅内在 80℃～90℃下保持 2h 或在室温下放置 12h 以上。

2 用慢速定量滤纸过滤,先用(1+99)盐酸溶液洗涤沉淀,再用热水洗涤沉淀至用 5%的硝酸银溶液检验无氯根。

3 将沉淀和滤纸置于事先在 800℃灼烧至恒量的瓷坩埚内烘干,仔细灰化滤纸后移入高温炉,在 800℃灼烧 1h 以上,稍冷后移入干燥器,冷却至室温称量,反复灼烧直至恒量。

4 灼烧后的沉淀应为白色,如呈绿色应加入(1+3)硫酸溶液徐徐加热,使过剩硫酸变成白烟逸尽,坩埚加盖置于高温炉中在 800℃灼烧 1h,移入干燥器冷却至室温称量,反复灼烧直至恒量。

4.22.6.17 计算：

$$SO_4^{2-} = \frac{(m_1 - m_2)\dfrac{V_w}{V_s} \times 0.4116 \times 100}{m_s \times 10^3}\%$$

$$\hspace{10cm}(4.22.6.17\text{-}1)$$

$$SO_4^{2-} = (SO_4^{2-}\%) \times 10^6 (\text{mg/kg } \pm) \quad (4.22.6.17\text{-}2)$$

$$b(SO_4^{2-}) = (SO_4^{2-}\%/0.096) \times 1000 \quad (4.22.6.17\text{-}3)$$

式中 m_1——灼烧至恒量的沉淀与坩埚的质量(mg)；

$\quad\quad m_2$——灼烧至恒量的坩埚质量(mg)；

$\quad\quad V_s$——试样体积(mL)；

$\quad\quad V_w$——浸出液体积(mL)；

$\quad\quad 0.4116$——硫酸钡换算成硫酸根的因子。

4.22.6.18 硫酸根的测定试验的记录格式应符合附录 A 表 A-51 的规定。

4.22.7 钙离子的测定

4.22.7.1 本试验方法适用于各类土。

4.22.7.2 钙离子测定所用的主要仪器设备,应符合下列规定：

1 酸式滴定管:容量 25mL,最小分度值 0.1mL。

2 其他设备:移液管、锥形瓶、量杯、天平、研钵等。

4.22.7.3 钙离子测定所用的试剂,应符合下列规定：

1 2mol/L 氢氧化钠溶液:称取 8g 氢氧化钠溶于 100mL 纯水中。

2 钙指示剂:称取 0.5g 钙指示剂,与 50g 预先烘焙的氯化钠一起置于研钵中研细混合均匀,贮于棕色瓶中,保存于干燥器内。

3 EDTA 标准溶液:配置与标定按本细则 4.22.6.3 条第 6 款的步骤进行。

4 1:4 盐酸溶液:按本细则 4.22.6.3 条第 1 款的步骤配置。

5 刚果红试纸。

6 95％乙醇溶液。

4.22.7.4 钙离子测定,应按下列步骤进行:

1 用移液管吸取试样浸出液 25mL 于锥形瓶中,投刚果红试纸一片,滴加(1∶4)盐酸溶液至试纸变为蓝色为止,煮沸除去二氧化碳(当浸出液中碳酸根和重碳酸根含量很少时,可省去此步骤)。

2 冷却后,加入 2mol/L 氢氧化钠溶液 2mL (控制 pH≈12) 摇匀。放置 1min～2min 后,加钙指示剂少许,95％乙醇5mL,用 EDTA 标准溶液滴定至试液由红色变为浅蓝色为终点。记下 EDTA 标准溶液用量,估读至 0.05mL。

4.22.7.5 钙离子含量按下式计算:

$$b(Ca^{2+}) = \frac{V(EDTA)c(EDTA)\dfrac{V_w}{V_s}(1+0.01w)\times 1000}{m_s}$$

$$(4.22.7.5-1)$$

$$Ca^{2+} = b(Ca^{2+})\times 10^{-3}\times 0.040\times 100(\%) \quad (4.22.7.5-2)$$

$$或 \ Ca^{2+} = b(Ca^{2+})\times 40(mg/kg \ 土) \quad (4.22.7.5-3)$$

式中 $b(Ca^{2+})$ ——钙离子的质量摩尔浓度(mmol/kg 土);

Ca^{2+} ——钙离子的含量(％或 mg/kg 土);

$c(EDTA)$ ——EDTA 标准溶液浓度(mol/L);

$V(EDTA)$ ——EDTA 标准溶液用量(mL);

0.040——钙离子的摩尔质量(kg/mol)。

计算准确至 0.01mmol/kg 土和 0.001％或 1mg/kg 土。需平行滴定,滴定偏差不应大于 0.1mL,取算术平均值。

4.22.7.6 钙离子测定试验的记录格式应符合附录 A 表 A-52的规定。

4.22.8 镁离子的测定

4.22.8.1 本试验方法适用于各类土。

4.22.8.2 镁离子测定所用的主要仪器设备,应符合本细则4.22.7.2条的规定。

4.22.8.3 镁离子测定所用试剂,应符合本细则4.22.6.3及4.22.7.3条的规定。

4.22.8.4 镁离子的测定,应按下列步骤进行:

 1 用移液管吸取试样浸出液25mL于锥形瓶中,加入氨缓冲溶液5mL,摇匀后加入铬黑T指示剂少许,95%乙醇5mL,充分摇匀,用EDTA标准溶液滴定至试液由红色变为亮蓝色为终点,记下EDTA标准溶液用量,精确至0.05mL。

 2 用移液管吸取与本条第1款等体积的试样浸出液,按照本细则第4.22.7.4条的试验步骤操作,滴定钙离子对EDTA标准溶液用量。

4.22.8.5 镁离子含量按下列公式计算:

$$b(Mg^{2+}) = \frac{(V_2 - V_1)c(EDTA)\frac{V_W}{V_s}(1 + 0.01w) \times 1000}{m_s}$$

$$(4.22.8.5\text{-}1)$$

$$Mg^{2+} = b(Mg^{2+}) \times 10^{-3} \times 0.024 \times 100(\%)$$

$$(4.22.8.5\text{-}2)$$

$$或\ Mg^{2+} = b(Mg^{2+}) \times 24(mg/kg\ 土) \quad (4.22.8.5\text{-}3)$$

式中　$b(Mg^{2+})$——镁离子的质量摩尔浓度(mmol/kg 土);

　　　　Mg^{2+}——镁离子的含量(%或 mg/kg 土);

　　　　V_2——钙镁离子对EDTA标准溶液的用量(mL);

　　　　V_1——钙离子对EDTA标准溶液的用量(mL);

　　　　$c(EDTA)$——EDTA标准溶液浓度(mol/L);

　　　　0.024——镁离子的摩尔质量(kg/mol)。

 计算准确至0.01mmol/kg 土和0.001%或1mg/kg 土。需平行滴定,滴定偏差不应大于0.1mL,取算术平均值。

4.22.8.6 镁离子测定试验的记录格式应符合附录 A 表 A-52 的规定。

4.22.9 钙离子和镁离子的原子吸收分光光度测定

4.22.9.1 本试验方法适用于各类土。

4.22.9.2 钙、镁离子的原子吸收分光光度测定所用的主要仪器设备,应符合下列规定:

1 原子吸收分光光度计:附有元素灯、空气与乙炔燃气等设备以及仪器操作使用说明书。

2 分析天平:称量 200g,最小分度值 0.0001g。

3 其他设备:烘箱、1L 容量瓶、50mL 容量瓶、移液管、烧杯。

4.22.9.3 钙、镁离子原子吸收分光光度测定所用试剂,应符合下列规定:

1 钙离子标准溶液:称取预先在 105℃～110℃ 烘干的分析纯碳酸钙 0.2497g 于烧杯中,加入少量稀盐酸至完全溶解,然后移入 1L 容量瓶中,用纯水冲洗烧杯并稀释至刻度,贮于塑料瓶中。此液浓度 $\rho(Ca^{2+})$ 为 100mg/L。

2 镁离子标准溶液:称取光谱纯金属镁 0.1000g 置于烧杯中,加入稀盐酸至完全溶解,然后用纯水冲洗入 1L 容量瓶中并继续稀释至刻度,贮于塑料瓶中。此液浓度 $\rho(Mg^{2+})$ 为 100mg/L。

3 5%氯化镧溶液:称取光谱纯的氯化镧($LaCl_3 \cdot 7H_2O$) 13.4g 溶于 100mL 纯水中。

4.22.9.4 钙、镁离子原子吸收分光光度测定,应按下列步骤进行:

1 绘制标准曲线。

1)配制标准系列:取 50mL 容量瓶 6 个,准确加入 $\rho(Ca^{2+})$ 为 100mg/L 的标准溶液 0、1、3、5、7、10mL(相当于 0～20mg/L Ca^{2+})和 $\rho(Mg^{2+})$ 为 100mg/L 的标准溶液 0、0.5、1、2、3、5mL

（相当于 0～10 mg/L Mg^{2+}），再各加入 5％氯化镧溶液 5mL，最后用纯水稀释至刻度。

2）绘制标准曲线：分别选用钙和镁的空心阴极灯，波长钙离子（Ca^{2+}）为 422.7nm，镁离子（Mg^{2+}）为 285.2nm，以空气—乙炔燃气等为工作条件，按原子吸收分光光度计的使用说明书操作，分别测定钙和镁的吸收值。然后分别以吸收值为纵坐标，相应浓度为横坐标分别绘制钙、镁的标准曲线。

2 试样测定：用移液管吸取一定量的试样浸出液（钙浓度小于 20mg/L，镁浓度小于 10mg/L）于 50mL 容量瓶中，加入 5％氯化镧溶液 5mL，用纯水稀释至 50mL。然后同本条第 1 款标准曲线绘制的工作条件，按原子吸收分光光度计使用说明书操作，分别测定钙和镁的吸收值，并用测得的钙、镁吸收值，从标准曲线查得相应的钙、镁离子浓度。

4.22.9.5 钙、镁离子含量按下列公式计算：

$$Ca^{2+} = \frac{\rho(Ca^{2+}) V_c \frac{V_w}{V_s}(1+0.01w)\times 100}{m_s \times 10^3} \quad (\%) \quad (4.22.9.5\text{-}1)$$

$$或\ Ca^{2+} = (Ca^{2+}\%)\times 10^6 \quad (mg/kg\ 土) \quad (4.22.9.5\text{-}2)$$

$$Mg^{2+} = \frac{\rho(Mg^{2+}) V_c \frac{V_w}{V_s}(1+0.01w)\times 100}{m_s \times 10^3} \quad (4.22.9.5\text{-}3)$$

$$或\ Mg^{2+} = (Mg^{2+}\%)\times 10^6 \quad (mg/kg\ 土) \quad (4.22.9.5\text{-}4)$$

$$b(Ca^{2+}) = (Ca^{2+}\%/0.040)\times 1000 \quad (4.22.9.5\text{-}5)$$

$$b(Mg^{2+}) = (Mg^{2+}\%/0.024)\times 1000 \quad (4.22.9.5\text{-}6)$$

式中　$\rho(Ca^{2+})$——由标准曲线查得钙离子浓度（mg/L）；

$\rho(Mg^{2+})$——由标准曲线查得镁离子浓度（mg/L）；

V_c——测定溶液定容体积（＝0.05L）；

10^3——将毫克换算成克。

计算准确至 0.01mmol/kg 土和 0.001％或 1mg/kg 土。

4.22.10 钠离子和钾离子的测定

4.22.10.1 本试验方法适用于各类土。

4.22.10.2 钠离子和钾离子测定所用的主要仪器设备,应符合下列规定:

1 火焰光度计及其附属设备。

2 天平:称量200g,最小分度值0.0001g。

3 其他设备:高温炉、烘箱、移液管、1L容量瓶、50mL容量瓶、烧杯等。

4.22.10.3 钠离子和钾离子测定所用的试剂,应符合下列规定:

1 钠(Na^+)标准溶液:称取预先于550℃灼烧过的氯化钠($NaCl$)0.2542g,在少量纯水中溶解后,冲洗入1L容量瓶中,继续用纯水稀释至1000mL,贮于塑料瓶中。此溶液含钠离子(Na^+)为0.1mg/mL(100mg/L)。

2 钾(K^+)标准溶液:称取预先于105℃～110℃烘干的氯化钾(KCl)0.1907g,在少量纯水中溶解后,冲洗入1L容量瓶中,继续用水稀释至1000mL,贮于塑料瓶中。此溶液含钾离子(K^+)为0.1mg/mL(100mg/L)。

4.22.10.4 钠离子和钾离子的测定,应按下列步骤进行:

1 绘制标准曲线。

1)配制标准系列:取50mL容量瓶6个,准确加入钠(Na^+)标准溶液和钾(K^+)标准溶液各为0、1、5、10、15、25mL,然后用纯水稀释至50mL,此系列相应浓度范围为$\rho(Na^+)$0～50mg/L、$\rho(K^+)$0～50mg/L。

2)按照火焰光度计使用说明书操作,分别用钠滤光片和钾滤光片,逐个测定其吸收值。然后分别以吸收值为纵坐标,相应钠离子(Na^+)、钾离子(K^+)浓度为横坐标,分别绘制钠(Na^+)、钾(K^+)的标准曲线。

2 试样测定:用移液管吸取一定量试样浸出液(以不超出标准曲线浓度范围为准)于50mL容量瓶中,用纯水稀释至

50mL,然后同本条第 1 款绘制标准曲线的工作条件,按火焰光度计使用说明书操作,分别用钠滤光片和钾滤光片测定其吸收值。并用测得的钠、钾吸收值,从标准曲线查得或由回归方程求得相应的钠、钾离子浓度。

4.22.10.5 钠离子和钾离子应按下列公式计算:

$$Na^+ = \frac{\rho(Na^+)V_c \frac{V_w}{V_s}(1+0.01w)\times100}{m_s\times10^3}\%$$

$$(4.22.10.5\text{-}1)$$

$$或\ Na^+ = (Na^+\%)\times10^6(mg/kg\ 土) \quad (4.22.10.5\text{-}2)$$

$$K^+ = \frac{\rho(K^+)V_c \frac{V_w}{V_s}(1+0.01w)\times100}{m_s\times10^3}(\%)$$

$$(4.22.10.5\text{-}3)$$

$$或\ K^+ = (K^+\%)\times10^6(mg/kg\ 土) \quad (4.22.10.5\text{-}4)$$

$$b(Na^+) = (Na^+\%/0.023)\times1000 \quad (4.22.10.5\text{-}5)$$

$$b(K^+) = (K^+\%/0.039)\times1000 \quad (4.22.10.5\text{-}6)$$

式中 Na^+、K^+——分别为试样中钠、钾的含量(%或 mg/kg 土);

$b(Na^+)$、$b(K^+)$——分别为试样中钠、钾的质量摩尔浓度(mmol/kg 土);

0.023、0.039——分别为 Na^+ 和 K^+ 的摩尔质量(kg/mol)。

4.22.10.6 钠离子和钾离子测定试验的记录格式应符合附录 A 表 A-53 的规定。

4.22.11 中溶盐(石膏)试验

4.22.11.1 本试验方法适用于含石膏较多的土类。本试验规定采用酸浸提—质量法。

4.22.11.2 本试验所用的主要仪器设备,应符合下列规定:

1 分析天平:称量 200g,最小分度值 0.0001g。

2 加热设备:电炉、高温炉。

3 过滤设备:漏斗及架、定量滤纸、洗瓶、玻璃棒。

4 制样设备:瓷盘、0.5mm 筛子、玛瑙研钵及杵。

5 其他设备:烧杯、瓷坩埚、干燥器、坩埚钳、试管、量筒、水浴锅、石棉网、供箱。

4.22.11.3 本试验所用试剂,应符合下列规定:

1 0.25mol/L 盐酸溶液:量取浓盐酸 20.8mL,用纯水稀释至 1000mL。

2 (1∶1)盐酸溶液:取 1 份浓盐酸与 1 份纯水相互混合均匀。

3 10% 氢氧化铵溶液:量取浓氨水 31mL,用纯水稀释至 100mL。

4 10%氯化钡($BaCl_2$)溶液:称取 10g 氯化钡溶于少量纯水中,稀释至 100mL。

5 1%硝酸银($AgNO_3$)溶液:溶解 0.5g 硝酸银于 50mL 纯水中,再加数滴浓硝酸酸化,贮于棕色滴瓶中。

6 甲基橙指示剂:称取 0.1g 甲基橙溶于 100mL 水中,贮于滴瓶中。

4.22.11.4 中溶盐试验,应按下列步骤进行:

1 试样制备:将潮湿试样捏碎摊开于瓷盘中,除去试样中杂物(如植物根茎叶等),置于阴凉通风处晾干,然后用四分法选取试样约 100g,置于玛瑙研体中研磨,使其全部通过 0.5mm 筛(不得弃去或撒失)备用。

2 称取已制备好的风干试样 1g～5g(视其含量而定),准确至 0.0001g,放入 200mL 烧杯中,缓慢地加入 0.25mol/L 盐酸 50mL 边加边搅拌。如试样含有大量碳酸盐,应继续加此盐酸至无气泡产生为止,放置过夜。另取此风干试样约 5g,准确至 0.01g,测定其含水率。

3 过滤,沉淀用 0.25mol/L 盐酸淋洗至最后滤液中无硫酸根离子为止(取最后滤液于试管中,加少许氯化钡溶液,应无白色浑浊),即得酸浸提液(滤液)。

4 收集滤液于烧杯中,将其浓缩至约 150mL。冷却后,加甲基橙指示剂,用 10% 氢氧化铵溶液中和至溶液呈黄色为止,再用(1:1)盐酸溶液调至红色后,多加 10 滴,加热煮沸,在搅拌下趁热、缓慢滴加 10% 氯化钡溶液,直至溶液中硫酸根离子沉淀完全,并少有过量为止(让溶液静置澄清后,沿杯壁滴加氯化钡溶液,如无白色浑浊生成,表示已沉淀完全)。置于水浴锅上,在 60℃ 保持 2h。

5 用致密定量滤纸过滤,并用热的纯水洗涤沉淀,直到最后洗液无氯离子为止(用 1% 硝酸银检验,应无白色浑浊)。

6 用滤纸包好洗净的沉淀,放入预先已在 600℃ 灼烧至恒量的瓷坩埚中,置于电炉上灰化滤纸(不得出现明火燃烧)。然后移入高温炉中,控制在 600℃ 灼烧 1h,取出放于石棉网上稍冷,再放入干燥器中冷却至室温,用分析天平称量,准确至 0.000lg。再将其放入高温炉中控制 600℃ 灼烧 30min,取出冷却,称量。如此反复操作至恒量为止。

7 另取 1 份试样按本细则第 4.22.6 节测定易溶盐中的硫酸根离子,并求水浸出液中硫酸根含量 $W(SO_4^{2-})_w$。

4.22.11.5 中溶盐(石膏)含量,应按下式计算:

$$W(SO_4^{2-})_b = \frac{(m_2 - m_1) \times 0.4114 \times (1 + 0.01w) \times 100}{m_s}$$

$$(4.22.11.5-1)$$

$$CaSO_4 \cdot 2H_2O = [W(SO_4^{2-})_b - W(SO_4^{2-})_w] \times 1.7992$$

$$(4.22.11.5-2)$$

式中　$CaSO_4 \cdot 2H_2O$——中溶盐(石膏)含量(%);

　　　$W(SO_4^{2-})_b$——酸浸出液中硫酸根的含量(%);

　　　$W(SO_4^{2-})_w$——水浸出液中硫酸根的含量(%);

　　　m_1——坩埚的质量(g);

m_2——坩埚加沉淀物质量(g);

m_s——风干试样质量(g);

w——风干试样含水率(%);

0.4114——由硫酸钡换算成硫酸根 $SO_4^{2-}/BaSO_4$ 的
因数;

1.7922——由硫酸根换算成硫酸钙(石膏)$CaSO_4 \cdot 2H_2O/SO_4^{2-}$ 的因数。

计算至 0.01%。

4.22.11.6 中溶盐(石膏)测定试验的记录格式应符合附录 A 表 A-54 的规定。

4.22.12 难溶盐(碳酸钙)试验

4.22.12.1 本试验方法适用于碳酸盐含量较低的各类土,采用气量法。

4.22.12.2 本试验所用的主要仪器设备,应符合下列规定:

1 二氧化碳约测计:如图 4.22.12.2。

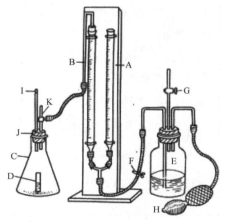

4.22.12.2 二氧化碳约测计

A、B—量管;C—三角瓶;D—试管;E—广口瓶;F—夹子;G—活塞;H—打气球;
I—温度计;J—橡皮塞;K—活塞

2 天平:称量 200g,最小分度值 0.01g。

3 制样设备:同本细则第 4.22.11.2 条。

4 其他设备:烘箱、坩埚钳、长柄瓶夹、气压计、温度计、干燥器等。

4.22.12.3 本试验所用试剂,应符合下列规定:

1 (1:3)盐酸溶液:取 1 份盐酸加 3 份纯水即得。

2 0.1%甲基红溶液:溶解 0.1g 甲基红于 100mL 纯水中。

4.22.12.4 难溶盐试验,应按下列步骤进行:

1 试样制备:

将潮湿试样捏碎摊开于瓷盘中,除去试样中杂物(如植物根茎叶等),置于阴凉通风处晾干,然后用四分法选取试样约 100g,置于玛瑙研体中研磨,使其全部通过 0.5mm 筛(不得弃去或撒失)备用。

2 安装好二氧化碳约测计,将加有微量盐酸和 0.1%甲基红溶液的红色水溶液注入量管中至移动管和二量管三管水面齐平,同处于量管零刻度处。

3 称取预先在 105℃～110℃烘干的试样 1g～5g(视碳酸钙含量而定),准确至 0.01g。放入约测计的广口瓶中,再对瓷坩埚注入适量(1:3)盐酸溶液,小心地移入广口瓶中放稳,盖紧广口瓶塞,打开阀门,上下移动移动管,使移动管和二量管三管水面齐平。

4 继续将移动管下移,观察量管的右管水面是否平稳,如果水面下降很快,表示漏气,应仔细检查各接头并用热石蜡密封直至不漏气为止。

5 三管水面齐平后,关闭阀门,记下量管的右管起始水位读数。

6 用长柄瓶夹夹住广口瓶颈部,轻轻摇动,使瓷坩埚中盐酸溶液倾出与瓶中试样充分反应。当量管的右管水面受到二氧化碳气体压力而下降时,打开阀门,使量管的左右管水面保持同一水平,静置 10min,至量管的右管水面稳定(说明已反应完全),

再移动移动管使三管水面齐平，记下量管的右管最终水位读数，同时记下试验时的水温和大气压力。

7 重复本条第2～6款的步骤进行空白试验。并从试样产生的二氧化碳体积中减去空白试验值。

4.22.12.5 难溶盐（碳酸钙）含量应按下式计算：

1 按下式计算碳酸钙含量。

$$CaCO_3 = \frac{V(CO_2)\rho(CO_2) \times 2.272}{m_d \times 10^6} \times 100$$

$$(4.22.12.5-1)$$

式中 $CaCO_3$——难溶盐（碳酸钙）含量（％）；

$V(CO_2)$——二氧化碳体积（mL）；

$\rho(CO_2)$——在试验时的水温和大气压力下二氧化碳密度（$\mu g/mL$），由表4.22.12.5查得；

2.272——由二氧化碳换算成碳酸钙（$CaCO_3/CO_2$）的因数；

m_d——试样干质量（g）；

10^6——将微克换算成克数。

2 当水温和大气压力在表4.22.12.5的范围之外时，按下式计算碳酸钙含量。

$$CaCO_3 = \frac{M(CaCO_3)n(CO_2) \times 100}{m_d}$$ $$(4.22.12.5-2)$$

$$n(CO_2) = \frac{P \cdot V(CO_2)}{RT}$$

式中 $M(CaCO_3)$——碳酸钙摩尔质量（100g/mol）；

$n(CO_2)$——二氧化碳物质的量（mol）；

P——试验时大气压力（kPa）；

T——试验时水温（$=273+℃$）K；

R——摩尔气体常数$=8314$kPa mL/（mol·K）。

计算准确至0.1％。

表4.22.12.5 不同温度和大气压力下 CO_2 密度（μg/mL）

气压(kPa) 水温(℃)	98.925	99.258	99.591	99.858	100.125	100.458	100.791	101.059	101.325	101.658	101.991	102.258	102.525	102.791	103.191
28	1778	1784	1791	1797	1804	1810	1817	1823	1828	1833	1837	1842	1847	1852	1856
27	1784	1790	1797	1803	1810	1816	1823	1829	1834	1839	1843	1848	1853	1858	1863
26	1791	1797	1803	1809	1816	1822	1829	1835	1840	1845	1849	1854	1859	1864	1869
25	1797	1803	1810	1816	1823	1829	1836	1842	1847	1852	1856	1861	1866	1871	1876
24	1803	1809	1816	1822	1829	1835	1842	1848	1853	1858	1862	1867	1872	1877	1882
23	1809	1815	1822	1828	1835	1841	1848	1854	1859	1864	1868	1873	1878	1883	1888
22	1815	1821	1828	1834	1841	1847	1854	1860	1865	1870	1875	1880	1885	1890	1895
21	1822	1828	1835	1841	1848	1854	1861	1867	1872	1877	1882	1887	1892	1897	1902
20	1828	1834	1841	1847	1854	1860	1867	1873	1878	1883	1888	1893	1898	1903	1908
19	1834	1840	1847	1853	1860	1866	1873	1879	1884	1889	1894	1899	1904	1909	1914
18	1840	1846	1853	1859	1866	1872	1879	1885	1890	1895	1900	1905	1910	1915	1920
17	1846	1853	1860	1866	1873	1879	1886	1892	1897	1902	1907	1912	1917	1922	1927
16	1853	1860	1866	1873	1879	1886	1892	1898	1903	1908	1913	1918	1923	1928	1933
15	1859	1866	1872	1879	1886	1892	1899	1905	1910	1915	1920	1925	1930	1935	1940
14	1865	1872	1878	1885	1892	1899	1906	1912	1917	1922	1927	1932	1937	1942	1947
13	1872	1878	1885	1892	1899	1906	1912	1919	1924	1929	1934	1939	1944	1949	1954
12	1878	1885	1892	1899	1906	1912	1919	1925	1930	1935	1940	1945	1950	1955	1960
11	1885	1892	1899	1906	1913	1919	1926	1932	1937	1942	1947	1952	1957	1962	1967
10	1892	1899	1906	1913	1919	1926	1933	1939	1944	1949	1954	1959	1964	1969	1974

4.22.13 有机质(灼失量法)试验

4.22.13.1 本方法适用于有机质含量大于 15％的土的测定。

4.22.13.2 主要仪器和设备：

1 天平：分度值 0.001g。

2 高温茂福炉。

3 烘箱、干燥器、坩埚、坩埚钳等。

4.22.13.3 分析步骤：

1 称取过 0.15mm 筛的风干土样 20g 在 65℃～70℃干燥 18h 后将试样放于干燥器内冷却至室温。

2 称取烘干后的试样 3g～5g 放入已灼烧至恒量的瓷坩埚中，半开锅盖，移入高温茂福炉内逐渐升温至 550℃，烧灼 30min，取出稍冷，盖上坩埚盖，移入干燥器中恒时 30min，称量。再灼烧 30min，称量，直至恒量。

4.22.13.4 计算：

灼失量按下式计算：

$$有机质(\%) = \frac{(m_1 - m_2)}{m_1 - m} \times 100 \qquad (4.22.13.4)$$

式中 m——坩埚质量(g)；

m_1——在 65℃～70℃烘干试样加坩埚质量(g)；

m_2——在 550℃烧灼试样加坩埚质量(g)。

所得结果表示至一位小数。

4.22.13.5 允许差，见表 4.22.13.5。

表 4.22.13.5 有机质含量的允许差

有机质含量(％)	允许差(％)
＞20	0.5
20～10	0.3
10～1	0.2
＜1	0.05

5 岩石试验

5.1 含水率试验

5.1.0.1 各类岩石含水率试验均应采用烘干法。

5.1.0.2 岩石试验应符合下列要求：

1 保持天然含水率的试验应在现场采取，不得采用爆破法。试样在采取、运输、储存和制备试件过程中，应保持天然含水状态。其他试验需测含水率时，可采用试验完成后的试件制备。

2 试件最小尺寸应大于组成岩石最大矿物颗粒直径的 10 倍，每个试件的质量为 40g～200g，每组试验试件的数量应为 5 个。

3 测定结构面充填物含水率时，应符合现行国家标准《土工试验方法标准》(GB/T 50123)的有关规定。

5.1.0.3 主要仪器和设备应包括下列各项：

1 烘箱和干燥器。

2 天平。

5.1.0.4 试验操作步骤应按下列要求进行：

1 应称试件烘干前的质量。

2 应将试件置于烘箱内，在 105℃ ～ 110℃ 的温度下烘 24h。

3 将试件从烘箱中取出，放入干燥器内冷却至室温，应称烘干后试件的质量。

4 称量应准确至 0.01g。

5.1.0.5 试验成果整理应符合下列要求：

1 岩石含水率应按下式计算：

$$w = \frac{m_0 - m_s}{s_s} \times 100 \qquad (5.1.0.5)$$

式中 w——岩石含水率(%)；

m_0——烘干前的试件质量(g)；

m_s——烘干后的试件质量(g)。

2 计算值应精确至 0.01。

5.1.0.6 含水率试验的记录格式应符合附录 A 表 A-55 的规定。

5.2 颗粒密度试验

5.2.0.1 岩石颗粒密度试验应采用比重瓶法或水中称量法。各类岩石均可采用比重瓶法,水中称量法应符合本细则吸水性试验的规定。

5.2.0.2 主要仪器和设备应包括下列各项:

1 天平。

2 烘箱和干燥箱。

3 煮沸设备和真空抽气设备。

4 恒温水槽。

5 短颈比重瓶:容积 100mL。

6 温度计:量程 0℃～50℃,最小分度值 0.5℃。

5.2.0.3 试验操作步骤应按下列要求进行:

1 应将制备好的岩粉置于 105℃～110℃温度下烘干,烘干时间不应少于 6h,然后放入干燥器内冷却至室温。

2 应用四分法取两份岩粉,每份岩粉质量应为 15g。

3 应将岩粉装入烘干的比重瓶内,注入试液(蒸馏水或煤油)至比重瓶容积的一半处。对含水溶性矿物的岩石,应使用煤油做试液。

4 当使用蒸馏水做试液时,可采用煮沸法或真空抽气法排除气体。当使用煤油做试剂时,应采用真空抽气法排除气体。

5 当采用煮沸法排除气体时,在加热沸腾后煮沸时间不应少于 1h。

6 当采用真空抽气法排除气体时,真空压力表读数宜为当地大气压。抽气至无气泡逸出时,继续抽气时间不宜少于 1h。

7 应将经过排除气体的试液注入比重瓶至近满,然后置于恒温水槽内,应使瓶内温度保持恒定并待上部悬液澄清。

8 应塞上瓶塞,使多余试液自瓶塞毛细孔中溢出,将瓶外擦干,应称瓶、试液和岩粉的总质量,并应测定瓶内试液的温度。

9 应洗净比重瓶,注入经排除气体并与试验同温度的试液至比重瓶内,应按本条第 7、8 款步骤称瓶和试液的质量。

10 称量应准确至 0.001g,温度应准确至 0.5℃。

5.2.0.4 试验成果整理应符合下列要求:

1 岩石颗粒密度应按下式计算:

$$\rho_s = \frac{m_s}{m_1 + m_s - m_2} \rho_{wt} \qquad (5.2.0.4)$$

式中　ρ_s——岩石颗粒密度(g/cm³);

　　　　m_s——烘干岩粉质量(g);

　　　　m_1——瓶、试液总质量(g);

　　　　m_2——瓶、试液、岩粉总质量(g);

　　　　ρ_{wT}——与试验温度同温度的试液密度(g/cm³)。

2 计算值应精确至 0.01。

3 颗粒密度试验应进行两次平行测定,两次测定的差值不应大于 0.02,颗粒密度应取两次测值的平均值。

5.2.0.5 岩石颗粒密度试验的记录格式应符合附录 A 表 A－56 的规定。

5.3　块体密度试验

5.3.1　一般规定

5.3.1.1 岩石块体密度试验可采用量积法、水中称量法或蜡封法,并应符合下列要求:

1 凡能制备成规则试件的各类岩石,宜采用量积法。

2 除遇水崩解、溶解和干缩湿胀的岩石外,均可采用水中称量法。水中称量法应符合本细则吸水性试验的规定。

3 不能用量积法或水中称量法进行测定的岩石,宜采用蜡封法。

4 试验用水采用洁净水,水的密度取为 $1g/cm^3$。

5.3.1.2 测湿密度每组试验试件数量应为 5 个,测干密度每组试验试件数量应为 3 个。

5.3.2 量积法

5.3.2.1 主要仪器和设备应包括下列各项:

1 烘箱和干燥箱。

2 天平。

3 测量平台。

4 游标卡尺。

5.3.2.2 量积法试验操作步骤应按下列要求进行:

1 应量测试件两端和中间三个断面上互相垂直的两个直径或边长,应按平均值计算截面积。

2 应量测两端面周边对称四点和中心点的五个高度,计算高度平均值。

3 应将试件置于烘箱中,在 105℃～110℃ 温度下烘 24h,取出放入干燥器内冷却至室温,应称烘干试件质量。

4 长度量测应准确至 0.02mm,称量应准确至 0.01g。

5.3.2.3 试验成果整理应符合下列要求:

1 岩石块体干密度应按下式计算:

$$\rho_d = \frac{m_s}{AH}$$ (5.3.2.3-1)

式中 ρ_d——岩石块体干密度(g/cm^3);

m_s——烘干试件质量(g);

A——试件截面积(cm^3);

H——试件高度(cm)。

2 岩石块体湿密度换算成岩石块体干密度时,应按下式计算:

$$\rho_d = \frac{\rho}{1+0.01w} \qquad (5.3.2.3\text{-}2)$$

3 计算值应精确至 0.01。

5.3.2.4 岩石块体密度试验(量积法)的记录格式应符合附录 A 表 A-57 的规定。

5.3.3 蜡封法

5.3.3.1 蜡封法试件宜为边长 40mm~60mm 的浑圆状岩块。

5.3.3.2 主要仪器和设备应包括下列各项:

1 烘箱和干燥箱。

2 天平。

3 熔蜡设备。

4 水中称量装置。

5.3.3.3 蜡封法试验操作步骤应按下列要求进行:

1 测湿密度时,应取有代表性的岩石制备试件并称量;测干密度时,试件应在 105℃~110℃温度下烘 24h,取出放入干燥器内冷却至室温,应称烘干试件质量。

2 应将试件系上细线,置于温度 60℃左右的熔蜡中约 1s~2s,使试件表面均匀涂上一层蜡膜,其厚度约 1mm。当试件上蜡膜有气泡时,应用热针刺穿并用蜡液涂平,待冷却后应称蜡封试件质量。

3 应将蜡封试件置于水中称量。

4 取出试件,应擦干表面水分后再次称量。当浸水后的蜡封试件质量增加时,应重做试验。

5 湿密度试件在剥除密封蜡膜后,应按本细则第 5.1.0.4

条的步骤,测定岩石含水率。

6 称量应准确至 0.01g。

5.3.3.4 试验成果整理应符合下列要求:

1 岩石块体干密度和块体湿密度应分别按下列公式计算:

$$\rho_d = \frac{m_s}{\dfrac{m_1 - m_2}{\rho_w} - \dfrac{m_1 - m_s}{\rho_p}} \tag{5.3.3.4-1}$$

$$\rho = \frac{m}{\dfrac{m_1 - m_2}{\rho_w} - \dfrac{m_1 - m}{\rho_p}} \tag{5.3.3.4-2}$$

式中　ρ——岩石块体湿密度(g/cm^3);

　　　m——湿试件质量(g);

　　　m_1——蜡封试件质量(g);

　　　m_2——蜡封试件在水中的称量(g);

　　　ρ_w——水的密度(g/cm^3);

　　　ρ_p——蜡的密度(g/cm^3);

　　　w——岩石含水率(%)。

2 岩石块体湿密度换算成岩石块体干密度时,应按下式计算:

$$\rho_d = \frac{\rho}{1 + 0.01w} \tag{5.3.3.4-3}$$

3 计算值应精确至 0.01。

5.3.3.5 岩石块体密度试验(蜡封法)的记录格式应符合附录 A 表 A-58 的规定。

5.4　吸水性试验

5.4.0.1 岩石吸水性试验应包括岩石吸水率试验和岩石饱和吸水率试验,并应符合下列要求:

1 岩石吸水率应采用自由浸水法测定。

2 岩石饱和吸水率应采用煮沸法或真空抽气法强制饱和

后测定。岩石饱和吸水率应在岩石吸水率测定后进行。

3 在测定岩石吸水率与饱和吸水率的同时,宜采用水中称量法测定岩石块体干密度和岩石颗粒密度。

4 凡遇水不崩解、不溶解和不干缩膨胀的岩石,可采用本细则。

5 试验用水应采用洁净水,水的密度应取为 $1g/cm^3$。

5.4.0.2 每组试验试件的数量应为 3 个。

5.4.0.3 主要仪器和设备应包括下列各项:

1 烘箱和干燥器。

2 天平。

3 水槽。

4 真空抽气设备和煮沸设备。

5 水中称量装置。

5.4.0.4 试验步骤应按下列要求进行:

1 应将试件置于烘箱内,在 105℃～110℃ 温度下烘 24h,应取出放入干燥器内冷却至室温后称量。

2 当采用自由浸水法时,应将试件放入水槽,先注水至试件高度的 1/4 处,以后每隔 2h 分别注水至试件高度的 1/2 和 3/4 处,6h 后全部浸没试件。试件应在水中自由吸水 48h 后取出,并除去表面水分后称量。

3 当采用煮沸法饱和试件时,煮沸容器内的水面应始终高于试件,煮沸时间不得少于 6h。经煮沸的试件应放置在原容器中冷却至室温,取出并除去表面水分后称量。

4 当采用真空抽气法饱和试件时,饱和容器内的水面应高于试件,真空压力表读数宜为当地大气压值。抽气直至无气泡逸出为止,但抽气时间不得少于 4h。经真空抽气的试件,应放置在原容器中,在大气压力下静置 4h,取出并除去表面水分后称量。

5 应将经煮沸或真空抽气饱和的试件置于水中称量装置

上,称其在水中的称量。

6 称量应准确至 0.01g。

5.4.0.5 试验成果整理应符合下列要求：

1 岩石吸水率、饱和吸水率,块体干密度和颗粒密度应分别按下列公式计算：

$$w_a = \frac{m_0 - m_s}{m_s} \times 100 \qquad (5.4.0.5\text{-}1)$$

$$w_{sa} = \frac{m_p - m_s}{m_s} \times 100 \qquad (5.4.0.5\text{-}2)$$

$$\rho_d = \frac{m_s}{m_p - m_w} \rho_w \qquad (5.4.0.5\text{-}3)$$

式中　w_a——岩石吸水率(%)；

　　　w_{sa}——岩石饱和吸水率(%)；

　　　m_0——试件浸水 48h 后的质量(g)；

　　　m_s——烘干试件质量(g)；

　　　m_p——试件经强制饱和后的质量(g)；

　　　m_w——强制饱和试件在水中的称量(g)；

　　　ρ_w——水的密度(g/cm^3)。

2 计算值应精确至 0.01。

5.4.0.6 岩石吸水性试验的记录格式应符合附录 A 表 A-59 的规定。

5.5　膨胀性试验

5.5.1　一般规定

5.5.1.1 岩石膨胀性试验应包括岩石自由膨胀率试验、岩石侧向约束膨胀率试验和岩石体积不变条件下的膨胀压力试验,并应符合下列要求：

1 遇水不易崩解的岩石可采用岩石自由膨胀率试验,遇水易崩解的岩石不应采用岩石自由膨胀率试验。

2 各类岩石均可采用岩石侧向约束膨胀率试验和岩石体积不变条件下的膨胀压力试验。

5.5.1.2 试样应在现场采取,并应保持天然含水状态,不得采用爆破法取样。

5.5.2 自由膨胀率试验

5.5.2.1 主要仪器和设备应包括下列各项:

1 测量平台。

2 自由膨胀率试验仪。

3 温度计。

5.5.2.2 自由膨胀率试验步骤应按下列要求进行:

1 应将试件放入自由膨胀率试验仪内,在试件上、下端分别放置透水板,顶部放置一块金属板。

2 应在试件上部和四侧对称的中心部位安装千分表,分别量测试件的轴向变形和径向变形。四侧千分表与试件接触处宜放置一块薄铜片。

3 记录千分表读数,应每隔 10min 测读变形 1 次,直至 3 次读数不变。

4 应缓慢地向盛水容器内注入蒸馏水,直至淹没上部透水板,并立即读数。

5 应在第 1h 内,每隔 10min 测读变形 1 次,以后每隔 1h 测读变形 1 次,直至所有千分表的 3 次读数差不大于 0.001mm,但浸水后的试验时间不得少于 48h。

6 在试验加水后,应保持水位不变,水温变化不得大于 2℃。

7 在试验过程中及试验结束后,应详细描述试件的崩解、开裂、掉块、表面泥化或软化现象。

5.5.2.3 试验成果整理应符合下列要求:

1 岩石轴向自由膨胀率、径向自由膨胀率按下列公式计算:

$$V_{\mathrm{H}} = \frac{\Delta H}{H} \times 100 \qquad\qquad (5.5.2.3\text{-}1)$$

$$V_{\mathrm{D}} = \frac{\Delta D}{D} \times 100 \qquad\qquad (5.5.2.3\text{-}2)$$

式中　V_{H}——岩石轴向自由膨胀率(%)；

　　　V_{D}——岩石径向自由膨胀率(%)；

　　　ΔH——试件轴向变形值(mm)；

　　　H——试件高度(mm)；

　　　ΔD——试件径向平均变形值(mm)；

　　　D——试件直径或边长(mm)；

2　计算值应取 3 位有效数字。

5.5.2.4　岩石自由膨胀率试验的记录格式应符合附录 A 表 A-60 的规定。

5.5.3　侧向约束膨胀率试验

5.5.3.1　主要仪器和设备应包括下列各项：

1　测量平台。

2　侧向约束膨胀率试验仪。

3　温度计。

5.5.3.2　侧向约束膨胀率试验步骤应按下列要求进行：

1　应将试件放入内壁涂有凡士林的金属套环内，应在试件上、下端分别放置薄型滤纸和透水板。

2　顶部应放上固定金属载荷块并安装垂直千分表。金属载荷块的质量应能对试件产生 5kPa 的持续压力。

3　试验及稳定标准应符合本细则 5.5.2.2 条中第 3 款至第 6 款步骤。

4　试验结束后，应描述试件的泥化和软化现象。

5.5.3.3　试验成果整理应符合下列要求：

1　岩石侧向约束膨胀率按下列公式计算：

$$V_{\mathrm{HP}} = \frac{\Delta H_1}{H} \times 100 \qquad\qquad (5.5.3.3)$$

式中 V_{HP}——岩石侧向约束膨胀率(%);

H——试件高度(mm);

ΔH_1——有侧向约束试件的轴向变形值(mm);

2 计算值应取 3 位有效数字。

5.5.3.4 岩石膨胀率试验的记录格式应符合附录 A 表 A-61 的规定。

5.5.4 膨胀压力试验

5.5.4.1 本试验为体积不变条件下的膨胀压力试验。

5.5.4.2 主要仪器和设备应包括下列各项:

1 测量平台。

2 膨胀压力试验仪。

3 温度计。

5.5.4.3 体积不变条件下的膨胀压力试验步骤应按下列要求进行:

1 应将试件放入内壁涂有凡士林的金属套环内,并应在试件上、下端分别放置薄型滤纸和金属透水板。

2 按膨胀压力试验仪的要求,应安装加压系统和量测试件变形的千分表。

3 应使仪器各部位和试件在同一轴线上,不应出现偏心载荷。

4 应对试件施加 10kPa 压力的载荷,应记录千分表和测力计读数,每隔 10min 测读 1 次,直至 3 次读数不变。

5 应缓慢地向盛水容器内注入蒸馏水,直至淹没上部金属透水板,观测千分表的变化。当变形量大于 0.001mm 时,应调节所施加的载荷,应使试件膨胀变形或试件厚度在整个试验过程中始终保持不变,并应记录测力计读数。

6 开始时应每隔 10min 读数一次,连续 3 次读数差小于0.001mm 时,应改为每 1h 读数一次;当每 1h 读数连续 3 次读数差小于 0.001mm 时,可认为稳定并应记录试验载荷。浸水后的总试验时间不得少于 48h。

7 在试验加水后,应保持水位不变。水温变化不得大于 2℃。

8 试验结束后,应描述试件的泥化和软化现象。

5.5.4.4 试验成果整理应符合下列要求:

1 岩石体积不变条件下的膨胀压力应按下列公式计算:

$$p_e = \frac{F}{A} \tag{5.5.4.4}$$

式中 p_e——体积不变条件下的岩石膨胀压力(MPa);

F——轴向载荷(N);

A——试件截面积(mm^2)。

2 计算值应取 3 位有效数字。

5.5.4.5 岩石膨胀压力试验的记录格式应符合附录 A 表 A-62 的规定。

5.6 软化或崩解试验

5.6.0.1 遇水易崩解岩石可采用岩石耐崩解性试验。

5.6.0.2 每组试验试件的数量应为 10 个。

5.6.0.3 主要仪器和设备应包括下列各项:

1 烘箱和干燥器。

2 天平。

3 耐崩解性试验仪(由动力装置、圆柱形筛筒和水槽组成,其中圆柱形筛筒长 100mm、直径 140mm、筛孔直径 2mm)。

4 温度计。

5.6.0.4 试验步骤应按下列要求进行:

1 应将试件装入耐崩解试验仪的圆柱形筛筒内,在 105℃～110℃的温度下烘 24h,取出后应放入干燥器内冷却至室温称量。

2 应将装有试件的筛筒放入水槽,向水槽内注入蒸馏水,水面应在转动轴下约 20mm。筛筒以 20r/min 的转速转动

10min 后,应将装有残留试件的筛筒在 105℃～110℃ 的温度下烘 24h,在干燥器内冷却至室温称量。

3 重复本条第 2 款的步骤,应求得第二次循环后的筛筒和残留试件质量。根据需要,可进行 5 次循环。

4 试验过程中,水温应保持在 20℃±2℃ 范围内。

5 试验结束后,应对残留试件、水的颜色和水中沉淀物进行描述。根据需要,应对水中沉淀物进行颗粒分析、界限含水率测定和黏土矿物成分分析。

6 称量应准确至 0.01g。

5.6.0.5 试验成果整理应符合下列要求:

1 岩石二次循环耐崩解性指数应按下列公式计算:

$$I_{d2} = \frac{m_r}{m_s} \times 100 \qquad (5.6.0.5)$$

式中 I_{d2}——岩石二次循环耐崩解性指数(%);

m_s——原试件烘干质量(g);

m_r——残留试件烘干质量(g)。

2 计算值应取 3 位有效数字。

5.6.0.6 岩石耐崩解指数试验的记录格式应符合附录 A 表 A-63 的规定。

5.7 单轴抗压强度试验

5.7.0.1 能制成圆柱体试件的各类岩石均可采用岩石单轴抗压强度试验,圆柱体试件直径宜为 48mm～54mm。

5.7.0.2 试件可用钻孔岩芯或岩块制备。试样在采取、运输和制备过程中,应避免产生裂缝。

5.7.0.3 试验的含水状态,可根据需要选择天然含水状态、烘干状态、饱和状态或其他含水状态。试件烘干和饱和方法应符合本细则第 5.4.0.4 条的规定。

5.7.0.4 同一含水状态和同一加载方向下,每组试验试件的数量应为 3 个。

5.7.0.5 主要仪器和设备应包括下列各项：

1 测量平台。

2 材料试验机。

5.7.0.6 试验步骤应按下列要求进行：

1 应将试件置于试验机承压板中心，调整球形座，使试件两端面与试验机上下压板接触均匀。

2 应以每秒 0.5MPa～1.0MPa 的速度加载直至试件破坏。应记录破坏载荷及加载过程中出现的现象。

3 试验结束后，应描述试件的破坏形态。

5.7.0.7 试验成果整理应符合下列要求：

1 岩石单轴抗压强度和软化系数应分别按下列公式计算：

$$R = \frac{P}{A} \qquad\qquad (5.7.0.7-1)$$

$$\eta = \frac{\overline{R_w}}{\overline{R_d}} \qquad\qquad (5.7.0.7-2)$$

式中　R——岩石单轴抗压强度（MPa）；

　　　P——破坏载荷（N）；

　　　A——试件截面积（mm^2）；

　　　η——软化系数；

　　$\overline{R_w}$——岩石饱和单轴抗压强度平均值（MPa）；

　　$\overline{R_d}$——岩石烘干单轴抗压强度平均值（MPa）。

2 岩石单轴抗压强度计算值应取 3 位有效数字，岩石软化系数计算值应精确至 0.01，3 个试件平行测定，取算术平均值。3 个值中最大值和最小值之差不应超过平均值的 20%，否则，应取第 4 个试样，并在 4 个试件中取最接近的 3 个值的平均值作为试验结果，同时在报告中将 4 个值全部给出。

5.7.0.8 岩石单轴抗压强度试验的记录格式应符合附录 A 表 A-64 的规定。

5.8 单轴压缩变形试验

5.8.1 一般规定

5.8.1.1 岩石单轴压缩变形试验应采用电阻应变片法或千分表法,能制成圆柱体试件的各类岩石均可采用电阻应变片法或千分表法。

5.8.1.2 岩石试件应符合本细则第5.7.0.2条至第5.7.0.3条的要求。

5.8.2 电阻应变片法

5.8.2.1 主要仪器和设备应包括下列各项:

1 静态电阻应变仪。

2 惠斯顿电桥、兆欧表、万用电表。

3 电阻应变片、千(百)分表。

5.8.2.2 电阻应变片法试验步骤应按下列要求进行:

1 选择电阻应变片时,应变片阻栅长度应大于岩石最大矿物颗粒直径的10倍,并应小于试件半径;同一试件所选定的工作片与补偿片的规格、灵敏系数等应相同。电阻值允许偏差为0.2Ω。

2 贴片位置应选择在试件中部相互垂直的两对称部位,应以相对面为一组,分别粘贴轴向、径向应变片,并应避开裂隙或斑晶。

3 贴片位置应打磨平整光滑,并应用清洗液清洗干净。各种含水状态的试件,应在贴片位置的表面均匀地涂一层防底潮胶液,厚度不宜大于0.1mm,范围应大于应变片。

4 应变片应牢固地粘贴在试件上,轴向或径向应变片的数量可采用2片或4片,其绝缘电阻值不应小于$200M\Omega$。

5 在焊接导线后,可在应变片上做防潮处理。

6 应将试件置于试验机承压板中心,调整球形座,使试件受力均匀,并应测初始读数。

7 加载宜采用一次连续加载法。应以每秒 0.5MPa～1.0MPa 的速度加载,逐级测读载荷与各应变片应变值直至试件破坏,应记录破坏载荷。测值不宜少于 10 组。

8 应记录加载过程及破坏时出现的现象,并应对破坏后的试件进行描述。

5.8.2.3 试验成果整理应符合下列要求:

1 岩石单轴抗压强度应按本细则式(5.7.0.7-1)计算。

2 各级应力应按下式计算:

$$\sigma = \frac{P}{A} \tag{5.8.2.3-1}$$

式中 σ——各级应力(MPa);

P——与所测各组应变值相应的载荷(N)。

3 应绘制应力与轴向应变及径向应变关系曲线。

4 岩石平均弹性模量和岩石平均泊松比应分别按下列公式计算:

$$E_{av} = \frac{\sigma_b - \sigma_a}{\varepsilon_{lb} - \varepsilon_{la}} \tag{5.8.2.3-2}$$

$$\mu_{av} = \frac{\varepsilon_{db} - \varepsilon_{da}}{\varepsilon_{lb} - \varepsilon_{la}} \tag{5.8.2.3-3}$$

式中 E_{av}——岩石平均弹性模量(MPa);

μ_{av}——岩石平均泊松比;

σ_a——应力与轴向应变关系曲线上直线段始点的应力值(MPa);

σ_b——应力与轴向应变关系曲线上直线段终点的应力值(MPa);

ε_{la}——应力为 σ_a 时的轴向应变值;

ε_{lb}——应力为 σ_b 时的轴向应变值;

ε_{da}——应力为 σ_a 时的径向应变值;

ε_{db}——应力为 α_b 时的径向应变值。

5 岩石割线弹性模量及相应的岩石泊松比应分别按下列公式计算：

$$E_{50} = \frac{\sigma_{50}}{\varepsilon_{l50}} \qquad\qquad (5.8.2.3\text{-}4)$$

$$\mu_{50} = \frac{\varepsilon_{d50}}{\varepsilon_{l50}} \qquad\qquad (5.8.2.3\text{-}5)$$

式中 E_{50}——岩石割线弹性模量（MPa）；

μ_{50}——岩石泊松比；

σ_{50}——相当于岩石单轴抗压强度 50% 时的应力值（MPa）；

ε_{l50}——应力为 σ_{50} 时的轴向应变值；

ε_{d50}——应力为 σ_{50} 时的径向应变值。

6 岩石弹性模量值应取 3 位有效数字，岩石泊松比计算值应精确至 0.01。

5.8.2.4 岩石单轴压缩变形试验的记录格式应符合附录 A 表 A-65 的规定。

5.8.3 千分表法

5.8.3.1 主要仪器和设备应包括下列各项：

1 位移传感器、千分表（或百分表）。

2 千分表架、磁性表架。

5.8.3.2 千分表法试验步骤应按下列要求进行：

1 千分表架应固定在试件预定的标距上，在表架上的对称部位应分别安装量测试件轴向或径向变形的测表。标距长度和试件直径应大于岩石最大矿物颗粒直径的 10 倍。

2 对于变形较大的试件，可将试件置于试验机承压板中心，应将磁性表架对称安装在下承压板上，量测试件轴向变形的测表表头应对称，应直接与上承压板接触。量测试件径向变形的测表表头应直接与试件中部表面接触，径向测表应分别安装在试件直径方向的对称位置上。

3 量测轴向或径向变形的测表可采用 2 只或 4 只。

4 其他应符合本细则第 5.8.2.2 条中第 6 款至第 8 款试验步骤。

5.8.3.3 试验成果整理应符合下列要求：

1 岩石单轴抗压强度应按本细则式(5.7.0.7-1)计算。

2 千分表各级应力的轴向应变值、与同应力的径向应变值应分别按下列公式计算：

$$\varepsilon_l = \frac{\Delta L}{L} \qquad\qquad (5.8.3.3-1)$$

$$\varepsilon_d = \frac{\Delta D}{D} \qquad\qquad (5.8.3.3-2)$$

式中 ε_l——各级应力的轴向应变值；

ε_d——与 ε_l 同应力的径向应变值；

ΔL——各级载荷下的轴向变形平均值(mm)；

ΔD——与 ΔL 同载荷下径向变形平均值(mm)；

L——轴向测量标距或试件高度(mm)；

D——试件直径(mm)。

3 应绘制应力与轴向应变及径向应变关系曲线。

4 岩石平均弹性模量和岩石平均泊松比应分别按本细则式(5.8.2.3-2)和(5.8.2.3-3)计算。

5 岩石割线弹性模量及相应的岩石泊松比应分别按本细则式(5.8.2.3-4)和(5.8.2.3-5)计算。

6 岩石弹性模量值应取 3 位有效数字,岩石泊松比计算值应精确至 0.01。

5.9 抗拉强度试验

5.9.0.1 岩石抗拉强度试验应采用劈裂法,能制成规则试件的各类岩石均可采用劈裂法。

5.9.0.2 岩石试件应符合本细则第 5.7.0.2 条至第 5.7.0.3 条

的要求。

5.9.0.3 主要仪器设备应符合本细则第 5.7.0.5 条的要求。

5.9.0.4 试验步骤应按下列要求进行：

1 应根据要求的劈裂方向,通过试件直径的两端,沿轴线方向应画两条相互平行的加载基线,应将 2 根垫条沿加载基线固定在试件两侧。

2 应将试件置于试验机承压板中心,调整球形座,应使试件均匀受力,并使垫条与试件在同一加载轴线上。

3 应以每秒 0.3MPa～0.5MPa 的速度加载直至破坏。

4 应记录破坏载荷及加载过程中出现的现象,并应对破坏后的试件进行描述。

5.9.0.5 试验成果整理应符合下列要求:

1 岩石抗拉强度应按下式计算:

$$\sigma_t = \frac{2P}{\pi Dh} \qquad (5.9.0.5)$$

式中 σ_t ——岩石抗拉强度(MPa);

P ——试件破坏载荷(N);

D ——试件直径(mm);

h ——试件厚度(mm)。

2 计算值应取 3 位有效数字。

5.9.0.6 岩石抗拉强度试验的记录格式应符合附录 A 表 A-66 的规定。

5.10 直剪试验

5.10.0.1 岩石直剪试验应采用平推法。各类岩石、岩石结构面以及混凝土与岩石接触面均可采用平推法直剪试验。

5.10.0.2 试样应在现场采取,在采取、运输、储存和制备过程中,应防止产生裂隙和扰动。

5.10.0.3 试验的含水状态,可根据需要选择天然含水状态、饱和状态或其他含水状态。

5.10.0.4 每组试验试件的数量应为 5 个。

5.10.0.5 主要仪器和设备应包括下列各项：

1 试件制备设备。

2 试件饱和与养护设备。

3 应力控制式平推法直剪试验仪。

4 位移测表。

5.10.0.6 试件安装应符合下列规定：

1 应将试件置于直剪仪的剪切盒内，试件受剪方向宜与预定受力方向一致，试件与剪切盒内壁的间隙用填料填实，应使试件与剪切盒成为整体。预定剪切面应位于剪切缝中部。

2 安装试件时，法向载荷和剪切载荷的作用力方向应通过预定剪切面的几何中心。法向位移测表和剪切位移测表应对称布置，各测表数量不得少于 2 只。

3 预留剪切缝宽度应为试件剪切方向长度的 5%，或为结构面充填物的厚度。

4 混凝土与岩石接触面试件，应达到预定混凝土强度等级。

5.10.0.7 法向载荷施加应符合下列规定：

1 在每个试件上分别施加不同的法向载荷，对应的最大法向应力值不宜小于预定的法向应力。各试件的法向载荷，宜根据最大法向载荷等分确定。

2 在施加法向载荷前，应测读各法向位移测表的初始值。应每 10min 测读一次，各个测表三次读数差值不超过 0.02mm 时，可施加法向载荷。

3 对于岩石结构面中含有充填物的试件，最大法向载荷应以不挤出充填物为宜。

4 对于不需要固结的试件，法向载荷可一次施加完毕；施加完毕法向荷载应测读法向位移，5min 后应再测读一次，即可施加剪切载荷。

5 对于需要固结的试件,应按充填物的性质和厚度分 1～3 级施加。在法向载荷施加至预定值后的第一小时内,应每隔 15min 读数一次;然后每 30min 读数一次。当各个测表每小时法向位移不超过 0.05mm 时,应视作固结稳定,即可施加剪切载荷。

6 在剪切过程中,应使法向载荷始终保持恒定。

5.10.0.8 剪切载荷施加应符合下列规定:

1 应测读各位移测表读数,必要时可调整测表读数。根据需要,可调整剪切千斤顶位置。

2 根据预估最大剪切载荷,宜分 8～12 级施加。每级载荷施加后,即应测读剪切位移和法向位移,5min 后再测读一次,即可施加下一级剪切载荷直至破坏。当剪切位移量增幅变大时,可适当加密剪切载荷分级。

3 试件破坏后,应继续施加剪切载荷,直至测出趋于稳定的剪切载荷值。

4 应将剪切载荷退至零。根据需要,待试件回弹后,调整测表,应按本条第 1 款至 3 款步骤进行摩擦试验。

5.10.0.9 试验结束后,应对试件剪切面进行下列描述:

1 应量测剪切面,确定有效剪切面积。

2 应描述剪切面的破坏情况,擦痕的分布、方向和长度。

3 应测定剪切面的起伏差,绘制沿剪切方向断面高度的变化曲线。

4 当结构面内有充填物时,应查找剪切面的准确位置,并应记述其组成成分、性质、厚度、结构构造、含水状态。根据需要,可测定充填物的物理性质和黏土矿物成分。

5.10.0.10 试验成果整理应符合下列要求:

1 各法向载荷下,作用于剪切面上的法向应力和剪应力应分别按下列公式计算:

$$\sigma = \frac{P}{A} \qquad\qquad (5.10.0.10-1)$$

$$\tau = \frac{Q}{A} \qquad\qquad (5.10.0.10-2)$$

式中　σ——作用于剪切面上的法向应力(MPa)；

　　　τ——作用于剪切面上的剪应力(MPa)；

　　　P——作用于剪切面上的法向载荷(N)；

　　　Q——作用于剪切面上的剪切载荷(N)；

　　　A——有效剪切面面积(mm^2)。

　　2　应绘制各法向应力下的剪应力与剪切位移及法向位移关系曲线,应根据曲线确定各剪切阶段特征点的剪应力。

　　3　应将各剪切阶段特征点的剪应力和法向应力点绘在坐标图上,绘制剪应力与法向应力关系曲线,并应按库伦—奈维表达式确定相应的岩石强度参数(f,c)。

5.10.0.11　岩石直剪试验的记录格式应符合附录 A 表 A-67 的规定。

5.11　点荷载强度试验

5.11.0.1　各类岩石均可采用岩石点荷载强度试验。

5.11.0.2　试件可采用钻孔岩心,或从岩石露头、勘探坑槽、平洞、巷道或其他洞室中采取的岩块。在试样采取和试件制备过程中,应避免产生裂缝。

5.11.0.3　试件的含水状态可根据需要选择天然含水状态、烘干状态、饱和状态或其他含水状态。试件烘干和饱和方法应符合本细则第 5.4.0.4 条的规定。

5.11.0.4　同一含水状态和同一加载方向下,岩心试件每组试验试件数量宜为 5~10 个,方块体和不规则块体试件每组试验试件数量宜为 15~20 个。

5.11.0.5　主要仪器和设备应包括下列各项:

1 点荷载试验仪。

2 游标卡尺。

5.11.0.6 试验步骤应按下列要求进行：

1 径向试验时，应将岩心试件放入球端圆锥之间，使上下锥端与试件直径两端紧密接触。应量测加载点间距，加载点距试件自由端的最小距离不应小于加载两点间距的 0.5。

2 轴向试验时，应将岩心试件放入球端圆锥之间，加载方向应垂直试件两端面，使上下锥端连线通过岩心试件中截面的圆心处并应与试件紧密接触。应量测加载点间距及垂直于加载方向的试件宽度。

3 方块体与不规则块体试验时，应选择试件最小尺寸方向为加载方向。应将试件放入球端圆锥之间，使上下锥端位于试件中心处并应与试件紧密接触。应量测加载点间距及通过两加载点最小截面的宽度或平均宽度，加载点距试件自由端的距离不应小于加载点间距的 0.5。

4 应稳定地施加载荷，使试件在 10s～60s 内破坏，应记录破坏载荷。

5 有条件时，应量测试件破坏瞬间的加载点间距。

6 试验结束后，应描述试件的破坏形态。破坏面贯穿整个试件并通过两加载点为有效试验。

5.11.0.7 试验成果整理应符合下列要求：

1 未经修正的岩石点荷载强度应按下式计算：

$$I_s = \frac{P}{D_e^2} \qquad (5.11.0.7\text{-}1)$$

式中 I_s——未经修正的岩石点荷载强度（MPa）；

P——破坏载荷（N）；

D_e——等价岩心直径（mm）。

2 等价岩心直径采用径向试验应分别按下列公式计算：

$$D_e^2 = D^2 \qquad (5.11.0.7\text{-}2)$$

$$D_e^2 = DD' \qquad\qquad (5.11.0.7\text{-}3)$$

式中 D——加载点间距（mm）；

D'——上下锥端发生贯入后，试件破坏瞬间的加载点间距（mm）。

3 轴向、方块体或不规则块体试验的等价岩心直径应分别按下列公式计算：

$$D_e^2 = \frac{4WD}{\pi} \qquad\qquad (5.11.0.7\text{-}4)$$

$$D_e^2 = \frac{4WD'}{\pi} \qquad\qquad (5.11.0.7\text{-}5)$$

式中 W——通过两加载点最小截面的宽度或平均宽度（mm）。

4 当等价岩心直径不等于 50mm 时，应对计算值进行修正。当试验数据较多，且同一组试件中的等价岩心直径具有多种尺寸而不等于 50mm 时，应根据试验结果，绘制 D_e^2 与破坏载荷 P 的关系曲线，并应在曲线上查找 D_e^2 为 2500mm^2 时对应的 P_{50} 值，岩石点荷载强度指数应按下式计算：

$$I_{s(50)} = \frac{P_{50}}{2500} \qquad\qquad (5.11.0.7\text{-}6)$$

式中 $I_{s(50)}$——等价岩心直径为 50mm 的岩石点荷载强度指数（MPa）；

P_{50}——根据 $D_e^2 \sim P$ 关系曲线求得的 D_e^2 为 2500mm^2 时的 P 值（N）。

5 当等价岩心直径不为 50mm，且试验数据较少时，不宜按本条第 4 款方法进行修正，岩石点荷载强度指数应分别按下列公式计算：

$$I_{s(50)} = FI_s \qquad\qquad (5.11.0.7\text{-}7)$$

$$F = \left(\frac{D_e}{50}\right)^m \qquad\qquad (5.11.0.7\text{-}8)$$

式中 F——修正系数；

m——修正指数,可取 0.40～0.45,或根据同类岩石的经验值确定。

6 岩石点荷载强度各向异性指数应按下式计算:

$$I_{a(50)} = \frac{I'_{s(50)}}{I''_{s(50)}}$$

(5.11.0.7-9)

式中 $I_{a(50)}$——岩石点荷载强度各向异性指数;

$I'_{s(50)}$——垂直于弱面的岩石点荷载强度指数(MPa);

$I''_{s(50)}$——平行于弱面的岩石点荷载强度指数(MPa)。

7 按式(5.11.0.7-7)计算的垂直和平行弱面岩石点荷载强度指数应取平均值。当一组有效的试验数据不超过 10 个时,应舍去最高值和最低值,再计算其余数据的平均值;当一组有效的试验数据超过 10 个时,应依次舍去 2 个最高值和 2 个最低值,再计算其余数据的平均值。

8 计算值应取 3 位有效数字。

5.11.0.8 岩石点荷载试验的记录格式应符合附录 A 表 A-68 的规定。

5.12 岩块声波测试

5.12.0.1 能制成规则试件的岩石均可采用岩块声波速度测试。

5.12.0.2 岩石试件应符合本细则第 5.7.0.2 条至第 5.7.0.3 条的要求。

5.12.0.3 主要仪器和设备应包括下列各项:

1 测量平台。

2 岩石超声波参数测定仪。

3 纵、横波换能器。

4 测试架。

5.12.0.4 应检查仪器接头性状、仪器接线情况以及开机后仪器和换能器的工作状态。

5.12.0.5 测试步骤应按下列要求进行：

1 发射换能器的发射频率应符合下式要求：

$$f \geqslant \frac{2v_p}{D} \tag{5.12.0.5}$$

式中 f——发射换能器发射频率（Hz）；

v_p——岩石纵波速度（m/s）；

D——试件的直径（m）。

2 测试纵波速度时，耦合剂可采用凡士林或黄油；测试横波速度时，耦合剂可采用铝箔、铜箔或水杨酸苯脂等固体材料。

3 对非受力状态下的直透法测试，应将试件置于测试架上，换能器应置于试件轴线的两端，并应量测两换能器中心距离。应对换能器施加约 0.05MPa 的压力，测读纵波或横波在试件中传播时间。受力状态下的测试，宜与单轴压缩变形试验同时进行。

4 采用平透法测试时，应将一个发射换能器和两个（或两个以上）接收换能器置于试件的同一侧的一条直线上，应量测发射换能器中心至每一接收换能器中心的距离，并应测读纵波或横波在试件中的传播时间。

5 直透法测试结束后，应测定声波在不同长度的标准有机玻璃棒中的传播时间，应绘制时距曲线，以确定仪器系统的零延时。也可将发射、接收换能器对接测读零延时。

6 使用切变振动模式的横波换能器时，收、发换能器的振动方向应一致。

5.12.0.6 距离应准确至 1mm，时间应准确至 $0.1\mu s$。

5.12.0.7 测试成果整理应符合下列要求：

1 岩石纵波速度、横波速度应分别按下列公式计算：

$$v_p = \frac{L}{t_p - t_0} \tag{5.12.0.7-1}$$

$$v_s = \frac{L}{t_s - t_0} \qquad (5.12.0.7\text{-}2)$$

$$v_p = \frac{L_2 - L_1}{t_{p2} - t_{p1}} \qquad (5.12.0.7\text{-}3)$$

$$v_s = \frac{L_2 - L_1}{t_{s2} - t_{s1}} \qquad (5.12.0.7\text{-}4)$$

式中 v_p——纵波速度（m/s）；

      v_s——横波速度（m/s）；

      L——发射、接收换能器中心间的距离（m）；

      t_p——直透法纵波的传播时间（s）；

      t_s——直透法横波的传播时间（s）；

      t_0——仪器系统的零延时（s）；

      $L_1(L_2)$——平透法发射换能器至第一（二）个接收换能器两中心的距离（m）；

      $t_{p1}(t_{s1})$——平透法发射换能器至第一个接收换能器纵（横）波的传播时间（s）；

      $t_{p2}(t_{s2})$——平透法发射换能器至第二个接收换能器纵（横）波的传播时间（s）。

2   岩石各种动弹性参数应分别按下列公式计算：

$$E_d = \rho v_p^2 \frac{(1+\mu)(1-2\mu)}{1-\mu} \times 10^{-3} \qquad (5.12.0.7\text{-}5)$$

$$E_d = 2\rho v_p^2 (1+\mu) \times 10^{-3} \qquad (5.12.0.7\text{-}6)$$

$$\mu_d = \frac{\left(\dfrac{v_p}{v_s}\right)^2 - 2}{2\left[\left(\dfrac{v_p}{v_s}\right)^2 - 1\right]} \qquad (5.12.0.7\text{-}7)$$

$$G_d = \rho v_s^2 \times 10^{-3} \qquad (5.12.0.7\text{-}8)$$

$$\lambda_d = \rho(v_p^2 - 2v_s^2) \times 10^{-3} \qquad (5.12.0.7\text{-}9)$$

$$K_d = \rho \frac{3v_p^2 - 4v_s^2}{3} \times 10^{-3} \qquad (5.12.0.7\text{-}10)$$

式中 E_d——岩石动弹性模量（MPa）；

μ_d——岩石动泊松比；

G_d——岩石动刚性模量或动剪切模量（MPa）；

λ_d——岩石动拉梅系数（MPa）；

K_d——岩石动体积模量（MPa）；

ρ——岩石密度（g/cm³）。

3 计算值应取 3 位有效数字。

5.13 抗剪断强度试验

5.13.0.1 本试验方法不同含水状态的试件：试验的含水状态，可根据需要选择天然含水状态、烘干状态、饱和状态或其他含水状态。试件烘干和饱和方法应符合本细则第 5.4.0.4 条的规定。

5.13.0.2 本试验得出试件沿剪断面的正应力与剪应力关系。

5.13.0.3 仪器设备

1 角模剪断装置见图 5.13.0.3-1，变角范围为 30°～70°。

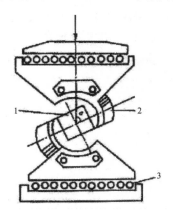

图 5.13.0.3-1 角模剪断装置

1—试件；2—滑动钢模；3—滚柱

2 试件检查设备如图 5.13.0.3-2 所示。

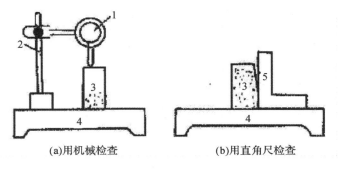

图 5.13.0.3-2　试件检查设备

1—百分表;2—表座;3—试件;4—测量平台;5—直角尺

5.13.0.4　试验步骤

1　按岩石强度性质,选定合适的压力机。

2　角模剪断装置 α 角通常选用 45°、50°、55°、60°、65°五种角度中的三种角度,每种角度至少有三个试件的试验数据。

3　将装好试件的角模剪断装置调整到需要的 α 角度,平置于压力机承压板中心,调整球形底座,使角膜剪断装置与上下承压板密合接触。

4　开动压力机,以 0.3MPa/s～0.5 MPa/s 的加荷速率进行加荷,直至破坏。

5　在加荷过程中应随时观察试件变化情况,一旦出现裂缝,应及时记录此时的压力表读数,并描述试件的破坏状态。

5.13.0.5　计算及公式

1　计算:按式 5.13.0.5-1 列出下列方程:

$$\begin{cases} \sigma = \dfrac{P}{A}(\cos\alpha + f\sin\alpha) \\ \tau = \dfrac{P}{A}(\sin\alpha - f\cos\alpha) \end{cases} \quad (5.13.0.5\text{-}1)$$

式中　σ——剪断面上的正应力(MPa);

P——破裂时的极限荷载(N);

A——试件的剪切面积（mm^2）；

α——加荷方向与剪断面法线方向的夹角（放置角度）（°）；

f——角模装置上的滚柱摩擦系数，$[f=1/(nd)$，n 为滚柱根数，d 为滚柱直径（mm）$]$；

τ——剪断面上的剪应力（MPa）。

2 计算至 0.01MPa，每种角度进行三次平行测定。

3 绘制以剪应力为纵坐标，以正应力为横坐标的关系曲线，见图 5.13.0.5-2。为了计算方便，可将图中的包络线简化为一直线或折线，再按库仑定律表达式求得抗剪断强度参数 c、φ 值，并注意相应的正应力区间。

$$\tau = \sigma\tan\varphi + c \qquad\qquad (5.13.0.5\text{-}2)$$

式中　φ——内摩擦角（°）；

　　　c——黏聚力（MPa）；

其余符号意义同公式（5.13.0.5-1）。

4 剪应力、正应力和黏聚力计算至 0.01MPa，内摩擦角计算至 0.5°。

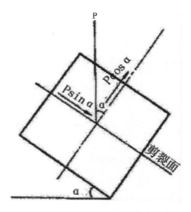

图 5.13.0.5-1　应力平衡示意图

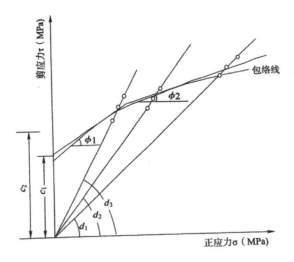

图 5.13.0.5-2　抗剪断强度包络线

5.13.0.6　岩石抗剪强度试验的记录格式应符合附录 A 表 A-69 的规定。

5.14　薄片鉴定

5.14.0.1　本试验适用于鉴别主要由透明矿物组成的各类岩石。

5.14.0.2　仪器设备

　　1　偏光显微镜:目镜、物镜、上偏光镜、下偏光镜、勃氏镜及照相系统。

　　2　切片机:锯片直径 30cm～50cm,转速 2500 r/min～3000r/min。

　　3　磨片机:粗磨机和细磨机各一台。

　　4　调温电炉:600W～1000W。

　　5　铝锅或烧杯:500mL～1000mL。

　　6　细磨毛玻璃板:300mm×400mm×5mm。

　　7　载物片:75mm×25mm×1.5mm。

8 盖玻片:20mm×20mm×0.17mm,22mm×22mm×0.17mm,24mm×24mm×0.17mm。

9 酒精灯、石棉铁丝网或铁板、瓷盆、瓷盘、铁三脚架。

10 金刚砂:

1)碳化硅金刚砂:100 号、120 号、150 号、180 号、280 号、400（W28）号;

2)铬刚玉金刚砂:120 号～280 号;

3)白色刚玉金刚砂:W20 号、W10 号、W7 号;

4)碳化硼:(高级微粉)W7 号、W5 号。

11 固体和液体冷杉胶:粘片和盖玻璃片用。

12 松香和松节油(3+1)配胶:胶固用。

13 工业酒精。

5.14.0.3 试验步骤

1 肉眼观察:首先观察组成岩石的矿物,其颜色、硬度、光泽、断口、晶形、解理、次生变化和共生组合,并了解其野外产状,初步确定岩石名称。

2 偏光显微镜焦距的调节。其步骤如下:

1)将欲观察的岩石薄片置于载物台中心,盖玻璃朝上,用薄片夹夹紧。

2)用低倍物镜从侧面看着镜头,转动粗动螺旋,将镜头下降到最低位置(注意不要让镜头接触薄片)。

3)从目镜中观察,同时向上转动粗动螺旋,至视域内物像较清楚后,再转动微动螺旋,直至物像完全清楚。

4)双筒目镜可从目镜中观察,同时移动两目镜间距离,直至两眼看见视域为一像。

3 偏光显微镜在使用前必须进行物镜中心的校正,其方法是使薄片上一个清楚的颗粒或物体位于十字丝中心,然后转动物台直到颗粒处于距中心最大的距离。调整物镜底座上两个互相垂直的校正螺丝,使颗粒向十字丝中心移动一半,多次重复这一操作,直到物台转动时,到十字丝中心的颗粒不再发生偏离。

    4   单偏光镜下:

    1)若发育有晶体,须观察晶形状态,如放射状、板状、针状、叶片状等。

    2)解理、裂理:解理的数目及彼此间的角度关系、解理的完好性、裂理和解理的特征。

    3)颜色、多色性及吸收性。

    4)突起、糙面:正突起、负突起、糙面分级。

    5)包裹体、交生。

    6)次生变化程度、矿物受力变形情况。

    5   正交偏光:

    1)均质或非均质。

    2)确定非均质矿物中的干涉色和双折射率。

    3)消光性质和消光角。

    4)测定延性符号。

    5)观察双晶。

    6)不透明矿物观察反射色。

    6   锥光镜下:

    1)确定一轴晶、二轴晶及光性符号。

    2)若是二轴晶,确定兆轴角、光性方位、色散等。

    7   遇特殊矿物或结构时须进行显微镜下照相。

    8   遇岩石中矿物颗粒太细而镜下无法鉴别时,则可借助 X 衍射或其他方法来完成。

    9   关于主要造岩矿物的鉴定可参考有关光性矿物资料。

5.14.0.4 结果整理

    根据观察确定的矿物种类、百分含量、次生变化、受力情况及矿物的排列组合情况,结合岩石构造、肉眼鉴定及野外产状描述等,写出岩石薄片鉴定报告。

5.14.0.5 岩石薄片鉴定试验的记录格式应符合附录 A 表 A-

70 的规定。

5.15 耐崩解性试验

5.15.0.1 本试验适用于黏土类岩石和风化岩石。

5.15.0.2 试件制备应符合下列规定：

1 现场采取的试样应保持天然含水量，并密封装箱。

2 试件为浑圆形，每块质量为 40g～60g。

3 每组试件数量应不少于 20 块。

5.15.0.3 主要仪器和设备应包括下列各项：

1 烘箱及干燥器。

2 天平：称量大于 2000g，最小分度值 0.01g。

3 温度计。

4 耐崩解性试验仪：由动力装置、圆柱形筛筒和水槽组成（图 5.15.0.3）。其中圆柱形筛筒长 100mm，直径 140mm，筛孔直径 2mm。

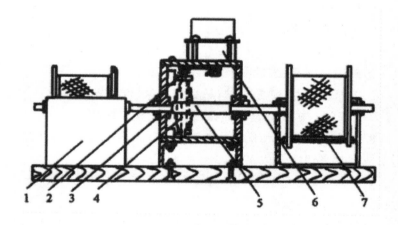

图 5.15.0.3　耐崩解性试验仪示意图

1—水槽；2—蜗杆；3—轴套；4—蜗轮；5—大轴；6—马达；7—筛筒

5.15.0.4 试验步骤应符合下列规定：

1 烘干筛筒并称量。

2 将试件装入耐崩解试验仪的圆柱形筛筒内,经 105℃～110℃恒温烘干至恒量后(烘干时间不少于 24h),在干燥器内冷却至室温并称量。

3 将装有试件的圆柱形筛筒置入水槽,向水槽内注入纯水,使水位保持在转动轴下约 20mm,圆柱形筛筒以 20r/min 的转速转动 10min 后,将圆柱形筛筒和残留试块经 105℃～110℃恒温烘干至恒量后(烘干时间不少于 24h),在干燥器内冷却至室温并称量。

4 重复本条 2、3 款,取得第二循环后的圆柱形筛筒和残留试件的质量。

5 根据工程重要性和岩石耐崩解性能可进行 3～5 次循环。

6 试验过程中水温应保持在 20℃±2℃ 范围内。

7 试验结束后,应对残留试件、水的颜色和水中沉积物进行描述。根据需要,对水中沉积物进行颗粒分析、界限含水量测定和黏土矿物分析。

8 称量精确至 0.1g。

5.15.0.5 试验成果整理应符合下列规定:

1 岩石耐崩解性指数按下式计算:

$$I_d = \frac{m_r}{m_d} \times 100 \qquad (5.15.0.5)$$

式中 I_d——岩石耐崩解性指数(%);

m_d——原试件烘干质量(g);

m_r——残留试件烘干质量(g)。

2 计算精确至 0.1。

3 岩石耐崩解性以第二次循环的 I_d 表示。

4 根据需要可绘制耐崩解性指数 I_d 与循环次数 N 关系图。

5 根据需要可绘制第二次循环的耐崩解性指数 I_{d2} 与塑性指数 I_p 分类图。

6 水质分析

6.1 水样的采取、保存和运送

6.1.0.1 场地水包括地下水和地表水,水质分析项目为:pH 值、K^+、Na^+、Ca^{2+}、Mg^{2+}、Cl^-、SO_4^{2-}、HCO_3^-、CO_3^{2-}、侵蚀性 CO_2、游离 CO_2、NH_4^+、OH^-、溶解性固体。

6.1.0.2 采取水样的地点、位置、时间、次数、数量和方式等,水样的保存和运送,应满足水质评价和水质分析要求。

6.1.0.3 水样的采取应符合以下要求:

1 装水样用的玻璃瓶或聚乙烯瓶(连同瓶盖)应先以铬酸洗液或肥皂水洗去油污或尘垢,再用清水洗净,最后用蒸馏水洗两遍。装水样前,应用所采水样冲洗 3～4 次,严禁使用装过油或其他物质而未经彻底清洗的瓶子和塞子。

2 采取水样时,应使水样缓缓流入瓶中,不能让草根、砂、土等杂物进入瓶中。

3 为了保持水样的代表性,当进行地面水采样时,应注意尽可能在背阴地方,宜从中心水面 10cm 以下处取样。在湖泊、河流、大面积池塘中采取水样时,应根据分析目的,在不同地点和深度内取样。

4 在钻孔中取水样时,钻孔内不要用水冲洗,停钻并待水位稳定后再取水样。从已用水冲洗过的钻孔内取样时,必须先抽水 15min,待水的化学成分稳定后方可采取水样。

5 水样装瓶时应留 10mL～20mL 空间,以免因温度变化而胀开瓶塞。

6 瓶塞盖好,检查无漏水现象后,方可用石蜡封口。如长途运送,应用纱布缠紧后再以石蜡封住。

7 测定侵蚀性二氧化碳,应另取一份水样,瓶大小约 250mL~500mL,在水样中加入化学纯碳酸钙试剂 3g~5g,取水必须要装满后溢出,瓶塞盖好后充分摇动数次,以固定二氧化碳。送交试验室前,每天充分摇动数次。

8 在水样瓶上贴好标签,注明水样编号,按需要测定的项目填写水质分析委托书,尽快送交试验。

6.1.0.4 水样的保存和运送应符合以下要求:

1 一般对工程水质分析的水样,允许保存的时间为:
清洁水 72h、轻度污染水 48h、严重污染水 12h。

2 在保存与运送中应注意的事项:

1)水样运送途中尽可能减少水样的受震和碰撞,运送和存放期间应检查水样瓶是否封闭严密,应严防封口损坏。

2)水样应放在不受日光直接照射的阴凉处,冬季应防止水样瓶冻裂。

6.2 溶解性固体测定

6.2.0.1 适用范围

本方法为质量法,适用于建设场地的地下水和地表水。

6.2.0.2 仪器设备

1 分析天平:感量 0.0001g。

2 容量瓶:100mL、200mL。

3 蒸发皿:300mL。

4 水浴锅。

5 中速定量滤纸或 G—3 号砂芯玻璃坩埚。

6 试验室常用仪器、设备。

6.2.0.3 试剂

本方法所用 1% 碳酸钠溶液的配制应符合下列规定:

称取 1g 碳酸钠(Na_2CO_3)溶于适量水中,用水稀释至 100mL,

混匀。

6.2.0.4 操作步骤

1 测定以碳酸盐钙镁离子浓度为主的水样:

吸取适量用中速定量滤纸或砂芯玻璃坩埚抽滤后的滤液,分次注入在105℃~110℃烘干至恒量的蒸发皿中,置于水浴锅蒸发至干。将蒸发皿放入烘箱,在105℃~110℃烘干2h后,置于干燥器中冷却至室温称量,反复烘干称至恒量。

水样中溶解性固体质量浓度应按下式计算:

$$\rho(DS) = \frac{(m_1 - m_2) \times 10^6}{V} \qquad (6.2.0.3-1)$$

式中 $\rho(DS)$——水样中溶解性固体的质量浓度(mg/L);

m_1——残渣和蒸发皿的质量(g),准确至1mg;

m_2——蒸发皿的质量(g),准确至1mg;

V——试样体积(mL)。

2 测定以非碳酸盐钙镁离子浓度为主的水样:

吸取适量用中速定量滤纸或砂芯玻璃坩埚抽滤后的滤液,分次注入在180℃烘干至恒量的蒸发皿中,准确加入一定量1%碳酸钠溶液,其中碳酸钠的质量应大于溶解性固体1~2倍。置于水浴锅蒸发至干,移入烘箱,在180℃烘干2h,置于干燥器中冷却至室温称量,反复烘干称至恒量。

另吸取相同数量的1%碳酸钠溶液,注入在180℃烘干至恒量的蒸发皿中,置于水浴锅蒸发至干,移入烘箱,在180℃烘干2h,置于干燥器中冷却至室温称量,反复烘干称至恒量,计算加入碳酸钠的质量。

水样中溶解性固体的质量浓度应按下式计算:

$$\rho(DS) = \frac{(m_1 - m_2 - m_3) \times 10^6}{V} \qquad (6.2.0.3-2)$$

式中 $\rho(DS)$——水样中溶解性固体的质量浓度(mg/L);

m_1——残渣和蒸发皿的质量(g),准确至1mg;

m_2——蒸发皿的质量(g),准确至 1mg;

m_3——加入碳酸钠的质量(g),准确至 1mg;

V——试样体积(mL)。

6.2.0.5 易溶盐总量测定试验的记录格式应符合附录 A 表 A-71 的规定。

6.3 pH 值测定

6.3.0.1 适用范围

本方法适用于建设场地的地下水和地表水中 pH 值的测定。

6.3.0.2 仪器设备

pH 值应采用酸度计法并宜在现场测定。本方法应采用下列仪器、设备:

1 酸度计及其配套的复合电极或玻璃电极、甘汞电极。

2 烧杯、容量瓶:50mL、1000mL。

3 试验室常用仪器、设备。

6.3.0.3 试剂:

本方法所用试剂见本细则 4.22.1.3 条。

6.3.0.4 操作步骤

1 仪器的校准:

按仪器使用说明书,将仪器通电预热 30min,试样和标准缓冲溶液调至同一温度,测定水温,仪器温度补偿旋钮置于水温处,调整零旋钮,表头指针置于零。

电极擦干浸入标准缓冲溶液,按测定旋钮,调整定位旋钮,将仪器表头指针调至指示该标准缓冲溶液的 pH 值处。所选标准缓冲溶液的 pH 值应靠近待测水样的 pH 值。

2 水样测定:

用水冲洗电极,再用水样冲洗,最后将电极浸入试样,小心摇动使其均匀,按下测定旋钮,待读数稳定后记录 pH 值。

测定完毕,关闭电源,用纯水洗净电极,并用滤纸吸干,或将电极浸泡于纯水中。

6.3.0.5 酸碱度(pH)试验的记录格式应符合附录 A 表 A-72 的规定。

6.4 游离二氧化碳测定

6.4.0.1 适用范围

本方法适用于建设场地的地下水和地表水中游离二氧化碳的测定。

6.4.0.2 仪器设备

本方法应采用下列仪器、设备：

1 具塞锥形瓶：250mL。

2 碱式滴定管：10mL。

3 移液管：25mL、50mL。

4 乳胶管。

5 试验室常用仪器、设备。

6.4.0.3 试剂：

本方法所用试剂应符合下列规定：

1 1‰酚酞指示剂：

称取 1g 酚酞($C_{20}H_{14}O_4$)溶于 50％乙醇溶液，并用 50％乙醇溶液稀释至 100mL，混匀。

2 20％中性酒石酸钾钠溶液：

称取 20g 酒石酸钾钠($KNaC_4H_4O_6$)溶于适量水中，混匀，加入 3 滴 1‰酚酞指示剂，用稀酸滴至红色刚消失，用水稀释至 100mL。

3 氢氧化钠标准溶液 $c(NaOH)=0.020mol/L$：

1)称取 1g 氢氧化钠(NaOH)溶于适量水中，静置 12h 以上，过滤后用煮沸冷却后的水稀释至 1000mL，用基准物邻苯二甲酸氢钾标定。

2)标定：准确称取经 105℃～110℃烘干 2h 的基准物邻苯二

甲酸氢钾（$KHC_8H_4O_4$）0.05g 三份，分别置于具塞锥形瓶中，各加 50mL 水。加热至沸，冷却后加 3～5 滴 1％酚酞指示剂，用 0.02mol/L氢氧化钠标准溶液滴定至溶液呈粉红色，20s 不褪色为终点。

氢氧化钠标准溶液的浓度应按下式计算：

$$c(NaOH) = \frac{m \times 1000}{V \times M(KHC_8H_4O_4)} \qquad (6.4.0.3)$$

式中　$c(NaOH)$——氢氧化钠标准溶液浓度（mol/L）；

　　　　m——准确称取的邻苯二甲酸氢钾质量（g）；

　　　　V——滴定消耗的氢氧化钠标准溶液体积（mL）；

　　　　$M(KHC_8H_4O_4) = 204.20g/mol$。

6.4.0.4　操作步骤

1　用隔绝二氧化碳移液管装置，吸取 25mL～100mL水样置于 250mL 具塞锥形瓶中。

2　在试样中加入 3～5 滴 1％酚酞指示剂。

3　盖上瓶塞小心振荡试样，自上而下垂直观察，呈红色，水中无二氧化碳；当无色时，打开瓶塞迅速用氢氧化钠标准溶液滴定至试样刚呈粉红色，盖好瓶塞振荡均匀，至粉红色 20s 内不褪色为终点，记录滴定消耗的氢氧化钠标准溶液体积。

4　在滴定中试样出现浑浊，应另取水样加入 20％中性酒石酸钾钠溶液 5mL，重新测定。

6.4.0.5　计算

水样中游离二氧化碳的质量浓度应按下式计算：

$$\rho(游 CO_2) = \frac{c(NaOH) \times V_1 \times M(CO_2) \times 1000}{V} \qquad (6.4.0.5)$$

式中　　$\rho(游\ CO_2)$——水样中游离二氧化碳的质量浓度（mg/L）；

　　　　$c(NaOH)$——氢氧化钠标准溶液浓度（mol/L）；

　　　　V_1——滴定消耗的氢氧化钠标准溶液体积（mL）；

V——试样体积(mL);

$M(CO_2)=44g/mol$。

6.5 侵蚀性二氧化碳测定

6.5.0.1 适用范围

本方法适用于建设场地的地下水和地表水中侵蚀性二氧化碳的测定。

6.5.0.2 仪器设备

本方法应采用下列仪器、设备：

1 锥形瓶:250mL;

2 移液管:25mL、50mL;

3 滴定管:10mL、25mL;

4 试验室常用仪器、设备。

6.5.0.3 试剂：

1 碳酸钙($CaCO_3$)粉末。

2 0.1%甲基橙指示剂:

称取 0.1g 甲基橙溶于适量水中,用水稀释至 100mL,混匀。

3 碳酸钠基准溶液 $c(Na_2CO_3)=0.025mol/L$:

准确称取经 250℃烘干 1h 的无水碳酸钠 2.6497g,溶于适量水中,移入 1000mL 容量瓶,用水稀释至标线,混匀。

4 盐酸标准溶液 $c(HCl)=0.05mol/L$:

1)量取 4.20mL 浓盐酸(HCl)缓缓倾入适量水中,用水稀释至 1000mL,混匀,用碳酸钠基准溶液标定。

2)标定:

吸取 0.025mol/L 碳酸钠基准溶液 25mL 置于锥形瓶中,加 3 滴甲基橙指示剂,用盐酸标准溶液滴定,至溶液由橙黄色突变为淡橙红色为终点,记录滴定消耗盐酸标准溶液体积。

盐酸标准溶液的浓度应按下式计算：

$$c(\text{HCl}) = \frac{c(\text{Na}_2\text{CO}_3) \times V_1 \times 2}{V_2} \qquad (6.5.0.3)$$

式中 $c(\text{HCl})$——盐酸标准溶液的浓度（mol/L）；

$\quad\quad c(\text{Na}_2\text{CO}_3)$——碳酸钠基准溶液的浓度（mol/L）；

$\quad\quad V_1$——吸取碳酸钠基准溶液体积（mL）；

$\quad\quad V_2$——滴定消耗盐酸标准溶液体积（mL）。

6.5.0.4 操作步骤

本方法应按下列步骤进行：

1 同时取同一水源水样二瓶，其中一瓶 250mL 水样加入碳酸钙粉末 1g～2g，密封混匀，放置阴凉处每天摇动数次，3d 后可用于测定。

2 另一瓶水样，取样 6h 内吸取 25.00mL～100.00mL 置于 250mL 锥形瓶中，加入 3 滴甲基橙指示剂，用 0.050mol/L 盐酸标准溶液滴定，至溶液由橙黄色突变为淡橙红色为终点，记录滴定消耗盐酸标准溶液体积。

3 3d 后吸取同体积加有碳酸钙粉末水样上部清液置于 250mL 锥形瓶中，加入 3 滴甲基橙指示剂，用 0.050mol/L 盐酸标准溶液滴定，至溶液由橙黄色突变为淡橙红色为终点，记录滴定消耗盐酸标准溶液体积。

6.5.0.5 计算

水样中侵蚀性二氧化碳的质量浓度应按下式计算：

$$\rho(\text{侵 CO}_2) = \frac{c(\text{HCl}) \times (V_2 - V_1) \times M(\text{CO}_2) \times 1000}{2V}$$

$$(6.5.0.5)$$

式中 $\rho(\text{侵 CO}_2)$——水样中侵蚀性二氧化碳质量浓度（mg/L）；

$\quad\quad c(\text{HCl})$——盐酸标准溶液浓度（mol/L）；

$\quad\quad V_1$——滴定未加碳酸钙粉末的试样消耗盐酸标准溶液体积（mL）；

V_2——滴定加有碳酸钙粉末的试样消耗盐酸标准溶液的体积(mL);

V——试样体积(mL);

$M(CO_2) = 44g/mol$。

6.6 总碱度、碳酸根及重碳酸根离子测定

6.6.0.1 适用范围

本方法适用于建设场地的地下水和地表水。

6.6.0.2 仪器设备

1 锥形瓶:250mL;

2 容量瓶:50mL、100mL;

3 移液管:10mL、25mL;

4 滴定管:10mL、25mL;

5 试验室常用仪器、设备。

6.6.0.3 试剂

1 1%酚酞指示剂:

称取 1g 酚酞($C_{20}H_{14}O_4$)溶于 50%乙醇溶液,并用 50%乙醇溶液稀释至 100mL,混匀。

2 0.1%甲基橙指示剂:

称取 0.1g 甲基橙溶于适量水中,用水稀释至 100mL,混匀。

3 碳酸钠基准溶液 $c(Na_2CO_3) = 0.025mol/L$:

见细则侵蚀性二氧化碳的测定中 6.5.0.3 条 3 款。

4 盐酸标准溶液 $c(HCl) = 0.05mol/L$:

见细则侵蚀性二氧化碳的测定中 6.5.0.3 条 4 款。

6.6.0.4 操作步骤

1 酚酞碱度:

吸取 25mL~100mL 水样置于锥形瓶中,加入 2~3 滴 1%酚酞指示剂,如果呈红色,在不断振荡下用 0.05mol/L 盐酸标准溶液滴定,至微红色消失为终点,记录滴定消耗盐酸标准溶液体积

$P(\text{mL})$。如果水样加酚酞指示剂呈无色,水中无酚酞碱度。

2 甲基橙碱度:

在测定完酚酞碱度的溶液中加 2～3 滴 0.1% 甲基橙指示剂,继续用 0.05 mol/L 盐酸标准溶液滴定,至水样颜色由橙黄色突变为淡橙红色为终点,记录滴定消耗盐酸标准溶液体积 M (mL)。

3 滴定各种碱度所消耗盐酸标准溶液体积(图 6.6.0.4):

1)P:以酚酞作指示剂时水样中全部氢氧化物与碳酸盐变为重碳酸盐所消耗的盐酸标准溶液体积(mL)。

2)M:再加入甲基橙作指示剂,水样中原重碳酸盐和由碳酸盐变为重碳酸盐的全部重碳酸盐,与盐酸作用所消耗的盐酸标准溶液的体积(mL)。

3)T:测定各种碱度时,所消耗的盐酸标准溶液总体积(mL)。

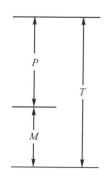

图 6.6.0.4 碱度组成示意图

6.6.0.5 计算

1 滴定各种碱度消耗盐酸标准溶液体积可按表 6.6.0.5-1 确定。

表 6.6.0.5-1　滴定各种碱度消耗盐酸标准溶液体积

滴定结果 (mL)	滴定氢氧化物(OH^-) 消耗量(mL)	滴定碳酸盐(CO_3^{2-}) 消耗量(mL)	滴定重碳酸盐(HCO_3^-) 消耗量(mL)
$P=T$	P	0	0
$P>\dfrac{1}{2}T$	$2P-T$ 或($P-M$)	$2(T-P)$ 或($2M$)	0
$P=\dfrac{1}{2}T$	0	$2P$	0
$P<\dfrac{1}{2}T$	0	$2P$	$T-2P$ 或 $M-P$
$P=0$	0	0	T 或 M

2　水样中总碱度、重碳酸盐、碳酸盐、氢氧化物碱度应按下列公式计算：

1)当 $P=0$ 时，只有重碳酸盐

$$c(OH^-)=0, c(CO_3^{2-})=0$$

$$c(HCO_3^-)=\frac{c(HCl)\times M}{V}\times 1000 \tag{6.6.0.5-1}$$

$$\rho(HCO_3^-)=\frac{c(HCl)\times M\times M(HCO_3^-)}{V}\times 1000 \tag{6.6.0.5-2}$$

重碳酸盐碱度以碳酸钙质量表示的质量浓度：

$$\rho(CaCO_3)=\frac{c(HCl)\cdot M\cdot M(CaCO_3)}{2V} \tag{6.6.0.5-3}$$

2)当 $P=M$ 时，只有碳酸盐

$$c(OH^-)=0, c(HCO_3^-)=0$$

$$c(CO_3^{2-})=\frac{c(HCl)\cdot P}{V}\times 1000 \tag{6.6.0.5-4}$$

$$\rho(CO_3^{2-})=\frac{c(HCl)\cdot P\cdot M(CO_3^{2-})}{V}\times 1000 \tag{6.6.0.5-5}$$

碳酸盐碱度以碳酸钙质量表示的质量浓度：

$$\rho(CaCO_3)=\frac{c(HCl)\cdot P\cdot M(CaCO_3)}{V}\times 1000 \tag{6.6.0.5-6}$$

3)当 P<M 时，有碳酸盐和重碳酸盐

$$c(OH^-) = 0$$

$$c(CO_3^{2-}) = \frac{c(HCl) \cdot P}{V} \times 1000 \qquad (6.6.0.5\text{-}7)$$

$$\rho(CO_3^{2-}) = \frac{c(HCl) \cdot P \cdot M(CO_3^{2-})}{V} \times 1000 \qquad (6.6.0.5\text{-}8)$$

$$c(HCO_3^-) = \frac{c(HCl) \cdot (M-P)}{V} \times 1000 \qquad (6.6.0.5\text{-}9)$$

$$\rho(HCO_3^-) = \frac{c(HCl) \cdot (M-P) \cdot M(HCO_3^-)}{V} \times 1000$$

$$(6.6.0.5\text{-}10)$$

4）当 P＞M 时，有氢氧化钠和碳酸盐

$$c(HCO_3^-) = 0$$

$$c(OH^-) = \frac{c(HCl) \cdot (P-M)}{V} \times 1000 \qquad (6.6.0.5\text{-}11)$$

$$\rho(OH^-) = \frac{c(HCl) \cdot (P-M) \cdot M(OH^-)}{V} \times 1000$$

$$(6.6.0.5\text{-}12)$$

氢氧化物碱度以碳酸钙质量表示的质量浓度：

$$\rho(CaCO_3) = \frac{c(HCl) \cdot (P-M) \cdot M(CaCO_3)}{2V} \times 1000$$

$$(6.6.0.5\text{-}13)$$

$$c(CO_3^{2-}) = \frac{c(HCl) \cdot M}{V} \times 1000 \qquad (6.6.0.5\text{-}14)$$

$$\rho(CO_3^{2-}) = \frac{c(HCl) \cdot M \cdot M(CO_3^{2-})}{V} \times 1000 \qquad (6.6.0.5\text{-}15)$$

5）当 M＝0 时，只有氢氧化物

$$c(HCO_3^-) = 0, c(CO_3^{2-}) = 0$$

$$c(OH^-) = \frac{c(HCl) \cdot P}{V} \times 1000 \qquad (6.6.0.5\text{-}16)$$

$$\rho(OH^-) = \frac{c(HCl) \cdot P \cdot M(OH^-)}{V} \times 1000 \qquad (6.6.0.5\text{-}17)$$

5）总碱度

$$c\left[\frac{1}{Z}B^{Z-}\right] = \frac{c(\text{HCl}) \cdot (P+M)}{V} \times 1000 \qquad (6.6.0.5\text{-}18)$$

总碱度以碳酸钙质量表示的质量浓度：

$$\rho(\text{CaCO}_3) = \frac{c(\text{HCl}) \cdot (P+M) \cdot M(\text{CaCO}_3)}{2V} \times 1000$$

$$(6.6.0.5\text{-}19)$$

以上各式中

$c(\text{HCl})$——盐酸标准溶液浓度（mol/L）；

P——以酚酞为指示剂，滴定消耗盐酸标准溶液体积（mL）；

M——连续滴定，以甲基橙为指示剂，滴定消耗盐酸标准溶液体积（mL）；

V——试样的体积（mL）；

$c(\text{HCO}_3^-)$——水样中重碳酸盐浓度（mmol/L）；

$\rho(\text{HCO}_3^-)$——水样中重碳酸盐质量浓度（mg/L）；

$c(\text{CO}_3^{2-})$——水样中碳酸盐浓度（mmol/L）；

$\rho(\text{CO}_3^{2-})$——水样中碳酸盐质量浓度（mg/L）；

$c(\text{OH}^-)$——水样中氢氧化物浓度（mmol/L）；

$\rho(\text{OH}^-)$——水样中氢氧化物质量浓度（mg/L）；

$\rho(\text{CaCO}_3)$——各种碱度以碳酸钙质量表示的质量浓度（mg/L）；

$M(\text{HCO}_3^-)$——61.02g/mol；

$M(\text{CO}_3^{2-})$——60.02g/mol；

$M(\text{OH}^-)$——17.01g/mol；

$M(\text{CaCO}_3)$——100.08g/mol。

6.7 氯离子测定——银量滴定法

6.7.0.1 适用范围

本方法适用于建设场地的地下水和地表水中氯离子的测定，测定范围为 10 mg/L～500 mg/L。

6.7.0.2 仪器设备

1 瓷蒸发皿:250mL;

2 移液管:25mL、50mL;

3 容量瓶:100mL、500mL、1000mL;

4 棕色酸式滴定管:10mL、25mL;

5 试验室常用仪器、设备。

6.7.0.3 试剂:

见本细则4.22.5.3条。

6.7.0.4 操作步骤

1 吸取25mL～100mL水样置于锥形瓶中。如果水样有颜色,先加1mL过氧化氢煮沸、过滤。若颜色不褪可再加入0.1g碳酸钠溶解后蒸发至干,残渣用水溶解,再进行下面步骤。

2 水样pH值大于10.5或小于6.5,用1%醋酸溶液或0.5%碳酸钠溶液调节pH值至7.0左右,再加入5%铬酸钾指示剂0.5mL～1.0mL,混匀。

3 用硝酸银标准溶液在不断振荡下滴定,至溶液由黄色突变为微砖红色为终点,记录滴定消耗硝酸银标准溶液体积(V_1)。

4 取25mL～100mL蒸馏水代替水样按上述步骤做空白试验,记录消耗的硝酸银标准溶液体积(V_0)。

6.7.0.4 计算

水样中氯化物浓度应按下列公式计算:

$$c(Cl^-) = \frac{c(AgNO_3) \times (V_1 - V_0)}{V} \times 1000 \qquad (6.7.0.4-1)$$

$$\rho(Cl^-) = \frac{c(AgNO_3) \times (V_1 - V_0) \times M(Cl^-)}{V} \times 1000$$

$$(6.7.0.4-2)$$

式中　$c(Cl^-)$——水样中氯离子浓度(mmol/L);

　　　$\rho(Cl^-)$——水样中氯离子质量浓度(mg/L);

　　　$c(AgNO_3)$——硝酸银标准溶液浓度(mmol/L);

V_1——滴定消耗硝酸银标准溶液体积(mL);

V——试样体积(mL);

V_0——空白试验滴定消耗硝酸银标准溶液体积(mL);

$M(Cl^-)=35.45g/mol$。

6.8 硫酸根离子测定

6.8.1 硫酸根离子测定——容量法

6.8.1.1 适用范围

本方法适用于建设场地的地下水和地表水中硫酸盐质量浓度为 10 mg/L～200 mg/L。

6.8.1.2 仪器设备

见本细则 4.22.6.2 条。

6.8.2.3 试剂

见本细则 4.22.6.3 条。

6.8.1.4 操作步骤

见本细则 4.22.6.4 条。

6.8.1.5 计算

水样中硫酸根的浓度应按下式计算:

$$c(SO_4^{2-})=\left[\frac{c(Ba^{2+}+Mg^{2+})\times V_2}{V}-\frac{c(EDTA-2Na)\times(V_3-V_1)}{V}\right]\times 1000$$

$$(6.8.1.5-1)$$

$$\rho(SO_4^{2-})=c(SO_4^{2-})\times M(SO_4^{2-}) \qquad (6.8.1.5-2)$$

式中 $c(SO_4^{2-})$——水样中硫酸根浓度(mmol/L);

$\rho(SO_4^{2-})$——水样中硫酸根质量浓度(mg/L);

$c(Ba^{2+}+Mg^{2+})$——钡、镁混合标准溶液浓度(mol/L);

$c(EDTA-2Na)$——EDTA 二 钠 标 准 溶 液 浓 度 (mol/L);

V_1——滴定钙镁离子浓度所消耗 EDTA 二钠标准溶

液体积(mL)；

V_2——加入钡、镁混合标准溶液体积(mL)；

V_3——加钡、镁混合标准溶液后,滴定时消耗 EDTA 二钠标准溶液体积(mL)；

V——试样体积(mL)；

$M(SO_4^{2-}) = 96.06g/mol$。

6.8.2 硫酸根离子测定——比浊法

6.8.2.1 适用范围

本方法适用于建设场地的地下水和地表水中硫酸盐质量浓度为 5 mg/L～40 mg/L。

6.8.2.2 仪器设备

见本细则第 4.22.6.8 条。

6.8.2.3 试剂

见本细则第 4.22.6.9 条。

6.8.2.4 操作步骤

见本细则第 4.22.6.10 条。

6.8.2.5 计算

$$\rho(SO_4^{2-}) = \frac{m}{V} \times 1000 \qquad (6.8.2.5\text{-}1)$$

$$c(SO_4^{2-}) = \frac{\rho(SO_4^{2-})}{M(SO_4^{2-})} \qquad (6.8.2.5\text{-}2)$$

式中 $\rho(SO_4^{2-})$——水样中硫酸根质量浓度(mg/L)；

$c(SO_4^{2-})$——水样中硫酸根浓度(mmol/L)；

m——从标准曲线上查得样品中硫酸根量(mg)；

V——试样体积(mL)；

$M(SO_4^{2-}) = 96.06g/mol$。

6.8.3 硫酸根离子测定——质量法

6.8.3.1 适用范围

本方法适用于建设场地的地下水和地表水中硫酸盐的测

定,测定浓度范围为 10mg/L～5000mg/L。

6.8.3.2 仪器设备

见本细则第 4.22.6.14 条。

6.8.3.3 试剂

见本细则第 4.22.6.15 条。

6.8.3.4 操作步骤

见本细则第 4.22.6.16 条。

6.8.3.5 计算

按下式计算硫酸根离子含量：

$$\rho(SO_4^{2-}) = \frac{(m_1 - m_2) \times 0.4116}{V} \times 10^6 \qquad (6.8.3.5\text{-}1)$$

$$c(SO_4^{2-}) = \frac{\rho(SO_4^{2-})}{M(SO_4^{2-})} \qquad (6.8.3.5\text{-}2)$$

式中　$\rho(SO_4^{2-})$——水样中硫酸根质量浓度（mg/L）；

$c(SO_4^{2-})$——水样中硫酸根浓度（mmol/L）；

m_1—— 灼烧至恒量的沉淀与坩埚的质量（g）；

m_2—— 灼烧至恒量的坩埚质量（g）；

V——试样体积（mL）；

0.4116——硫酸钡换算成硫酸根的因子；

$M(SO_4^{2-})$——96.06g/mol。

6.9　钙离子测定——滴定法

6.9.0.1 适用范围

本方法适用于建设场地的地下水和地表水中钙的测定,测定浓度范围为 4mg/L～200mg/L。

6.9.0.2 仪器设备

见本细则第 4.22.7.2 条。

6.9.0.3 试剂

见本细则第 4.22.7.3 条。

6.9.0.4 操作步骤

见本细则第 4.22.7.4 条。

6.9.0.5 结果计算

$$\rho(\text{Ca}^{2+}) = \frac{c \times V_1 \times 40.08}{V} \times 1000 \qquad (6.9.0.5)$$

式中 $\rho(\text{Ca}^{2+})$——水样中钙镁离子质量浓度(mg/L);

c——乙二胺四乙酸二钠溶液浓度(mmol/mL);

V_1——乙二胺四乙酸二钠溶液滴定所用去的体积 (mL);

V——取试样体积(mL)。

6.10 镁离子测定——滴定法

6.10.0.1 适用范围

本方法适用于建设场地的地下水和地表水中镁的测定,测定浓度范围为 3mg/L~12mg/L。

6.10.0.2 仪器设备

见本细则第 4.22.8.2 条。

6.10.0.3 试剂

见本细则第 4.22.8.3 条。

6.10.0.4 操作步骤

见本细则第 4.22.8.4 条。

6.10.0.5 结果计算

$$\rho(\text{Mg}^{2+}) = \frac{c \times V_1 \times 24.31}{V} \times 1000 \qquad (6.10.0.5)$$

式中 $\rho(\text{Mg}^{2+})$——水样中钙镁离子质量浓度(mg/L);

c——乙二胺四乙酸二钠溶液浓度(mmol/mL);

V_1——乙二胺四乙酸二钠溶液滴定所用去的体积 (mL);

V——取试样体积(mL)。

6.11 钙、镁离子测定——原子吸收分光光度法

6.11.0.1 适用范围

本方法适用于建设场地的地下水和地表水中钙、镁的测定。测定钙、镁的范围分别为 0.4mg/L～40mg/L 和 0.03mg/L～3mg/L。

6.11.0.2 仪器设备

见本细则第 4.22.9.2 条。

6.11.0.3 试剂

见本细则第 4.22.9.3 条。

6.11.0.4 操作步骤

见本细则第 4.22.9.4 条。

6.11.0.5 结果计算

$$\rho(Ca^{2+}) \text{ 或 } \rho(Mg^{2+}) = \rho \times D \qquad (6.11.0.5)$$

式中 $\rho(Ca^{2+})$——水样中钙离子质量浓度（mg/L）；

$\rho(Mg^{2+})$——水样中镁离子质量浓度（mg/L）；

ρ——在标准曲线上查得的钙或镁离子质量浓度（mg/L）；

D——水样的稀释倍数。

6.12 钾、钠离子测定

6.12.1 钾、钠离子测定——火焰光度法

6.12.1.1 适用范围

本方法适用于建设场地的地下水和地表水中钾、钠的测定，测定的范围分别为钾 0.1mg/L～25mg/L，钠 0.1mg/L～8mg/L。

6.12.1.2 仪器设备

见本细则第 4.22.10.2 条。

6.12.1.3 试剂

见本细则第 4.22.10.3 条。

6.12.1.4 操作步骤

见本细则第 4.22.10.4 条。

6.12.1.5 结果计算

$$\rho(K^+) = \frac{\rho'(K^+) \cdot V_1}{V} \qquad (6.12.1.5\text{-}1)$$

$$\rho(Na^+) = \frac{\rho'(Na^+) \cdot V_1}{V} \qquad (6.12.1.5\text{-}2)$$

$$c(K^+) = \frac{\rho(K^+)}{M(K^+)} \qquad (6.12.1.5\text{-}3)$$

$$c(Na^+) = \frac{\rho(Na^+)}{M(Na^+)} \qquad (6.12.1.5\text{-}4)$$

式中 $\rho(K^+)$——水样中钾质量浓度(mg/L);

$\rho(Na^+)$——水样中钠质量浓度(mg/L);

$c(K^+)$——水样中钾浓度(mmol/L);

$c(Na^+)$——水样中钠浓度(mmol/L);

$\rho'(K^+)$——标准曲线上查得的,与试样吸光度相对
应的钾质量浓度(mg/L);

$\rho'(Na^+)$——标准曲线上查得的,与试样吸光度相对
应的钠质量浓度(mg/L);

V_1——稀释后试样体积(mL);

V——试样体积(mL);

$M(K^+) = 39.10g/mol$;

$M(Na^+) = 22.99g/mol$。

6.12.2 钾、钠离子测定——差减法

6.12.2.1 适用范围

本方法适用于建设场地的地下水和地表水中钾、钠离子
计算。

6.12.2.2 计算方法

水样中钾、钠离子浓度应按下列公式计算:

$$c(K^+ + Na^+) = \sum c\left[\frac{1}{Z}N^{z-}\right] - 2c(Ca^{2+} + Mg^{2+})$$

$$(6.12.2.2\text{-}1)$$

$$\rho(K^+ + Na^+) = c(K^+ + Na^+) \times M(K^+ + Na^+)$$

$$(6.12.2.2\text{-}2)$$

式中　$c(K^+ + Na^+)$——水样中钾、钠离子浓度(mmol/L);

　　　$\rho(K^+ + Na^+)$——水样中钾、钠离子质量浓度(mg/L);

　　　$\sum c\left[\frac{1}{Z}N^{z-}\right]$——水样阴离子物质的量浓度之和(mmol/L);

　　　$c(Ca^{2+} + Mg^{2+})$——水样钙镁离子浓度(mmol/L);

　　　$M(K^+ + Na^+)$——溶解性固体小于 1000mg/L 的水样,$M(K^+ + Na^+) = 25g/mol$;溶解性固体在 1000 mg/L～3000 mg/L 的水样,$M(K^+ + Na^+) = 24g/mol$;溶解性固体大于 3000mg/L 的水样,$M(K^+ + Na^+) = 23g/mol$。

6.13　铵离子测定

6.13.0.1　适用范围

本方法适用于建设场地的地下水和地表水中铵离子的测定。测定质量浓度范围为 0.02mg/L～2mg/L。

6.13.0.2　仪器设备

1　氨蒸馏装置,圆底烧瓶 500mL～800mL,冷凝管长 30cm～50cm。

2　分光光度计。

3　标准具塞比色管:50mL。

4 试验室常用仪器、设备。

6.13.0.3 试剂

1 无氨水：

1000mL 纯水中加入 0.1mL 浓硫酸和几粒高锰酸钾晶体，进行重蒸馏，收集馏出液为无氨水。

2 磷酸盐缓冲溶液 pH 值＝7.4：

称取 14.39g 磷酸二氢钾（KH_2PO_4）和 68.8g 磷酸氢二钾（K_2HPO_4）溶于适量水中，用水稀释至 1000mL，混匀。

3 2％硼酸溶液：

称取 2g 硼酸（H_3BO_3）溶于适量温水，用水稀释至 100mL，混匀。

4 氧化镁（MgO）：

在 500℃左右灼烧氧化镁 1h，除去碳酸盐。

5 50％酒石酸钾钠溶液：

称取 50g 酒石酸钾钠（$KNaC_4H_4O_6 \cdot 4H_2O$）溶于适量水，用水稀释至 100mL，混匀。

6 碘化汞钾溶液（纳氏试剂）：

称取 50g 碘化钾（KI）溶于 100mL 水，称取 20.4g 氯化汞（$HgCl_2$）溶于 200mL 煮沸的水，趁热在不断搅拌下将全部氯化汞溶液缓缓倾入碘化钾溶液，再加入 500mL30％氢氧化钾溶液，用水稀释至 1000mL，混匀。最后加入少许碘化汞（HgI_2）固体，用具有橡皮塞的棕色瓶避光贮存，可保存一年。

7 铵离子标准溶液：

1）铵标准贮备溶液 $\rho(NH_4^+)$＝0.500mg/mL；

准确称取经 100℃～105℃烘干 2h 的氯化铵（NH_4Cl）1.4827g 溶于适量无氨水中，移入 1000mL 容量瓶，用水稀释至标线，混匀。

2）铵标准溶液 $\rho(NH_4^+)$＝0.010mg/mL；

吸取 10mL 铵标准贮备溶液置于 500mL 容量瓶中，用水稀释至标线，混匀。

6.13.0.4 操作步骤

1 绘制标准曲线:

1)吸取铵标准溶液 0mL、0.1mL、0.5mL、1mL、2mL、3mL、4mL、5mL 分别置于 8 支 50mL 标准具塞比色管中。

2)向各管中分别加入 1mL 酒石酸钾钠溶液,混匀,加入 1.5mL 碘化汞钾溶液,混匀,用水稀释至标线,混匀,配制成标准系列溶液。放置 10min,用 30mm 比色皿,于 450nm 波长处,以试剂空白作参比测定吸光度。

3)以标准系列溶液中铵的质量为横坐标,相对应的吸光度为纵坐标,绘制标准曲线。

2 水样的预处理:

当水样中含有钙、余氯等干扰物时,应取 250mL 水样置于氨蒸馏装置中,加入 10mL 磷酸盐缓冲溶液和 0.25g 氧化镁加热蒸馏。量取 2％硼酸溶液 50mL 于 300mL 锥形瓶中作吸收液,蒸馏器导管末端应浸入吸收液液面下,蒸馏至吸收液的体积约 220mL,把锥形瓶放低,使吸收液面脱离冷凝管出口,再继续蒸馏 1min 洗净冷凝管和导管,用水稀释至 250mL。

3 水样的测定:

1)吸取 25mL 馏出液置于 50mL 标准具塞比色管中。水样中无干扰物时,可直接取样分析。

2)按绘制标准曲线的步骤操作,测定试样的吸光度。

6.13.0.5 计算

水样中铵离子质量浓度应按下式计算:

$$\rho(\mathrm{NH_4^+}) = \frac{m \times 1000}{V} \qquad (6.13.0.5)$$

式中　$\rho(\mathrm{NH_4^+})$——水样中铵离子质量浓度(mg/L);

　　　m——标准曲线上查得的,与试样吸光度相对应的铵离子的质量(mg);

　　　V——试样体积(mL)。

附录 A 各项试验记录

A-1 含水率试验记录

试验编号				试 验 者				
试验日期				计 算 者				
天平型号				校 核 者				
烘箱型号								
试样编号	试样说明	盒号	盒质量(g)	盒加湿土质量(g)	盒加干土质量(g)	湿土质量 m_0(g)	干土质量 m_d(g)	含水率 w(%)	平均含水率 w(%)

表 A-2 密度试验记录表(环刀法)

试验编号				试 验 者			
试验日期				计 算 者			
天平型号				校 核 者			
烘箱型号							
试样编号	环刀号	环刀体积 V(cm³)	湿土质量 m_0(g)	湿密度 ρ(g/cm³)	含水率 w(%)	干密度 ρ_d(g/cm³)	平均干密度 ρ_d(g/cm³)

表 A-3　密度试验记录表（蜡封法）

试验编号		试验者	
试验日期		计算者	
天平型号		校核者	
烘箱型号			

蜡的密度 $\rho_n = 0.92(g/cm^3)$

试样编号	试样质量 $m(g)$	试样加蜡质量 $m_n(g)$	试样加蜡在水中质量 $m_{nw}(g)$	温度 (℃)	水的密度 ρ_{wT} (g/cm^3)	试样加蜡体积 (cm^3)	蜡体积 (cm^3)	试样体积 (cm^3)	湿密度 ρ (g/cm^3)	含水率 $w(\%)$	干密度 ρ_d (g/cm^3)	平均干密度 ρ_d (g/cm^3)	备注
	(1)	(2)	(3)	—	(4)	$(5)=\dfrac{(2)-(3)}{(4)}$	$(6)=\dfrac{(2)-(1)}{\rho_n}$	$(7)=(5)-(6)$	$(8)=\dfrac{(1)}{(7)}$	(9)	$(10)=\dfrac{(8)}{1+0.01(9)}$	(11)	

254

表 A-4　比重试验记录表（比重瓶法）

试验编号					试验环境				
试验日期					试 验 者				
天平型号					计 算 者				
烘箱型号					校 核 者				
试样编号	比重瓶号	温度（℃）	液体比重 G_{kT}	干土质量 m_d（g）	比重瓶、液总质量 m_{bk}（g）	比重瓶、液、土总质量 m_{bks}（g）	与干土同体积的液体质量（g）	比重 G_s	平均比重 G_s	备注
		（1）	（2）	（3）	（4）	（5）	（6）=（3）+（4）-（5）	（7）=$\frac{(3)}{(6)}$×（2）		

表 A-5　比重试验记录表（浮称法）

试验编号					试 验 者				
试验日期					计 算 者				
天平型号					校 核 者				
烘箱型号									
试样编号	温度（℃）	水的比重 G_{wT}	烘干土质量 m_d（g）	铁丝筐加试样在水中质量 m_{ks}（g）	铁丝筐在水中质量 m_k（g）	试样在水中质量（g）	比重 G_s	平均比重 G_s	备注
	（1）	（2）	（3）	（4）	（5）	（6）=（4）-（5）	（7）=$\frac{(3)×(2)}{(3)-(6)}$		

255

表 A-6　比重试验记录表（虹吸筒法）

试验编号		试验者	
试验日期		计算者	
天平型号		校核者	
烘箱型号			

试样编号	温度（℃）	水的比重 G_{wT}	烘干土质量 m_d（g）	晾干土质量 m_{ad}（g）	量筒质量 m_c（g）	量筒加排开水质量 m_{cw}（g）	排开水质量（g）	吸着水质量（g）	比重 G_s	平均比重 G_s	备注
	（1）	（2）	（3）	（4）	（5）	（6）	(7)=(6)-(5)	(8)=(4)-(3)	$(9)=\dfrac{(3)\times(2)}{(7)\times(8)}$		

表 A-7　颗粒大小分析试验记录表（筛析法）

试验编号		试验者	
试验日期		计算者	
烘箱型号		校核者	
试样编号		天平型号	

风干土质量＝＿g　　　　　小于 0.075mm 的土占总土质量百分数 $X=$＿ ％
2mm 筛上土质量＝＿g　　　小于 2mm 的土占总土质量百分数 $X=$＿ ％
2mm 筛下土质量＝＿g　　　细筛分析时所取试样质量 $m_B=$＿g

试验筛编号	孔径（mm）	累积留筛土质量（g）	小于某孔径的试样质量 m_A（g）	小于某孔径的试样质量百分数（%）	小于某孔径的试样质量占试样总质量的百分数 X（%）
底盘总计					

256

表 A-8 颗粒分析试验记录表(密度计法)

试验编号		试验日期	
试样编号		试 验 者	
烧瓶编号		计 算 者	
量筒编号		校 核 者	
烘箱型号		天平型号	
密度计编号			

小于 0.075mm 颗粒土质量百分数 _____ 干土总质量 _____ g 风干土质量 _____ g 土粒比重 G_s _____

试样处理说明 _____ 比重校正值 C_s _____ 弯液面校正值 n_w _____

下沉时间 t(min)	悬液温度 T(℃)	密度计读数					土料落距 L_1(cm)	粒径 d(mm)	小于某粒径的土质量百分数(%)	小于某孔径的试样质量占试样总质量的百分数 X(%)
		密度计读数 R_1	温度校正值 m_T	分散剂校正值 C_D	$R_M = R_1 + m_T + n_w - C_D$	$R_H = R_M C_S$				

表 A-9　颗粒分析试验记录表（移液管法）

试验编号		试验日期	
试样编号		试验者	
烘箱型号		计算者	
量筒编号		校核者	
移液管编号		天平型号	
三角烧瓶编号			

小于 2mm 颗粒土质量百分数＿＿＿　小于 0.075mm 颗粒土质量百分数＿＿＿

干土总质量 m_d ＿＿＿g　土粒比重 G_s ＿＿＿　移液管体积 V'_x ＿＿＿

粒径 d (mm)	杯号	杯加干土质量 (g)	杯质量 (g)	吸管内悬液土粒的干土质量 m_{dx} (g)	1000mL 量筒内土质量 m_d (g)	小于某粒径的土质量百分数 (%)	小于某粒径的土占总土质量百分数 X (%)
(1)	(2)	(3)	(4)	(5)=(3)-(4)	(6)	(7)	(8)

表 A-10 液塑限联合试验记录表

试验编号				试验者			
试验日期				计算者			
天平型号				校核者			
烘箱型号				液塑限联合测定仪编号			

试样编号	圆锥下沉深度 $h(mm)$	盒号	湿土质量 $m_0(g)$	干土质量 $m_d(g)$	含水率 $w(\%)$	液限 w_L $(\%)$	塑限 w_p $(\%)$	塑性指数 I_P
	—	—	(1)	(2)	$(3)=\left[\dfrac{(1)}{(2)}-1\right]\times100$	(4)	(5)	$(6)=$ $(4)-(5)$

表 A-11 碟式仪试验记录表

试验编号			试验者	
试验日期			计算者	
碟式仪编号			校核者	
烘箱型号			天平型号	

试样编号	击数 N	盒号	湿土质量 $m_N(g)$	干土质量 $m_d(g)$	含水率 $w_N(\%)$	液限 $w_L(\%)$
	—	—	(1)	(2)	$(3)=\left[\dfrac{(1)}{(2)}-1\right]\times100$	(4)

259

表 A-12　搓滚法塑限试验记录表

试验编号				试 验 者	
试验日期				计 算 者	
烘箱型号				校 核 者	
天平型号					

试样编号	盒号	湿土质量 $m(g)$	干土质量 $m_d(g)$	含水率 $w_P(\%)$	塑限 $w_P(\%)$
	—	(1)	(2)	$(3)=\left[\dfrac{(1)}{(2)}-1\right]\times100$	—

表 A-13　缩限试验记录表

试验编号			试 验 者	
试验日期			计 算 者	
烘箱编号			校 核 者	
收缩皿编号			天平型号	
试样编号				
湿土质量(g)	(1)	—		
干土质量 $m_d(g)$	(2)	—		
含水率 $w'(\%)$	(3)	$\left[\dfrac{(1)}{(2)}-1\right]\times100$		
湿土体积 $V_0(cm^3)$	(4)	—		
干土体积 $V_d(cm^3)$	(5)	—		
收缩体积(g/cm^3)	(6)	(4)−(5)		
收缩含水率(%)	(7)	$\dfrac{(6)}{(2)}\rho_w\times100$		
缩限 $w_s(\%)$	(8)	(3)−(7)		
平均值(%)	(9)	—		

260

表 A-14　相对密度试验记录表

试验编号				试验者				
试验日期				计算者				
试样编号				校核者				
相对密度仪编号				天平型号				
烘箱型号								
试验项目				最大孔隙比 e_{max}		最小孔隙比 e_{min}		备注
试验方法				漏斗法	量筒法	振打法		
试样加容器质量(g)	(1)	—			—			
容器质量(g)	(2)	—			—			
试样质量 m_d(g)	(3)	(1)—(2)						
试样体积 V(cm³)	(4)	—						
干密度 ρ_d(g/cm³)	(5)	(3)/(4)						
平均干密度(g/cm³)	(6)	—						
比重 G_s	(7)	—						
孔隙比 e	(8)							
天然干密度(g/cm³)	(9)	—						
天然孔隙比 e_0	(10)	—						
相对密度 D_r	(11)	—						

表 A-15 击实试验记录表

试验编号				试验者					
试验日期				计算者					
击实仪编号				校核者					
台秤型号				天平型号					
击实筒体积（cm³）				烘箱型号					
落距（mm）				击锤质量（kg）					
每层击数				击实方法					

试样编号	试验序号	干密度					含水率				
		筒加土质量（g）	筒质量（g）	湿土质量 m_0（g）	湿密度 ρ（g/cm³）	干密度 ρ_d（g/cm³）	盒号	湿土质量 m_0（g）	干土质量 m_d（g）	含水率 w（%）	平均含水率 w（%）	超高（mm）

最大干密度 ρ_{dmax} ＿＿＿＿（g/cm³）　最优含水率 w_{op} ＿＿＿＿（%）

262

表 A-16 常水头渗透试验记录

试验编号			试样高度（cm）		干土质量（g）		试验者
试样编号			试样面积 A（cm²）		土料比重 G_s		计算者
仪器名称及编号			试样说明		孔隙比 e		校核者
测压管孔间距（cm）							试验日期

试验次数	经过时间 t(s)	测压管水位（cm）			水位差（cm）			水力坡降 J	渗透水量 Q(cm³)	渗透系数 k_T (cm/s)	平均水温 T (℃)	校正系数 $\dfrac{\eta_T}{\eta_{20}}$	20℃渗透系数 k_{20} (cm/s)	平均渗透系数 k_{20} (cm/s)	备注
		I管	II管	III管	H_1	H_2	平均 H								
	(1)	(2)	(3)	(4)	(5)	(6)	(7)	(8)	(9)	(10)	(11)	(12)	(13)	(14)	
	—	—	—	—	$\dfrac{(2)-}{(3)}$	$\dfrac{(3)-}{(4)}$	$\dfrac{(5)+(6)}{2}$	$\dfrac{(7)}{L}$	—	$\dfrac{(9)}{A\times(8)\times(1)}$	—	—	$\dfrac{(10)\times}{(12)}$	$\dfrac{\Sigma(13)}{n}$	

263

表 A-17　变水头渗透试验记录

试验编号		试样面积（cm²）	
试样编号		孔隙比 e	
仪器名称及编号		试验日期	

试样说明　　测压管断面积 a（cm²）　　试样高度（cm）

开始时间 t_1（d h min）	终了时间 t_2（d h min）	经过时间 t(s)	开始水头 H_{b1}（cm）	终止水头 H_{b2}（cm）	$2.3\dfrac{a}{A}\dfrac{L}{t}$	$\lg\dfrac{H_{b1}}{H_{b2}}$	水温 T℃时的渗透系数 k_T（cm/s）	水温 T（℃）	校正系数 $\dfrac{\eta_T}{\eta_{20}}$	渗透系数 k_{20}（cm/s）	平均渗透系数 k_{20}（cm/s）
(1)	(2)	(3)	(4)	(5)	(6)	(7)	(8)	(9)	(10)	(11)	(12)
—	—	(2)−(1)	—	—	$2.3\dfrac{a}{A}\dfrac{L}{(3)}$	$\lg\dfrac{(4)}{(5)}$	(6)×(7)	—	—	(8)×(10)	$\dfrac{\sum(11)}{n}$

试验者　　计算者　　校核者

表 A-18(1)　固结试验记录表(1)

试验编号		试 验 者	
试样编号		计 算 者	
取土深度		校 核 者	
试样说明		试验日期	
仪器名称及编号			

1. 含水率试验

试样情况	盒号	盒加湿土质量(g)	盒加干土质量(g)	盒质量(g)	水质量(g)	干土质量 m_d(g)	含水率 w(%)	平均含水率 w(%)
		(1)	(2)	(3)	(4)	(5)	(6)	(7)
		—	—	—	(1)−(2)	(2)−(3)	(4)/(5)×100	$\dfrac{\sum(6)}{2}$
试验前								
试验后								

2. 密度试验

试样情况	环加土质量(g)	环刀质量(g)	湿土质量 m_0(g)	试样体积 V(cm³)	湿密度 ρ(g/cm³)
	(1)	(2)	(3)	(4)	(5)
	—	—	(1)−(2)	—	(3)/(4)
试验前					
试验后					

265

3. 孔隙比及饱和度计算 $G_s=$ _____

试样情况	试验前	试验后
含水率 $w(\%)$		
湿密度 $\rho(\mathrm{g/cm^3})$		
孔隙比 e		
饱和度 $S_r(\%)$		

表 A-18(2)　固结试验记录表(2)

试验编号			试验者	

试验编号			试验者	
试样编号			计算者	
试验日期			校核者	
仪器名称及编号				

经过时间	试样在不同上覆压力下变形							
	（kPa）		（kPa）		（kPa）		（kPa）	
	时间	量表读数 (0.01mm)	时间	量表读数 (0.01mm)	时间	量表读数 (0.01mm)	时间	量表读数 (0.01mm)
0								
6″								
15″								
1′								
2′15″								
4′								
6′15″								
9′								
12′15″								
16′								
20′15″								

试验编号		试 验 者	
试样编号		计 算 者	
试验日期		校 核 者	
仪器名称及编号			

经过时间	试样在不同上覆压力下变形							
	（kPa）		（kPa）		（kPa）		（kPa）	
	时间	量表读数（0.01mm）	时间	量表读数（0.01mm）	时间	量表读数（0.01mm）	时间	量表读数（0.01mm）
25′								
30′15″								
36′								
42′15″								
49′								
64′								
100′								
200′								
400′								
23 h								
24 h								
总变形量（mm）								
仪器变形量（mm）								
试样总变形量（mm）								

表 A-18(3)　固结试验记录表(3)

试验编号		试　验　者	
试样编号		计　算　者	
试验日期		校　核　者	
仪器名称及编号			

试样原始高度 $h_0 = 20.0$mm
试验前孔隙比 $e_0 = $ _____

$$C_v = 0.848 \frac{(\bar{h})^2}{t_{90}} \ \text{或} \ C_v = 0.1978 \frac{(\bar{h})^2}{t_{50}}$$

加压历时(h)	压力 p (kPa)	试样总变形量 Δh_i(mm)	压缩后试样高度 h(mm)	孔隙比 e_i	压缩模量 E_s (MPa)	压缩系数 a_v (MPa^{-1})	排水距离 $\bar{h}$ (cm)	固结系数 C_v (cm^2/s)
(1)	(2)	(3)	(4)	(5)	(6)	(7)	(8)	(9)
—	—	—	$(4) = h_0 - (3)$	$(5) = e_0 - \dfrac{(3)(1+e_0)}{h_0}$	—	—	$(8) = \dfrac{h_i + h_{i+1}}{4}$	—
0								
24								
24								
24								
24								
24								
24								
24								
24								

表 A-19　快速固结试验记录表

试验编号		试 验 者	
试样编号		计 算 者	
试验日期		校 核 者	
仪器名称及编号			

试验初始高度:$h_0 =$ _____ mm　　　　$K = (h_n)_T / (h_n)_t =$

加压历时(h)	压力 p(kPa)	校正前试样总变形量 $(h_i)_t$ (mm)	校正后试样总变形量 $\sum \Delta h_i$ (mm)	压缩后试样高度 h (mm)	孔隙比 e_i	压缩模量 E_s (MPa)	压缩系数 a_v (MPa^{-1})
(1)	(2)	(3)	(4)	(5)	(6)	(7)	(8)
—	—	—	(4) = K(3)	(5) = $h_0 - (4)$	(6) = $\dfrac{e_0 - (4)(1 + e_0)}{h_0}$	—	—
稳 定							

表 A-20 直接剪切试样记录表（1）

试验编号					试验者							
试样编号					计算者							
试样说明					校核者							
试验日期					仪器名称及编号							

试样编号	编号	1			2			3			4		
		起始	饱和后	剪后	起始	饱和后	剪后	起始	饱和后	剪后	起始	饱和后	剪后
湿密度 ρ(g/cm³)	(1)												
含水率 w(%)	(2)												
干密度 ρ_d(g/cm³)	(3) $\dfrac{(1)}{1+0.01\times(2)}$												
孔隙比 e	(4) $\dfrac{G_s}{(3)}-1$												
饱和度 S_r(%)	(5) $\dfrac{G_s\times(2)}{(4)}$												

表 A-20 直接剪切试样记录表(2)

试验编号			计 算 者	
试样编号			校 核 者	
试验方法			试 验 者	
			试 验 日 期	
试样编号			剪切前固结时间 (min)	
仪 器 名 称 及 编号			剪切前压缩量(mm)	
垂 直 压 力 p (kPa)			剪切历时(min)	
测力计率定系数 C (N/0.01mm)			抗剪强度 S(kPa)	
手轮转数 (转)	测力计读数 R (0.01mm)	剪切位移 $\triangle l$ (0.01mm)	剪应力 τ (kPa)	垂直位移 (0.01mm)
(1)	(2)	(3)=(1) $\times 20-(2)$	$(4)=\dfrac{(2)\times C}{A_0}\times 10$	
1				
2				
3				
4				
5				
6				
7				
8				
9				
10				
11				
12				
13				
14				
15				
16				
...				
32				

表 A-21 排水反复直接剪切试验

试验编号		试验者		
试样编号		计算者		
试验日期		校核者		
仪器名称及编号		剪前固结时间（min）		
测力计率定系数 C （N/0.01mm）		剪前固结沉降量（mm）		
剪切速率（mm/min）		剪切次数		
垂直压力 p（kPa）		抗剪强度 S（kPa）		
剪切位移 $\triangle l$（0.01mm）	垂直位移计读数（0.01mm）	测力计读数 R（0.01mm）		剪应力 τ（kPa）
30				
60				
100				
130				
160				
200				
230				
260				
300				
350				
400				
...				
800				

表 A-22　无侧限抗压强度试验记录表

试验编号		试 验 者	
试样编号		计 算 者	
试样编号		校 核 者	
试样说明		试 验 日 期	
仪器名称及编号			

试验前试样高度 $h_0=$ _____ cm	
试验前试样直径 $D_0=$ _____ cm	
试验前试验面积 $A_0=$ _____ cm²	
试样质量 $m_0=$ _____ g	
试样湿密度 $\rho=$ _____ g/cm³	试样破坏情况
轴向变形 $\triangle h=$ _____ 0.01mm	
测力计率定系数 $C=$ _____ N/0.01mm	
原状试样无侧限抗压强度 $q_u=$ _____ kPa	
重塑试样无侧限抗压强度 $q'_u=$ _____ kPa	
灵敏度 $S_t=$ _____	

测力计量表读数 R (0.01mm)	轴向变形 $\triangle h$ (0.01mm)	轴向应变 ε_1(%)	校正后面积 A_a(cm²)	轴向应力 σ(kPa)
（1）	（2）	（3）	（4）	$(5)=\dfrac{(1)\times C}{(4)}\times 10$

表 A-23 三轴压缩试验记录表(1)

试验编号				试验者	
试样编号				计算者	
试样说明				校核者	
试验方法				试验日期	

试 样 状 态				周围压力 σ_3(kPa)	
项目	起始值	固结后	剪切后	反压力 u_0(kPa)	
直径 D(cm)					
高度 h_0(cm)				周围压力下的孔隙压力 u(kPa)	
面积 A(cm²)					
体积 V(cm³)				孔隙压力系数 $B = \dfrac{u_0}{\sigma_3}$	
质量 m(g)					
湿密度 ρ(g/cm³)				破坏应变 ε_f(%)	
干密度 ρ_d(g/cm³)				破坏主应力差 $(\sigma_1 - \sigma_3)_f$ (kPa)	
试样含水率				破坏主应力 σ_{1f}(kPa)	

起始值		剪切后	破坏孔隙压力系数 $\overline{B}_f = \dfrac{U_f}{\sigma_{3f}}$	
盒号			相应的有效大主应力 σ'_1 (kPa)	
盒质量(g)				
盒加湿土质量(g)			相应的有效小主应力 σ'_3 (kPa)	
湿土质量 m(g)				
盒加干土质量(g)			最大有效主应力比 $\left(\dfrac{\sigma'_1}{\sigma'_3}\right)_{max}$	
干土质量 m_d(g)				
水质量(g)				
含水率 w(%)				
饱和度 S_r			孔隙压应力系数 $A_f = \dfrac{u_{df}}{B(\sigma_1 - \sigma_3)_f}$	

试样破坏情况的描述	呈鼓状破坏	
备注		

274

表 A-23 三轴压缩试验记录表（2）

试验编号	试验者
试样编号	计算者
周围压力	校核者
仪器名称及编号	试验日期

加反压力过程

时间	周围压力 σ_3 (kPa)	反压力 u_a (kPa)	孔隙压力 u (kPa)	孔隙压力增量 Δu	试样体积变化 读数（cm³）	试样体积变化 体变量（cm³）	说明（检验结果）

固结过程

时间（min）	量管 读数	量管 排水量（cm³）	孔隙压力 u 读数（kPa）	孔隙压力 u 压力值（kPa）	体变管 读数（cm³）	体变管 体变值（cm³）	说明

275

表 A-23 三轴压缩试验记录表 (3)

试样编号	
试验方法	
试验日期	
仪器名称及编号	

周围压力 σ_3 = _____ kPa 　试验者 _____ 　固结下沉量 = _____ cm

剪切应变速率 = _____ mm/min 　计算者 _____ 　固结后高度 h_c = _____ cm

测力计率定系数 C= _____ N/0.01mm 　校核者 _____ 　固结后面积 A_c = _____ cm²

轴向变形读数 Δh_i (0.01mm)	轴向应变 $\varepsilon_1=\dfrac{\Delta h_i}{h_c}\times10$ (%)	试样校正后面积 $A_a=\dfrac{A_c}{1-\varepsilon_1\times0.01}$ (cm^2)	测力计表读数 R (0.01mm)	主应力差 $(\sigma_1-\sigma_3)=\dfrac{RC}{A_a}\times10$ (kPa)	大主应力 $\sigma_1=(\sigma_1-\sigma_3)+\sigma_3$ (kPa)	孔隙压力 u 读数	压力值 (kPa)	试样体积变化 排水管读数	排出水量读数	体变量 (cm^3)	有效大主应力 σ'_1 (kPa)	有效小主应力 σ'_3 (kPa)	有效主应力比 $\dfrac{\sigma'_1}{\sigma'_3}$	$\dfrac{\sigma_1-\sigma_3}{2}$ (kPa)	$\dfrac{\sigma_1+\sigma_3}{2}$ (kPa)	$\dfrac{\sigma'_1+\sigma'_3}{2}$ (kPa)

276

表 A-24 无黏性土休止角试验记录表

试验编号			试验者	
试样说明			计算者	
试验方法			校核者	
仪器名称及编号			试验日期	
圆锥底面直径 d_z (cm)				

试样编号	充分风干状态休止角 α_c			水下状态休止角 α_m			备注
	读数		平均值	读数		平均值	
	h_{zc} (cm)	(°)	(°)	h_{zm} (cm)	(°)	(°)	

表 A-25(1) 振动三轴动强度(或抗液化强度)试验记录表(1)

试验编号		试验者	
试样编号		计算者	
试验日期		校核者	
仪器名称及编号			

固结前	固结后	固结条件	试验条件和破坏标准
试样直径 d (mm)	试样直径 d_c (mm)	固结应力比 K_c	动荷载 W_d (kN)
试样高度 h (mm)	试样高度 h_c (mm)	轴向固结应力 σ_{1c} (kPa)	振动频率(Hz)
试样面积 A (cm²)	试样面积 A_c (cm²)	侧向固结应力 σ_{3c} (kPa)	等压时孔压破坏标准(kPa)
体积量管读数 V_1 (cm³)	体积量管读数 V_2 (cm³)	固结排水量 $\triangle V$ (mL)	等压时应变破坏标准(%)
试样体积 V (cm³)	试样体积 V_c (cm³)	固结变形量 $\triangle h$ (mm)	偏压时应变破坏标准(%)
试样干密度 ρ_d (g/cm³)	试样干密度 ρ_d (g/cm³)	振后排水量 (mL)	振后高度 (mm)
试样破坏情况描述			
备注			

表 A-25（2）　振动三轴动强度（或抗液化强度）试验记录表（2）

试验编号		试　验　者	
试样编号		计　算　者	
试验日期		校　核　者	
仪器名称及编号			

振次 （次）	动变形 $\triangle h_d$ （mm）	动应变 ε_d （％）	动孔隙压力 u_d（kPa）	动孔压比 u_d/σ'_0

表 A-26(1)　振动三轴动力变形特性试验记录表(1)

试验编号		试 验 者	
试样编号		计 算 者	
试验日期		校 核 者	
仪器名称及编号			

固结前	固结后	固结条件及振动试验条件									
试样直径 d(mm)	试样直径 d_c(mm)	固结应力比 K_c									
试样高度 h(mm)	试样高度 h_c(mm)	轴向固结应力 σ_{1c}(kPa)									
试样面积 A(cm^2)	试样面积 A_c(cm^2)	侧向固结应力 σ_{3c}(kPa)									
体积量管读数 V_1 (cm^3)	体积量管读数 V_2 (cm^3)	固结排水量 $\triangle V$ (mL)									
试样体积 V(cm^3)	试样体积 V_c(cm^3)	固结变形量 $\triangle h$ (mm)									
试样干密度 ρ_d (g/cm^3)	试样干密度 ρ_d (g/cm^3)	振 动 频 率 f (Hz)									
级数	1	2	3	4	5	6	7	8	9	10	
每级动荷载(kN)											
备注											

表 A-26(2)　振动三轴动力变形特性试验记录表(2)

试验编号		试 验 者	
试样编号		计 算 者	
试验日期		校 核 者	
仪器名称及编号			

振次 (次)	动应力 σ_d(kPa)	动变形 $\triangle h_d$(mm)	动应变 ε_d(%)	动弹性模量 E_d(kPa)	阻尼比 λ(%)

表 A-27(1)　振动三轴残余变形特性试验记录表(1)

试验编号		试 验 者	
试样编号		计 算 者	
试验日期		校 核 者	
仪器名称及编号			

固结前	固结后	固结条件	试验及破坏条件
试样直径 d (mm)	试样直径 d_c (mm)	固结应力比 K_c	动荷载(kN)
试样高度 h (mm)	试样高度 h_c (mm)	轴向固结应力 σ_{1c}(kPa)	振动频率 f (Hz)
试样面积 A (cm^2)	试样面积 A_c (cm^2)	侧向固结应力 σ_{3c}(kPa)	振动次数(次)
体积量管读数 V_1(cm^3)	体积量管读数 V_2(cm^3)	固结排水量$\triangle V$ (mL)	振后排水量 (mL)
试样体积 V (cm^3)	试样体积 V_c (cm^3)	固结变形量$\triangle h$ (mm)	振后高度 (mm)
试样干密度 ρ_d (g/cm^3)	试样干密度 ρ_d (g/cm^3)		
试样破坏情况描述			
备注			

表 A-27(2)　振动三轴残余变形特性试验记录表(2)

试验编号		试 验 者	
试样编号		计 算 者	
试验日期		校 核 者	
仪器名称及编号			

振次 （次）	动残余体 积变化 （cm³）	动残余轴 向变形 （mm）	残余体应 变 ε_{vr} （％）	动残余轴 向应变 ε_d （％）

表 A-28(1)　CBR 试验记录表(膨胀量)

试验编号				试　验　者				
试验日期				计　算　者				
仪器名称及编号				校　核　者				
试样筒体积 $V(cm^3)$								

	试样编号	(1)	—		1	2	3
	击实筒编号	(2)	—				
含水率	盒加湿土质量(g)	(3)	—				
	盒加干土质量(g)	(4)	—				
	盒质量(g)	(5)	—				
	含水率 w(%)	(6)	$\left(\dfrac{(3)-(5)}{(4)-(5)}-1\right)\times100$				
	平均含水率 w(%)	(7)					
密度	筒加试样质量 m_2(g)	(8)	—				
	筒质量 m_1(g)	(9)	—				
	湿密度 $\rho(g/cm^3)$	(10)	$\dfrac{(8)-(9)}{V}$				
	干密度 ρ_d(g/cm^3)	(11)	$\dfrac{(10)}{1+0.01(7)}$				
	干密度平均值 ρ_d(g/cm^3)	(12)	—				
膨胀率	浸水前试样高度 h_0(mm)	(13)	—				
	浸水后试样高度 h_w(mm)	(14)	—				
	膨胀率 δ_w(%)	(15)	$\dfrac{(14)-(13)}{(13)}\times100$				
	膨胀率平均值 δ_w(%)	(16)	—				
吸水	浸水后筒加试样质量 m_3(g)	(17)	—				
	吸水量 m_w(g)	(18)	(17)-(8)				
	吸水量平均值 m_w(g)	(19)	—				

283

表 A-28(2)　CBR 试验记录表（贯入）

试验编号		试验者	
试验日期		计算者	
试样筒体积		校核者	
仪器名称编号			

击实方法 ＿＿＿（次/层）　　　荷载板质量 m ＿＿＿（kg）　　　测力计率定系数 C ＿＿＿（N/0.01mm）

最大干密度 ρ_{dmax} ＿＿＿（g/cm³）　　贯入速度 v ＿＿＿（mm/min）　　浸水条件 ＿＿＿

最优含水率 w_{op} ＿＿＿（%）　　　贯入面积 A ＿＿＿（cm²）

试样编号 No.

贯入量(0.01mm)			测力计读数	单位压力
量表 I	量表 II	平均值	(0.01mm)	(kPa)
$CBR_{2.5}=$		（%）		
$CBR_{5.0}=$		（%）		
$CBR=$		（%）		

试样编号 No.

贯入量(0.01mm)			测力计读数	单位压力
量表 I	量表 II	平均值	(0.01mm)	(kPa)
$CBR_{2.5}=$		（%）		
$CBR_{5.0}=$		（%）		
$CBR=$		（%）		

试样编号 No.

贯入量(0.01mm)			测力计读数	单位压力
量表 I	量表 II	平均值	(0.01mm)	(kPa)
$CBR_{2.5}=$		（%）		
$CBR_{5.0}=$		（%）		
$CBR=$		（%）		

平均 $CBR=$ ＿＿＿（%）

表 A-29　回弹模量试验记录表

报　告　编　号		试　验　者	
试　验　日　期		计　算　者	
仪器名称及编号		校　核　者	

室内编号	土样原号	卸荷后孔隙比 e_1	卸荷前孔隙比 e_c	孔隙比变化量 $\triangle e'$	卸荷后压力 p_1(kPa)	卸荷前压力 p_c(kPa)	回弹系数 a_0 (kPa^{-1})	回弹模量 E_c(kPa)
		(1)	(2)	(3)=(1)−(2)	(4)	(5)	(6)=(3)/[(5)−(4)]	(7)=[1+(1)]/(6)

表 A-30　基床系数试验记录表(K₀固结仪法)

报　告　编　号					试　验　者			
试　样　编　号					计　算　者			
试　验　日　期					校　核　者			
仪器名称及编号								
室内编号		土样原号			土名:			
变形量 1.250mm 对应压力(kPa)					基床系数 Kv（MPa/m）			
压力 P(kPa)	25	50	75	100	150	200	300	400
变形量 S(mm)								

表 A-31　基床系数试验记录表（固结试验计算法）

报告编号			试 验 者	
试验日期			计 算 者	
仪器名称及编号			校 核 者	

室内编号	土样原号	计算起点孔隙比 e_1	计算终点孔隙比 e_2	计算起点压力 σ_1（MPa）	计算终点压力 σ_2（MPa）	平均孔隙比 e_m	样品高度 h_0（m）	基床系数 K_v（MPa/m）

表 A-32　基床系数试验记录表（三轴仪法）

报告编号			试 验 者	
试样编号			计 算 者	
试验日期			校 核 者	
仪器名称及编号				
含水率（%）			试样高度（mm）	
控制比值（n）			试样直径（mm）	

试样高度 h_i（mm）	土的变形 Δh_i（mm）	轴向压力（N）	轴向应变 ε_1（%）	校正后的面积（mm²）	应力 σ_1（kPa）

表 A-33 导热系数试验记录表（面热源法）

报告编号			试验者					
试验日期			计算者					
仪器名称及编号			校核者					
传感器型号及编号								
室内编号	土样原号	土名	土性状态	样品直径 (mm)	样品高度 (mm)	稳定后温度℃	导热系数 w/mK	
							单值	平均值

表 A-34 导热系数试验记录表（平板热流计法）

报告编号			试验者				
试验日期			计算者				
仪器名称			校核者				
仪器型号及编号			试样面积(m²)			试样长度(m)	
室内编号	土样原号	土名	土性状态	热面温度 (K)	冷面温度 (K)	热流 W	导热系数 w/mK

表 A-35 比热容试验记录表

报告编号			试 验 者	
试验日期			计 算 者	
仪器名称			校 核 者	
仪器型号及编号				

室内编号	土样原号	土名	水土温度(℃)			水质量(g)	试样质量(g)	比热容(J/kg·K)	
			水初温	土初温	水土平衡温度			单值	平均值

表 A-36 冻结温度试验记录表

试验编号		试 验 者	
试验日期		计 算 者	
仪器名称及编号		校 核 者	
热电偶编号：	热电偶系数(K_f)＝_____$\mu V/$℃		

试样编号	历 时(min)	电压表示值 $U_f(\mu V)$	冻结温度 T_f(℃)	备 注
	(1)	(2)	(3)＝(2)/K_f	

表 A-37 冻土含水率试验记录表(烘干法)

试验编号					试 验 者			
试验日期					计 算 者			
仪器名称及编号					校 核 者			

试样编号	试样说明	盒号	盒质量 (g)	盒加湿土质量 (g)	盒加干土质量 (g)	冻土质量 m_{f0} (g)	干土质量 m_d (g)	冻土含水率 w_f (%)	平均值 w_f (%)
			(1)	(2)	(3)	(4)=(2)-(1)	(5)=(3)-(1)	$(6)=\left[\dfrac{(4)}{(5)}-1\right]\times 100$	(7)

表 A-38 冻土含水率和冻土密度试验记录表(联合测定法)

试验编号				试 验 者	
试验日期				计 算 者	
仪器名称及编号				校 核 者	

试样编号	冻土质量 m_{f0} (g)	筒加水质量 m_{tw} (g)	筒加水加试样质量 (g)	筒加水加冻土颗粒质量 m_{tws} (g)	土粒比重 G_s	冻土试样体积 V_f (cm³)	冻土密度 ρ_f (g/cm³)	冻土含水率 w_f (%)

表 A-39　冻土密度试验记录表（浮称法）

试验编号					试验者			
试验日期					计算者			
仪器名称及编号					校核者			

试样编号	试样描述	煤油温度（℃）	煤油密度 ρ_m（g/cm³）	冻土质量 m_{f0}（g）	试样在油中的质量 m_{fm}(g)	冻土体积 V_f(cm³)	冻土密度 ρ_f（g/cm³）	平均冻土密度 ρ_f（g/cm³）
		(1)	(2)	(3)	(4)	$(5)=\dfrac{(3)-(4)}{(2)}$	$(6)=\dfrac{(3)}{(5)}$	(7)

表 A-40　冻土导热数试验记录表

试验编号		试验者	
试验日期		计算者	
仪器名称及编号		校核者	

冻土试样含水率 $w_f=$ _____ ％　　石蜡导热系数 $\lambda_0=0.279\mathrm{W/(m \cdot K)}$
冻土试样密度 $\rho_f=$ _____ g/cm³

试样编号	时间（min）	石蜡样品盒内两壁面温差 $\Delta\theta_0$（℃）	待测试样盒两壁面温差 $\Delta\theta$（℃）	导热系数 λ_f ［W/(m·K)］	备注
	(1)	(2)	(3)	$(4)=\lambda_0\times(2)/(3)$	

表 A-41 冻胀率试验记录表

试验编号		试 验 者	
试验日期		计 算 者	
仪器名称及编号		校 核 者	
试样结构			

冻土试样含水率 $w_f =$ _____ ％　　冻土试样密度 $\rho_f =$ _____ g/cm³
初始水位 = _____　　　　　　冻结深度 $H_f =$ _____ mm

试样编号	时间 (h)	水位 (mm)	温度 (℃)	冻胀量 Δh_f (mm)	备注

表 A-42　冻胀力试验记录表

试验编号		试 验 者		
试验日期		计 算 者		
仪器名称及编号		校 核 者		
试样结构				

测定时间				冻胀力测定			
月	日	时	分	测定时间 h min s	平衡荷重 N	压力 kPa	仪器变形量 0.01mm

表 A-43 人工冻土单轴抗压强度试验记录表

试验前试样高度 $h_0=$　　　mm	试验后试样含水率 $w=$　　　％
试验前试样直径 $D_0=$　　　mm	试验后试样密度 $\rho=$　　　g/mm^3
试验前试样截面积 $A_0=$　　　mm^2	
试样重量 $G=$　　　g	试验破坏情况：
试验前试样含水率 $w_0=$　　　％	
试验前试样密度 $\rho_0=$　　　g/mm^3	
试验温度 $T=$　　　℃	

轴向变形 Δh mm	轴向应变 ε ％	校正面积 A mm	轴向荷载 F N	轴向应力 σ MPa

工程名称：　　　　　　　　　　　　　　试验者：

土样编号　　　　　　　　　　　　　　　计算者：

试样编号：　　　　　　　　　　　　　　校核者：

土样说明：　　　　　　　　　　　　　　试验日期：

表 A-44　人工冻土三轴抗压强度试验记录表

试验前试样高度 $h_0 =$　　　mm

试验前试样直径 $D_0 =$　　　mm

试验前试样截面积 $A_0 =$　　　mm^2

试样重量 $G =$　　　g

试验前试样含水率 $w_0 =$　　　%

试验前试样密度 $\rho_0 =$　　　g/mm^3

试验温度 $T =$　　　℃

围压 $\sigma =$　　　MPa

试验前试样体积 $V_0 =$　　　mm^3

轴向应变速率 $v =$　　　%/min

试验后试样含水率 $w =$　　　%

试验后试样密度 $\rho =$　　　g/mm^3

试验破坏情况：

轴向变形 Δh mm	轴向荷载 F N	试验体积变化 ΔV m^3	轴向应变 ε %	试样实际面积 A_a mm^2	主应力差 $\sigma_1 - \sigma_3$ MPa	轴向主应力 σ_1 MPa

工程名称：

土样编号

试样编号：

土样说明：

试验者：

计算者：

校核者：

试验日期：

表 A-45 人工冻土抗折强度试验记录表

试验前试样高度 $h_0 =$	mm	试验后试样含水率 $w =$	%

试验前试样高度 $h_0 =$ mm   试验后试样含水率 $w =$ %

试验前试样宽度 $b_0 =$ mm   试验后试样密度 $\rho =$ g/mm³

试验前试样长度 $l_0 =$ mm²   冻土抗折强度 $f_f =$ MPa

试样重量 $G =$ g

试验前试样含水率 $w_0 =$ %   试验破坏情况：

试验前试样密度 $\rho_0 =$ g/mm³

试验温度 $T =$ ℃

试验前试样体积 $V_0 =$ mm³

加载速率 $v =$ %/min

试样截面宽度 b mm	试样截面高度 h mm	支座间距 l mm	破坏荷载 p mm

工程名称：   试验者：

土样编号：   计算者：

试样编号：   校核者：

土样说明：   试验日期：

表 A-46 冻土融化压缩试验记录表

试验编号		试 验 者	
试验日期		计 算 者	
试样编号		校 核 者	
仪器名称及编号			

融沉下沉量 $\Delta h_{f0} =$ _____ cm   融沉后试样孔隙比 $e =$ _____

加压时间 t(h,min)	压力 p(kPa)	试样总变形量 (mm)	孔隙比 e_i	融化压缩系数 α_{fv} (MPa^{-1})
(1)	(2)	(3)	$(4) = e - \dfrac{(3)}{h}(1+e)$	(5)

表 A-47　现场冻土融化压缩试验记录表

试验编号						试 验 者			
试验日期						计 算 者			
仪器名称及编号						校 核 者			
试坑编号及深度						土　　类			

冻结状态含水率 $w_f =$ _____ ％　　　　密度 $\rho_f =$ _____ g/cm^3

荷载 (kPa)	历　时		变　形(mm)		荷载 (kPa)	历　时		变　形(mm)	
	读数 时间	累计 (min)	量表 读数	变形量		读数 时间	累计 (min)	量表 读数	变形 量

表 A-48　酸碱度(pH)测定记录表

工程编号		试验者	
试验编号		计算者	
试验日期		校核者	
仪器名称及编号			

试样编号	土水比例	温度(℃)	pH 值		备　注
			第1次	第2次	

表 A-49　易溶盐总量测定试验记录表

工程编号		试验者	
试验编号		计算者	
试验日期		校核者	
仪器名称及编号			

试样编号	风干土质量 m_0 (g)	风干含水率 w_0 (%)	烘干土质量 m_d (g)	加水容积 V_w (mL)	吸取浸出液 V_{xl} (mL)	蒸发皿编号 No.	蒸发皿质量 m_m (g)	蒸发皿加烘干残渣质量 m_{mz} (g)	烘干残渣质量 $m_{mz} - m_m$ (g)	易溶盐总量 ω(易溶盐) (g·kg^{-1})	
										计算值	平均值

298

表 A-50　易溶盐氯根(Cl⁻)的试验记录表

工程编号		试验者	
试验编号		计算者	
试验日期		校核者	
仪器名称及编号			

试样编号	烘干土质量 m_d (g)	加水体积 V_w(mL)	吸取滤液体积 V_{x2} (mL)	硝酸银标准溶液			氯离子含量 $\omega(Cl^-)$ (g·kg⁻¹)	
				浓度 $C(AgNO_3)$ (mol·L⁻¹)	滴定用量 V_{hb4} (mL)	空白用量 V_{hb5} (mL)	计算值	平均值

表 A-51　硫酸根（SO_4^{2-}）测定记录表（1）

试验编号								试验者	
试验方法	EDTA 法							计算者	
试验日期								校核者	
仪器名称及编号									

试样编号	烘干土质量 m_d(g)	加水体积 V_w(mL)	吸取滤液体积 V_{a2}(mL)	钡镁混合液		EDTA 标准溶液			硫酸根含量 $\omega(SO_4^{2-})$ ($g\cdot kg^{-1}$)	
				浓度 $C(Ba^+Mg)$ ($mol\cdot L^{-1}$)	用量 V_B (mL)	浓度 C (EDTA) (mL)	用量 V_E (mL)	滴定钙镁用量 V_{ED} (mL)	计算值	平均值

表 A-51 硫酸根（SO_4^{2-}）测定记录表（2）

试验编号									
试验方法	比浊法					试验者			
试验日期						计算者			
仪器名称及编号						校核者			
试样编号	烘干土质量 m_d (g)	加水体积 V_w (mL)	吸取滤液体积 V_{x2} (mL)	试验时温度（℃）	吸收值	由标准曲线查出的硫酸根质量 K_{h1} (mg)	硫酸根含量 $\omega(SO_4^{2-})$ (g·kg^{-1})		
							计算值	计算值	平均值

表 A-51　硫酸根（SO_4^{2-}）测定记录表（3）

试验编号		
试验方法	重量法	
试验日期		

试验者	
计算者	
校核者	

仪器名称及编号

试样编号	烘干土质量 m_S(g)	加水体积 V_w(mL)	吸取滤液体积 V_s(mL)	试验时温度（℃）	灼烧至恒重的坩埚质量 m_2	灼烧至恒重的沉淀与坩埚质量 m_1	硫酸根含量 $\omega(SO_4^{2-})$（g·kg^{-1}）	
							计算值	平均值

表 A-52 钙离子(Ca^{2+})、镁离子(Mg^{2+})测定记录表

试验编号		
试验方法	EDTA法	试验者
试验日期		计算者
仪器名称及编号		校核者

试样编号	烘干土质量 m_d (g)	加水体积 V_w (mL)	吸取滤液体积 V_{x2} (mL)	EDTA标准溶液 浓度 C(EDTA) (mL)	滴定 Ca^{2+} 用量 V_{E1} (mL)	滴定 $Ca^{2+}+Mg^{2+}$ 用量 V_{E2} (mL)	滴定 Mg^{2+} 用量 $V_{E1}-V_{E2}$ (mL)	Ca^{2+} 含量 $\omega(Ca^{2+})$ ($g \cdot kg^{-1}$) 计算值	平均值	Mg^{2+} 含量 $\omega(Mg^{2+})$ ($g \cdot kg^{-1}$) 计算值	平均值

表 A-53　钠离子（Na$^+$）、钾离子（K$^+$）测定记录表

试验编号		试验者	
试验方法	火焰光度法	计算者	
试验日期		校核者	
仪器名称及编号			

试样编号	烘干土质量 m_d（g）	加水体积 V_w（mL）	吸取滤液稀释倍数 n	试验条件	测钠离子读数 E_n	由标准曲线查钠离子含量 K_n（mg·mL^{-1}）	钠离子含量 $\omega(\mathrm{Na}^+)$（g·kg^{-1}）		测钾离子读数 E_k	由标准曲线查钾离子含量 K_k（mg·mL^{-1}）	钾离子含量 $\omega(\mathrm{K}^+)$（g·kg^{-1}）	
							计算值	平均值			计算值	平均值

表 A-54 中溶盐石膏（$CaSO_4 \cdot 2H_2O$）测定记录表

试验编号		试验者	
试验方法		计算者	
试验日期		校核者	
仪器名称及编号			

试样编号	烘干质量 m_d(g)	坩埚编号 No.	坩埚质量 m_{g0}(g)	沉淀加坩埚质量 m_{gz}(g)	沉淀质量 $m_{gz}-m_{g0}$(g)	酸浸出硫酸根含量 $\omega(SO_4^{2-})$ （g·kg^{-1}）	易溶盐硫酸根含量 $\omega(SO_4^{2-})$ （g·kg^{-1}）	中溶盐石膏含量 $\omega(CaSO_4 \cdot 2H_2O)$ （g·kg^{-1}）	
								计算值	平均值

305

表 A-55 岩石含水率试验记录

工程名称＿＿＿＿＿＿＿＿＿＿＿ 试验日期＿＿＿年＿＿＿月＿＿＿日

检验依据 □ GB/T 50266－2013 □ JTG E41－2005
□ DL/T 5368－2007 □ TB 10115－98

编号	试件描述	烘干前质量 m(g) (1)	烘干后质量 m(g) (2)	含水率% $(3)=\dfrac{(1)-(2)}{(2)}$	均值%

试验：　　　　　　　　　　校核：

表 A-56　岩石颗粒密度试验记录

（量瓶法）

试验编号	试样描述	量瓶编号	岩粉质量 m_s (g)	悬液温度 t (℃)	试液密度 ρ_0 (g/cm³)	瓶+试液质量 m_1 (g)	瓶+试液+岩粉质量 m_2 (g)	与岩粉同体积的试液质量 (g)	岩石颗粒密度 ρ_s (g/cm³)	平均值 (g/cm³)
(1)	(2)	(3)	(4)	(5)	(6)	(7)	(8)	$(9)=(4)+$ $(7)-(8)$	$(10)=$ $\dfrac{(4)}{(9)}\times(6)$	

试验：　　　　　　　　　校核：

307

表 A-57 岩石块体密度试验记录
(量积法)

试验编号	试件描述	试件尺寸 mm			试件体积 $V(cm^3)$	试件质量 $m(g)$	岩石密度 $\rho(g/cm^3)$	备注
		长 L	宽 W	高 H				

试验：　　　　　校核：

表 A-58　岩石块体密度试验记录

（蜡封法）

试验编号	试件描述	试件质量 $m(g)$	密封试件质量 $m_1(g)$	密封试件在水中质量 $m_2(g)$	密封试件体积（cm³）	密封材料的体积（cm³）	试件体积（cm³）	岩石密度 $\rho(g/cm^3)$	备注
(1)	(2)	(3)	(4)	(5)	$(6)=\dfrac{(5)}{\rho_w}$	$(7)=\dfrac{(4)-(3)}{\rho_n}$	$(8)=(6)-(7)$	$(9)=(3)\div(8)$	

试验：　　　　　　　　校核：

表 A-59　岩石吸水率试验记录

试验编号	试件描述	试件号	干试件质量 $m_s(g)$	试件自由浸水48h后的质量 m_1（g）	吸水质量 $m_1-m_s(g)$	吸水率 $\dfrac{m_1-m_s}{m_s}$（%）	备注

试验：　　　　　　　　校核：

表 A-60 岩石自由膨胀率试验记录

试验编号：

试件原高度 $H=$ （mm）　　试件原平均直径或边长 $D=$ （mm）

读数时间			水温	轴向			径向								试件描述
日	时	分		量表读数	变形 ΔH	膨胀率 V_H	量表 1 读数	变形 ΔD_1	量表 2 读数	变形 ΔD_2	量表 3 读数	变形 ΔD_3	量表 4 读数	变形 ΔD_4	平均变形 ΔD	膨胀率 V_D	
（℃）			（℃）	0.001mm	（mm）	（%）	0.001mm	（mm）	0.001mm	（mm）	0.001mm	（mm）	0.001mm	（mm）	（mm）	（%）	

试验：　　　　　　　　校核：

310

表 A-61 岩石膨胀率试验记录

试验编号：

试件描述： 试件原始高度 $H=$

读数时间			水温	气温	量表读数	变形 $\Delta H'$	岩石膨胀率 V_{HP}	膨胀变形后试件状态描述
日	时	分	（℃）	（℃）	0.001mm	（mm）	（%）	

试验： 校核：

表 A-62　岩石膨胀压力试验记录

试验编号			试件原高度 H			仪器编号	
试件描述						杠杆比例	
						试件面积	
读数时间			平衡荷载 （kN）	压力（MPa）	量表读数 （mm）	仪器变形量 （mm）	备注
日	时	分					
岩石膨胀压力 $P_e=$				MPa			

试验：　　　　　　　　　校核：

表 A-63 岩石耐崩解指数试验记录

试件描述

试件编号	圆柱筛筒与原试件烘干质量 m_s (g)	第一循环后圆柱筛筒与残留试件烘干质量 m_r (g)	第二循环后圆柱筛筒与残留试件烘干质量 m_r (g)	圆柱筛筒质量 m_0 (g)	耐崩解指数 I_{d2} (%)	第三循环后圆柱筛筒与残留试件烘干质量 m_r (g)	第四循环后圆柱筛筒与残留试件烘干质量 m_r (g)	第五循环后圆柱筛筒与残留试件烘干质量 m_r (g)	耐崩解指数 I_{d5} (%)	备注
	(1)	(2)	(3)	(4)	$(5)=\dfrac{(3)-(4)}{(1)-(4)}\times100$	(6)	(7)	(8)	$(9)=\dfrac{(8)-(4)}{(1)-(4)}\times100$	

试验：　　　　　　　　校核：

313

表A-64 岩石单轴抗压强度试验记录表

工程名称_____ 试验日期_____ 年_____ 月_____ 日

检验依据_____ □ GB/T 50266—2013 □ JTG E41—2005 □ DL/T 5368—2007 □ TB 10115—98

试样状态_____ □ 天然含水状态 □ 烘干状态 □ 饱和状态 □ 其他含水状态

设备名称_____ □ 游标卡尺 □ 测量平台 □ 钻石机 □ 锯石机 □ 材料试验机 烘箱温度_____ ℃

试样编号	试件高度 H(mm) (1)	试件直径 D(mm) (2)	试件破坏荷载 P(N) (3)	单轴抗压强度 R(MPa) $(4)=\dfrac{(3)}{\pi(\frac{(2)}{2})^2}(1)$	高径比 2:1 换算 (MPa) $(5)=\dfrac{8(4)}{7+2\frac{(2)}{(1)}}$	均值 (MPa)	备注

备注：

试验：

校核：

表 A-65　岩石单轴压缩变形试验记录表

试验编号：　　　　试件直径：　　　　试件面积：　　　　试件高度：　　　　试件含水状态：

| 试件描述 | | 试件号 | 纵向荷载 P(kN) | 纵向应力 σ(MPa) | 纵向应变 ε_1($\mu\varepsilon\times10^{-6}$) | | | | 横向应变 ε_d($\mu\varepsilon\times10^{-6}$) | | | | 体积应变 $\varepsilon_v=\varepsilon_1-2\varepsilon_d$ | 备注 |
测定前	测定后				1号片	2号片	3号片	平均	1号片	2号片	3号片	平均		

破坏荷载 $P_f=$　kN
割线 $E_{50}=$　MPa

单轴平均抗压强度 ＝　MPa
$\mu_{50}=$　　　$E_{av}=$　MPa　　　$\mu_{av}=$

试验：　　　　　　　　　　校核：

315

表 A-66 岩石抗拉强度强度试验记录表

工程名称＿＿＿＿＿＿＿＿ 试验日期＿＿年＿＿月＿＿日

检验依据 □ GB/T 50266－2013 □ JTG E41－2005

　　　　　□ DL/T 5368－2007 □ TB 10115－98

试样状态 □天然含水状态 □烘干状态 □饱和状态 □其他含水状态

设备名称 □游标卡尺 □测量平台 □钻石机 □锯石机 □材料试验机

烘箱温度＿＿＿℃

试样编号	试件高度 h(mm) (1)	试件直径 D(mm) (2)	试件破坏荷载 P(N) (3)	抗拉强度 (MPa) $\sigma_t = \dfrac{2P}{\pi Dh}$	均值 (MPa)	备注

备注：

试验：　　　　　　校核：

表 A-67　岩石直剪试验记录表

试验编号		岩石名称		试件号		剪切面积 $A(\mathrm{cm^2})$
试件描述						
垂直千斤顶活塞面积 $(\mathrm{cm^2})$	垂直压力表读数 (MPa)		垂直荷载 $P(\mathrm{kN})$	附加垂直荷载 (kN)	垂直应力 $\sigma(\mathrm{MPa})$	
摩阻力 (kN)		水平千斤顶活塞面积 $(\mathrm{cm^2})$				
观测时间	水平压力表读数 (MPa)	水平荷载 (kN)	剪应力 $\tau(\mathrm{MPa})$	测微表读数 $(0.01\mathrm{mm})$		位移值 $(0.01\mathrm{mm})$	
				水平	垂直	水平	垂直
备注							

试验：　　　　　　　　　　　校核：

表 A-68　岩石点荷载试验记录表

工程名称 _____　试验日期 _____ 年 ____ 月 ____ 日

检验依据 _____ □ GB/T 50266－2013 □ JTG E41－2005 □ DL/T 5368－2007 □ TB 10115－98

设备名称 _____ □卡尺 □地质锤 □点荷载试验仪

试件描述

试样编号	P (N)	D (mm)	W (mm)	A (mm²)	点荷载强度指数（MPa）							饱和抗压强度 MPa
					De²	De	Is (MPa)	De/50	F	Is 修正后	平均值	
	①	②	③	④=②*③	⑤=4*④/π	⑥	⑦=①/⑤	⑧=⑥/50	⑨=⑧^0.45	⑩=⑨*⑦		

备注：

试验：　　　　　　校核：

318

表 A-69 岩石抗剪断强度试验记录

试验编号					试件描述					
试件号	试件尺寸长×宽(cm)	剪切面积A(mm²)	极限荷载P(N)	P/A(N/mm²)	放置角度α(°)	sinα	cosα	滚柱动摩擦系数f	正应力(MPa)	剪应力(MPa)

凝聚力 c=　　　　kPa 内摩擦角＝

试验：　　　　　　校核：

表 A-70 岩石薄片鉴定报告

工程名称　　　　　　取样地点　　　　　　报告编号

试验编号　　　　　　取样深度　　　　　　报告日期

野外鉴定描述定名

标本肉眼观察

显微镜下观察描述(岩石结构、构造、矿物成分含量及次生变化情况等)

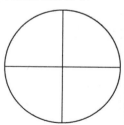

偏光放大倍

鉴定名称

试验：　　　　　　校核：

表 A-71　易溶盐总量测定试验记录表

试验编号		试验者	
试验地点		计算者	
试验日期		校核者	
仪器名称及编号			

试样编号	吸取水容积 V_{x1}(mL)	蒸发皿编号 No.	蒸发皿质量 m_m(g)	蒸发皿加烘干残渣质量 m_{mz}(g)	烘干残渣质量 $m_{mz}-m_m$ (g)	易溶盐总量 ω(易溶盐) (mg/L)	
						计算值	平均值

表 A-72　酸碱度(pH)测定记录表

试验编号		试验者	
试验地点		计算者	
试验日期		校核者	
仪器名称及编号			

室内编号	试样编号	温度(℃)	pH 值			备注
			第 1 次	第 2 次	平均	

表 A-73　水质分析原始记录

试验编号

测定项目　游 CO_2，HCO_3^-，CO_3^{2-}，侵 CO_2　　（容量法）

分析日期

依据标准：游 CO_2　　HCO_3^-　　CO_3^{2-}　　侵 CO_2

分析编号	序号	游 CO_2				HCO_3^-				CO_3^{2-}				侵 CO_2			
		取样体积 (mL)	消耗数 (mL)	mg/L	mmol/L	取样体积 (mL)	消耗数 (mL)	mg/L	mmol/L	取样体积 (mL)	消耗数 (mL)	mg/L	mmol/L	取样体积 (mL)	消耗数 (mL)	mg/L	mmol/L
标准溶液浓度		$C_{NaOH}=$ mol/L								$C_{HCl}=0.05$ mol/L							
计算公式		$\rho_{\text{游}CO_2}$ mg/L $=$ $\dfrac{CV_1}{V}\times44\times10^3$				$\rho_{HCO_3^-}$ mg/L $=$ $\dfrac{CV_1}{V}\times61.017\times10^3$				$\rho_{CO_3^{2-}}$ mg/L $=$ $\dfrac{2CV_1}{V}\times30\times10^3$				$\rho_{\text{侵}CO_2}$ mg/L $=$ $\dfrac{C(V_1-V_{HCO_3^-})}{V}\times22\times10^3$			

分析、计算：＿＿＿　　校核：＿＿＿

水质分析原始记录

试验编号　　　　　　

测定项目　硬度、Ca^{2+}、Mg^{2+}、Cl^-　　　（容量法）

分析日期　　　　　　

分析编号	序号	硬度				Ca^{2+}				Mg^{2+}				Cl^-			
		取样体积（mL）	消耗数（mL）	mg/L	mmol/L	取样体积（mL）	消耗数（mL）	mg/L	mmol/L	取样体积（mL）	消耗数（mL）	mg/L	mmol/L	取样体积（mL）	消耗数（mL）	mg/L	mmol/L
标准溶液浓度		$C_{[\frac{1}{2}EDTA]}=0.05mol/L$															
计算公式						$\rho_{Ca^{2+}}\,mg/L=$ $\dfrac{CV_1}{V}\times 20.04\times 10^3$				$\rho_{Mg^{2+}}\,mg/L=$ $\dfrac{CV_1}{V}\times 12.156\times 10^3$				$\rho_{Cl^-}\,mg/L=$ $\dfrac{CV_1}{V}\times 35.453\times 10^3$			

校核：　　　　　

分析·计算：

水质分析原始记录

（比色法）

依据标准：NH₄⁺
　　　　　SO₄²⁻
　　　　　pH

试验编号
测定项目　NH₄⁺,SO₄²⁻,pH
分析日期

分析编号	序号	NH₄⁺ 取样体积(mL)	含量(μg)	读数	mg/L	SO₄²⁻ 取样体积(mL)	含量(μg)	读数	mg/L	NO₂⁻ 取样体积(mL)	含量(μg)	读数	mg/L	NO₃⁻ 取样体积(mL)	含量(μg)	读数	mg/L	pH 取样体积(mL)	读数

备注：
**** 分光光度计：波长 450nm NH₄⁺标准系列 ｜ 波长 420nm SO₄²⁻标准系列 ｜ 波长 520nm NO₂⁻标准系列 ｜ 波长 410nm NO₃⁻标准系列 ｜ *** pH计

计算公式：$\rho_B \, \mathrm{mg/L} = \dfrac{A}{V}$

A——从标准曲线查得物质 B 的量（μg）

V——所取水样的体积（ml）

分析、计算：_____

校核：_____

323

水质分析原始记录

试验编号
测定项目　K⁺,Na⁺
分析日期

仪器型号：
温　度：＿＿＿＿　℃
湿　度：＿＿＿＿　％

分析编号	序号	取样体积(mL)	K⁺			取样体积(mL)	Na⁺		
			倍数(D)	读数	mg/L	mmol/L		倍数(D)	读数	mg/L	mmol/L

波长 K⁺766.5nm 标准曲线　　　　　波长 Na⁺589.3nm 标准曲线

计算公式：
$\rho_B = A \times D$
A—查表含量
D—稀释倍数

分析、计算：＿＿＿＿　　　　　　校核：＿＿＿＿

324

水质分析原始记录

试验编号

测定项目 硫酸根

分析日期

（质量法）

依据标准：

仪器型号：

温　度： _____ ℃

湿　度： _____ %

分析编号	序号	取样体积 (mL)	坩埚的质量 (g)	沉淀与坩埚的 质量(g)	沉淀质量(g)	硫酸根的质量 浓度(mg/L)	硫酸根的质量 浓度(mg/L)	硫酸根浓度 (mmol/L)

分析计算： _____

校核： _____

附录 B　土工试验成果的整理与试验报告

B.0.1　为使试验资料可靠和适用,应进行正确的数据分析和整理。整理时对试验资料中明显不合理的数据,应通过研究,分析原因(试样是否具有代表性、试验过程中是否出现异常情况等),或在有条件时,进行一定的补充试验后,再决定对可疑数据的取舍或改正。

B.0.2　舍弃试验数据时,应根据误差分析或概率的概念,以三倍标准差(即$\pm 3s$)作为舍弃标准,即在资料分析中应该舍弃那些在$\bar{x} \pm 3s$范围以外的测定值,然后重新计算整理。

B.0.3　土工试验测得的土性指标,可按其在工程设计中的实际作用分为一般特性指标和主要计算指标。前者如土的天然密度、天然含水率、土粒比重、颗粒组成、液限、塑限、有机质、水溶盐等,系指用以对土分类定名和阐明其物理化学特性的土性指标;后者如土的黏聚力、内摩擦角、压缩系数、变形模量、渗透系数等,系指在设计计算中直接用以确定土体的强度、变形和稳定性等力学特性的土性指标。

B.0.4　对一般特性指标的成果整理,通常可多次测定值x_i的算术平均值$\bar{x}$,并计算出相应的标准差s和变异系数c_v以反映实际测定值对算术平均值的变化程度,从而判别其采用算术平均值时的可靠性。

1　算术平均值$\bar{x}$应按下式计算:

$$\bar{x} = \frac{1}{n}\sum_{i=1}^{n} x_i \tag{B.0.4-1}$$

式中　$\sum\limits_{i=1}^{n} x_i$——指标测定值的总和;

n——指标测定的总次数。

2 标准差 s 应按下式计算：

$$s = \sqrt{\frac{1}{n-1}\sum_{i=1}^{n}(x_i - \overline{x})^2} \qquad (B.0.4\text{-}2)$$

3 变异系数 c_v 应按下式计算，并按表 B.0.4 评价变异性。

$$c_v = \frac{s}{\overline{x}} \qquad (B.0.4\text{-}3)$$

表 B.0.4 变异性评价

变异系数	$c_v < 0.1$	$0.1 \leqslant c_v < 0.2$	$0.2 \leqslant c_v < 0.3$	$0.3 \leqslant c_v < 0.4$	$c_v \geqslant 0.4$
变异性	很小	小	中等	大	很大

B.0.5 对于主要计算指标的成果整理，如果测定的组数较多，此时若指标的最佳值接近诸测值的算术平均值，则仍可按一般特性指标的方法确定其设计计算值，即采用算术平均值。但通常由于试验的数据较少，考虑到测定误差、土体本身不均匀性和施工质量的影响等，为安全考虑，对初步设计和次要建筑物宜采用标准差平均值，即对算术平均值加或减一个标准差的绝对值（$\overline{x} \pm |s|$）。

B.0.6 对不同应力条件下测得的某种指标（如抗剪强度等）应经过综合整理求取。在有些情况下，尚需求出不同土体单元综合使用时的计算指标。这种综合性的土性指标，一般采用图解法或最小二乘方分析法确定。

1 图解法：将不同应力条件下测得的指标值（如抗剪强度）求得算术平均值，然后以不同应力为横坐标，指标平均值为纵坐标作图，并求得关系曲线，确定其参数（如土的黏聚力 c 和角摩擦系数 $\mathrm{tg}\varphi$）。

2 最小二乘方分析法：根据各测定值同关系曲线的偏差的平方和为最小的原理求取参数值。

3 当设计计算几个土体单元土性参数的综合值时，可按土

体单元在设计计算中的实际影响,采用加权平均值,即:

$$\overline{x} = \frac{\sum \omega_i x_i}{\sum \omega_i} \qquad (\text{B.0.6})$$

式中　x_i——不同土体单元的计算指标;

　　　ω_i——不同土体单元的对应权。

B.0.7　试验报告的编写和审核应符合下列要求:

1　试验报告所依据的试验数据,应进行整理、检查、分析,经确定无误后方可采用。

2　试验报告所需提供的依据,一般应包括根据不同建(构)筑物的设计和施工的具体要求所拟试验的全部土性指标。

3　试验报告中应采用国家颁布的法定计量单位。

4　提出使用的试验报告,必须经过审核手续,建立必要的责任制度。

附录 C 岩石试验成果综合整理方法

C.0.1 岩石试验各项试验成果应进行综合整理分析和归纳,提出试验最佳值或满足给定置信概率的试验参数标准值。

C.0.2 成果整理应符合下列规定:

1 对全部试验资料进行逐项逐类的检查和核对,分析试验成果的代表性、规律性和合理性。

2 试验成果应按已划分的工程地质单元进行归类,编制各项试验成果汇总表。

3 按地质单元对试验成果进行综合整理,提出各项试验成果最佳值。

C.0.3 岩块物理力学性参数采用试验值的算术平均值作为试验最佳值。根据需要可计算相应的均方差、偏差系数、绝对误差及精度等指标。

C.0.4 变形特性参数整理应符合下列规定:

1 对不均匀变形反应敏感的某些建筑物或建筑物的某些关键部位,在已划分的工程地质单元的基础上,宜划分成更小的单元整理试验成果。

2 取统计范围内各试点变形特性参数的算术平均值作为试验最佳值。

C.0.5 直剪强度试验成果可选取下列方法进行整理:

1 对同一地质单元内的各组参数进行统计,确定试验最佳值。

2 将同一地质单元内全部试验成果点绘在 $\tau \sim \sigma$ 坐标图上,用图解法或最小二乘法确定该地质单元抗剪强度参数的试验最佳值。

3 将同一地质单元内全部试验成果按正应力分组统计,确定各级正应力下的最佳剪应力值,用图解法或最小二乘法确定该地质单元抗剪强度参数的试验最佳值。

C.0.6 三轴压缩强度试验成果可选取下列方法进行整理:

1 对同一地质单元的各组三轴强度参数进行算术平均,确定相应工程地质单元的抗剪强度试验最佳值。

2 将同一工程地质单元的全部试验成果按侧向应力分组统计,确定各侧向应力下的最佳轴向应力值,并按下列步骤确定该工程地质单元的抗剪强度试验最佳值:

1)在坐标图上点绘侧向应力和相应的最佳轴向应力点。

2)用图解法或最小二乘法拟合直线。

3)在直线上等距地取 6~8 个点,确定各点相应的轴向应力和侧向应力值,并在 $\tau \sim \sigma$ 坐标图上绘制相应的莫尔圆。

4)作这些莫尔圆的破坏包线。根据直线段的斜率和截距,确定抗剪强度参数 $tg\varphi$ 和 C。

C.0.7 图解法确定抗剪强度参数时,按下列步骤进行:

1 将不同正应力下的最大剪应力(单值或统计值)点绘在 $\tau \sim \sigma$ 坐标上,纵、横轴比例尺宜相同。

2 用目估方式作直线,直线至所有的点距离应最近。

3 按直线的斜率和截距确定抗剪强度参数 $tg\varphi$ 和 C。

C.0.8 最小二乘法确定抗剪强度参数时按下列公式计算:

$$tg\varphi = \frac{n \sum_{1}^{n} \sigma_i \tau_i - \sum_{1}^{n} \sigma_i \sum_{1}^{n} \tau_i}{n \sum_{1}^{n} \sigma_i^2 - \left(\sum_{1}^{n} \sigma_i\right)^2} \tag{C.0.8-1}$$

$$C = \frac{\sum_{1}^{n} \sigma_i^2 \sum_{1}^{n} \tau_i - \sum_{1}^{n} \sigma_i \sum_{1}^{n} \sigma_i \tau_i}{n \sum_{1}^{n} \sigma_i^2 - \left(\sum_{1}^{n} \sigma_i\right)^2} \tag{C.0.8-2}$$

式中　$tg\varphi$——摩擦系数;

　　　C——内聚力(MPa);

σ_i——正应力值，i=1,…,n；

τ_i——与 σ_i 相对应的剪应力值，i=1,…,n；

n——测定总次数。

C. 0. 9 试验成果数理统计可包括下列内容：

1 算术平均值按下式计算：

$$\overline{x} = \frac{\sum x_i}{n} \tag{C. 0. 9-1}$$

式中 $\overline{x}$——算术平均值；

x_i——试验值。

2 均方差按下式计算：

$$\sigma = \sqrt{\frac{\sum (x_i - \overline{x})^2}{n-1}} \tag{C. 0. 9-2}$$

式中 σ——均方差。

3 偏差系数按下式计算：

$$C_v = \frac{\sigma}{\overline{x}} \tag{C. 0. 9-3}$$

式中 C_v——偏差系数。

4 绝对误差按下式计算：

$$m_x = \pm \frac{\sigma}{n} \tag{C. 0. 9-4}$$

式中 m_x——绝对误差。

5 精度指标按下式计算：

$$P_x = \pm \frac{m_x}{\overline{x}} \tag{C. 0. 9-5}$$

式中 p_x——精度指标。

C. 0. 10 非代表性试验值可按下式确定，并予以舍弃：

$$|x_i - \overline{x}| > g\sigma \tag{C. 0. 10}$$

式中 x_i——试验值；

g——采用三倍标准差方法或 *Grubbs* 准则判别时给

出的系数。用三倍标准差方法时,g=3;用 Grubbs 准则时,g 按表 C. 0. 10 的规定取值。

表 C. 0. 10 *Grubbs* **判别准则中 g 取值表**

样本数	置信水平		样本数	置信水平		样本数	置信水平	
	95%	99%		95%	99%		95%	99%
3	1.15	1.15	9	2.11	2.32	15	2.41	2.71
4	1.46	1.49	10	2.18	2.41	20	2.56	2.88
5	1.67	1.75	11	2.23	2.48	25	2.66	3.01
6	1.82	1.94	12	2.29	2.55	30	2.75	3.10
7	1.94	2.10	13	2.33	2.61	40	2.87	3.24
8	2.03	2.22	14	2.37	2.66	50	2.90	3.34

C. 0. 11 试验参数标准值可按下列方法确定:

对于相同地质单元具中有足够数量的试验值,可以计算满足给定置信概率条件下的试验参数标准值。根据给定的置信概率 $P=1-\alpha$,标准值 f_k 可按下列公式计算:

$$f_k = \gamma_s \overline{x} \qquad (C. 0. 11-1)$$

$$\gamma_s = 1 \pm \frac{t_\alpha(n-1)}{n} C_v \qquad (C. 0. 11-2)$$

式中 f_k——试验参数标准值;

γ_s——统计修正系数,其正负号按不利组合考虑;

$t_\alpha(n-1)$——置信概率为 $1-\alpha$(α 为风险率),自由度为 $n-1$ 的 t 分布单值置信区间系数值,可按 t 分布单值置信区间 t_α 系数表规定取值。置信概率为 90% 和 95% 时,$t_\alpha(n-1)$ 按表 C. 0. 11 的规定取值。

表 C. 0. 11 t 分布单值置信区间系数表

自由度 $n-1$	置信概率		自由度 $n-1$	置信概率		自由度 $n-1$	置信概率	
	95%	99%		95%	99%		95%	99%
3	1.64	2.35	9	1.38	1.83	15	1.34	1.75
4	1.53	2.13	10	1.37	1.81	20	1.33	1.72
5	1.48	2.02	11	1.36	1.80	25	1.32	1.71
6	1.44	1.94	12	1.36	1.78	30	1.31	1.70
7	1.42	1.90	13	1.35	1.77	40	1.31	1.69
8	1.40	1.86	14	1.35	1.76	60	1.30	1.67

附录 D 水质分析成果综合整理方法

D. 0. 1   为使水质分析规范适用,应进行正确的数据分析和整理。数据分析和整理主要内容包括:

1   仔细分析原始记录。

对水样送样情况、各分项测试原始记录等逐一进行分析,发现结果异常应及时进行复测等处理。

2   统一采用法定计量单位。

所有项目计算过程和成果表示统一采用物质的量浓度 C_b（单位 mol/L）和物质的质量浓度 ρ_b（单位 mg/L）。

3   统一成果表样式以满足分析结果的质量审核。

统一成果表样式(参见表 D. 0. 1),其中主要阴阳离子应分别采用 mol/L 和 mg/L 表示,其他项目采用单位 mol/L 或 mg/L,以满足和方便质量审核时阴阳离子平衡等计算与分析。

表 D.0.1 水质分析成果表推荐样式

×××××××××勘察院

水质分析成果表

报告编号：

室内编号：   收样日期：

野外编号：   分析日期：

工程名称：   温度：   湿度：

分析项目		$\rho_B^{Z\pm}$ (mg/L)	$C(\frac{1}{Z}B^{Z\pm})$ (mmol/L)	$X(\frac{1}{Z}B^{Z\pm})\%$
阳离子	K$^+$			
	Na$^+$			
	Ca^{2+}			
	Mg^{2+}			
	NH$_4^+$			
合　计				
阴离子	Cl$^-$			
	SO$_4^{2-}$			
	HCO$_3^-$			
	CO$_3^-$			
合　计				

分析项目	$C(\frac{1}{Z}B^{Z\pm})$ (mmol/L)	分析项目	$\rho_B^{Z\pm}$ (mg/L)	主要检测仪器： 1. ＊＊＊＊ 酸度计 2. ＊＊＊＊ 火焰光度计 3. ＊＊＊＊ 分光光度计
钙镁离子浓度		游离 CO_2		
碳酸盐钙镁离子浓度		侵蚀性 CO_2		
非碳酸盐钙镁离子浓度		溶解性固体		依据标准：
钠钾碱度		矿化度		
pH				
备注				

测试：　　　　审核：　　　　日期：　　　　页码

D.0.2　分析结果应在数据分析和整理的基础上进行必要的质量审核。

1　水质分析结果除了质量审核 6.1.0.3 和 6.1.0.4 款规定的内容外，还应根据化学平衡原理和经验方法或公式校核分析结果的正确性。

2　检查阴阳离子平衡，阴离子物质的量浓度之和（$\sum Ca$ mmol/L）与阳离子物质的量浓度之和（$\sum Cc$ mmol/L）是否接近，其最大允许差为：

$$R=\frac{\sum Ca-\sum Cc}{\sum Ca+\sum Cc}\times100\%$$

天然水，当 $\sum Ca+\sum Cc>5$mmol/L 时，$R\leqslant\pm3\%$；

简析，K^+、Na^+ 实测时，$R\leqslant\pm4\%$；

卤水或严重污染水及 $\sum Ca+\sum Cc<5$mmol/L 时，可不考虑。

3　检查用蒸干法测得的可溶性固体总量（A），与实测的各组分含量的总和（即矿化度）减去重碳酸根离子含量的一半所得

的结果(B)是否接近,其最大允许相对误差为:

$$E_r = \frac{A-B}{A+B} \times 100\%$$

当 $A < 100 \text{mmol/L}$ 时,$E_r \leqslant \pm 5\%$;

当 $A > 100 \text{mmol/L}$ 时,$E_r \leqslant \pm 3\%$。

4 pH 值、游离 CO_2 和 HCO_3^-、CO_3^{2-} 之间的关系:

1)当含有游离 CO_2 和 HCO_3^-,不含有机酸时:

pH 值 $= 6.37 + \lg c_1 - \lg c_2$

c_1——HCO_3^- 的含量(mmol/L);

c_2——游离 CO_2 的含量(mmol/L)。

2)当含有 HCO_3^- 和 CO_3^{2-} 离子时:

pH 值 $= 10.31 - \lg c_1 + \lg c_3$

c_3——CO_3^{2-} 的含量(mmol/L)。

3)当只含有 HCO_3^- 离子时,pH 值 $= 8.41$。

以上是理论计算式,实际测得的 pH 值与计算结果的误差应小于 0.2 pH 单位。

附录 E 细则用词说明

1　为便于在执行本细则条文时区别对待,对于要求严格程度不同的用词说明如下:

1)表示很严格,非这样做不可的用词:

正面词采用"必须",反面词采用"严禁";

2)表示严格,在正常情况均应这样做的用词:

正面词采用"应",反面词采用"不应"或"不得";

3)表示允许稍有选择,在条件许可时首先应这样做的用词:

正面词采用"宜",反面词采用"不宜";

4)表示有选择,在一定条件下可以这样做的用词,采用"可"。

2　条文中指定应按其他标准、规范执行时,写法为"应符合……的规定"或"应按……执行"。非必须按所指定的标准、规范或其他规定执行时,写法为"可参照……"。

宁波市轨道交通室内岩土测试技术细则条文说明

编制说明

岩土测试参数对岩土工程勘察报告准确性、安全性及工程建设项目的经济性有着直接的影响。我国现代化建设的日益发展,对岩土工程的测试技术和手段提出了更高的要求。室内岩土试验是土力学与土质学的重要组成部分,它不仅是研究岩土的工程性质的重要手段,也是解决岩土问题的一个工作环节,它与勘探取样、设计、施工都有关系,对工程勘察尤为重要,其目的是测定岩土的基本物理、力学性质,为工程勘察和设计提供可靠的计算数据。

轨道交通技术要求高、勘察单位多,轨道交通工程勘察中经常出现各标段岩土数据协调统一性较差的问题,究其原因:一是各单位执行的规范标准方法不统一,各行业的土工试验方法和国家标准方法没有完全统一,即使同一种试验也存在多种方法;二是轨道交通工程有其自身特点,土试试验种类多,指标参数要求多,现行土工试验规范不能完全覆盖轨道交通工程勘察测试项目要求;三是土体自身存在一定的复杂性。

为使宁波轨道交通岩土工程勘察更好地为设计提供合理、可靠的设计参数,同时也使各勘察单位更好地遵循试验技术标准,使试验结果更准确、更具有可比性,进行了本细则的编制。首先,收集已有宁波轨道交通岩土工程勘察土工试验成果,对不同勘察单位的土工试验成果的差异性进行深入分析,对试验结果的可靠性进行多因素研究;其次,结合轨道交通岩土工程设计,全面地分析现行勘察工作试验参数的必要性、作用,确定试验项目的增减,并对重要设计参数提出明确的试验要求;最后,在上述研究基础上,依据《城市轨道交通岩土工程勘察规范》GB 50307、《工程建设岩土工程勘察规范》DB 33/1065、《宁波市轨道交通岩土工程勘察技术细则》2013 甬 22—02 等规范,参考《土工试验方法标准》GB 50123、《铁路工程土工试验规程》TB 10102、《水电水利工程土工试验规程》DL/T 5355、《公路土工试验规程》JTG E40、《土工试验规程》SL 237、《铁路工程岩石试验规程》TB 10115、《工程岩体试验方法标准》GB/T 50266 及《地下水质检验方法》DZ T0064 等编制了《宁波市轨道交通室内岩土测试技术细则》。

《细则》包括土工试验、岩石试验和水质分析三部分内容,其中土工试验在现行标准基础上,系统归纳并明确了基床系数、常温土热物理参数以及三轴仪法测静止侧压力系数等试验方法,结合宁波市土层特性,改进了部分试验方法,与宁波地区岩土工程勘察、设计、施工及监理等工程建设的习惯相适应;岩石试验和水质分析主要引用现行相关标准,以期内容覆盖轨道交通全部室内岩土试验项目,能全面指导宁波市轨道交通工程后续线路的岩土工程勘察,提升宁波地区土工试验技术水平,同时还可为其他软土地区轨道交通建设提供较好的借鉴作用。

3 试样制备

3.1 土样试样制备

3.1.0.3 同一组试样间的均匀性主要表现在密度和含水率的均匀性方面,本条规定密度和含水率的允许差值,使试验结果的离散性减小,避免力学指标之间互相矛盾的现象。

3.1.0.5 原状土试样制备过程中,应先对土样进行描述,了解土样的均匀程度、含夹杂质及土的结构(如层状构造、夹粉砂薄层)等情况,制备土样应使选用物理性质试验的试样和选用力学性质试验的试样一致,同时为力学试验成果指标的分析提供依据。描述时可目力初估样品的 I_P 及 I_L 区间范围,当试验成果指标偏离描述区间时,应注意核实其原因,必要时进行补测。

用环刀切取试样时,必须保证环刀垂直下压,因环刀不垂直切取的试样层次倾斜,与天然结构不符;其次,试样与环刀内壁间容易产生间隙,切取试样时要防止扰动,否则会影响测试结果。

3.1.0.6 扰动土试样的备样过程中对含有机质的土样规定采用天然含水率状态下的代表性土样,供颗粒分析、界限含水率试验,因为这些土在 105℃～110℃ 温度下烘干后,胶体颗粒和黏粒会胶结在一起,试验中影响分散,使测试结果有差异。

3.1.0.7 扰动土试样制备时所需的加水量要求均匀喷洒在土样上,润湿一昼夜,目的是使制备样含水率均匀,达到密度的差异小。击样法制备试样时,若分层击样,每层的密实也要均匀。

3.2 岩石试样制备

3.2.0.2 岩石试验时试样的形态,包括形状、大小和高径比,三者对测试成果的影响较大(尺寸效应或体积效应),所以采用标准试件,可消除不同形态的影响,有利于对同组试验成果间的对比。圆形柱状试样具有轴对称的特点,应力分布比非对称试样均匀,另勘察钻机采取的岩样均为圆形柱状样,也利于试样制备,所以应优先考虑采用圆柱形试样。

3.2.0.4 圆柱形试样在制样时一般采用金刚石钻头回转钻进,金刚石钻头耐冲压能力较差,钻进时的压力要选择恰当,为减小试样直径的误差,钻机的主轴要经常检测,严格控制摆差不超过0.05mm,同时钻进的速度也应根据岩石的硬度不同进行调整。

切割方形试样时,最好采用双刀平行推进,既可以保证两相对面彼此的平行度,又可以减少磨石的工作量。

对制备天然含水状态的黏土质岩石试样时,应采取有效措施控制试样的含水状态,防止干缩龟裂,比较常用的措施是采用干钻和干磨的方法,尽可能缩短试样暴露时间。

3.3 人工冻土试样制备

人工冻土试验现阶段煤炭行业相对使用较多,并有相应的试验标准,本节中关于冻土的制样内容主要采用了煤炭工业部的《人工冻土物理力学性能试验》(MT/T 593.1—1996)中的第一部分:人工冻土试验取样及试样制备方法中的相关规定。

4 土工试验

4.1 含水率试验

4.1.0.1 土的含水率定义为试样在 105℃～110℃ 温度下烘干至恒量时所失去的水质量和达到恒量后干土质量的比值,以百分数表示。

含水率试验方法有多种,但能确保质量,操作简便又符合含水率定义的试验方法仍以烘干法为主,《土工试验方法标准》(GB/T 50123—1999)规定以烘干法为标准方法。烘干温度采用105℃～110℃,这是因为土的水理性质。烘干法一般是要较长时间才能测定含水率,效率低。在填方和土坝等施工质量检测中,常常要求很快得出填土的含水率,此时,可采用酒精燃烧法快速测定含水率。

对有机质含量超过干土质量 5% 的土,规定烘干温度为

65℃～70℃,因为在 105℃～110℃ 温度下,经长时间烘干后,有机质特别是腐殖酸会在烘干过程中逐渐分解而不断损失,使测得的含水率比实际的含水率大,土的有机质含量越高误差就越大。

4.1.0.3 试样烘干到恒量所需的时间与土的类别及数量有关。本细则取代表性试样 15g～30g,黏土、粉土烘干时间不少于 8h;砂土不少于 6h,由于砂土持水性差,颗粒大小相差悬殊,含水率易于变化,所以试样应多取一些,本细则规定不宜少于 50g。

4.3 土粒比重试验

4.3.4.5 土的比重宜通过实测确定,但实测比重对实验室环境条件要求很高,操作过程复杂。不容易达到理想效果。同时由于土的比重变化区间不大,有经验的地区土的比重可根据经验确定。本细则通过宁波地区大量的土粒比重与塑性指数、颗粒组成试验比较,总结了宁波地区用塑性指数和颗粒组成来确定土的比重的地方经验。本细则建议土粒比重可采用条文中表 4.3.4数值。

4.4 颗粒分析试验

4.4.2.4 颗粒分析试验采用密度计法时,密度计读数的选择目前有两种方法:一种是全曲线分析读数法,即经 0.5,1,2,5,15,30,60,120,180,1440min…测读密度计读数。其中,0.5,1.0,2.0min读数后均需重新搅拌;另一种是五点法,即测定 1,5,30,120min 和 1440min 的五个读数。这种方法节省了大量的计算工作量,又免去了多次在静止的悬液中放取密度计对悬液的扰动,减少了产生误差的因素。另外也可根据试样情况或实际需要,适当增加密度计读数或缩短最后一次读数的时间。

4.5 界限含水率试验

4.5.2 液限试验,国家标准《土工试验方法标准》(GB/T 50123—1999)规定用 76g 圆锥仪入土深度 17mm 和 10mm 两种标准,宁波地区均习惯使用我国传统的 76g 圆锥仪法测量液限含水率,所以本条液限含水率增加了 76g 圆锥仪法。本地区各单位一直使用 10mm 标准,积累了大量资料,所以仍采用 10mm 标准。对于塑性指数 10～12 的低塑性土,由于塑限搓条法误差较大,本细则要求用颗粒分析复测黏粒含量,当黏粒含量小于等于全重的 15%,则按颗分定名为黏质粉土;若黏粒含量小于全重的 10%,则定名为砂质粉土。

4.6 砂的相对密度试验

4.6.1.1 砂的相对密度,是砂类紧密程度的指标。对于建筑物和地基的稳定性,特别是在抗震性方面具有重要意义。相对密度试验适用于透水性良好的无黏性土,含细粒较多的试样不宜进行相对密度试验,美国 ASTM 规定 0.075mm 土粒的含量不大于试样总质量的 12%。

4.6.1.2 相对密度试验中的三个参数即最大干密度、最小干密度和现场干密度(或填土干密度)对相对密度都很敏感,因此,试验方法和仪器设置的标准化是十分重要的。然而目前尚没有统一而完善的测定方法,故仍将原法列入。

本细则参考众多文献,最终在试样制备时规定选用代表性土样在 105℃～110℃下烘干过筛,筛孔要足够小,使弱胶结的土粒能分散。

4.7 击实试验

4.7.0.1 室内扰动土的击实试验一般根据工程实际情况选用轻型击实试验和重型击实试验。我国以往采用轻型击实试验比较多,水库、堤防、铁路路基填土均采用轻型击实试验;高等级公路填土和机场跑道等采用重型击实较多。重型击实仪的击实筒内径大,最大粒径可允许达到 20mm。击实试验中,当粒径大于 20mm 的颗粒含量小于 30% 时,土样中含有少量大于 20mm 的粒径,需要剔除时,应对最大干密度和最优含水率进行校正。

4.8 渗透试验

4.8.1.1 测定土的渗透系数对不同的土类应选用不同的试验

方法。试验类型分为常水头渗透试验和变水头渗透试验,常水头渗透试验适用于粗粒土,变水头渗透试验适用于细粒土。试验宜重复测记三次以上,计算的渗透系数宜取三个误差不大于 2×10^{-n} 的数据平均值,本细则以 20℃ 作为标准温度,计算时需要校正到标准温度下的渗透系数。对透水性很低的饱和黏性土,可通过固结试验测定固结系数 C_v、C_h,计算渗透系数 k_v、k_h。计算公式可按(4.9.1.16-2)计算,使用时注意使用边界条件。

4.8.1.2 关于试验用水问题。水中含气对渗透系数的影响主要由于水中气体分离,形成气泡堵塞土的孔隙,致使渗透系数逐渐降低,因此,试验中要求用无气水,最好用实际作用于土中的天然水。本细则规定采用的纯水要脱气,并规定水温高于室温 3℃~4℃,目的是避免水进入试样因温度升高而分解出气泡。

4.9　固结试验

4.9.1.17　一般黏性土在主固结完成后,它的次压缩段至少在一二个时间对数循环内近似为一直线,如条文中图4.9.1.17中 t_c 后的线段。该直线段的斜率,称为次固结系数。次压缩可用孔隙比变化△e 或试样应变的变化△ε 表示。

4.9.2.3　快速法压缩试验校正各级压力下试样的总变形量的方法,许多软件中有"次固结增量法",因此本细则没有固定方法。

4.10　直接剪切试验

4.10.2.3　直接剪切仪的最大缺点是不能有效地控制排水条件。剪切速率是影响抗剪强度的关键因素。《土工试验方法标准》(GB/T 50123—1999)中规定:快剪和固结快剪应在 3min~5min 内剪损,其目的就是在剪切过程中尽量避免试样的排水固结。然而,对于高含水率、低密度的土或透水性大(渗透系数大于 10^{-6} cm/s)的土,即使再加快剪切速率,也难避免排水固结,因而对于这类土,建议用三轴仪测定其不排水强度。

4.11　无侧限抗压强度试验

4.11.0.3 无侧限抗压强度适用于黏性土,主要指黏土。

4.11.0.8 试样受压破坏时,一般分脆性破坏及塑性破坏两种。脆性破坏具有明晰的破裂面,而塑性破坏时没有破裂面。应力应变关系曲线也大致有两种:一种是具有峰值或稳定值的,另一种是不具有峰值或稳定值而是应力随应变渐增的。选择破坏值时,对于有明显峰值或稳定值的,以峰值或稳定值为抗压强度,对于没有峰值或稳定值的,以应变15%作为取值标准。原状土脆性破坏的土,天然结构经重塑后,它的结构凝聚力已全部消失,一般是塑性破坏,若以应变15%作为取值标准取会偏大,因此,可以参考原状土破坏时的应变或曲线拐点后缘处应变(一般会落在应变5%~7%处)作为取值强度取值点。

4.12 三轴压缩试验

4.12.1.2 本试验应根据工程要求和土性,分别采用不固结不排水(UU)试验、固结不排水(CU)试验、固结排水(CD)试验。

4.12.1.3 试验应制备3个以上土性相同的试样,在不同围压下进行试验,保证有3个摩尔圆连成包线。试验围压宜根据取土深度确定,避免出现人为的超压密土,造成黏聚力偏大、内摩擦角偏小的试验结果。

4.12.7.1 一个试样多级加荷三轴试验仅限于无法切取多个试样的低灵敏度土。

对于宁波地区深层的硬塑土,由于含有姜结石等,无法切取多个试样,且灵敏度较低,因此可采用一个试样多级加荷试验。

对于软黏土及塑性大的土,细则建议不要用一个试样多级加荷三轴试验的方法。浙江省工程勘察院曾做过固结快剪一个试样多级加荷三轴试验方法(简称多级剪)与标准方法(简称多样剪)的对比试验研究,发现:

(1)对有剪切滑动面的软黏土,因多级剪的内摩擦角明显小于多样剪的内摩擦角,且试验很容易失败,故不适合多级剪。

(2)对无剪切滑动面的软黏土,因多级剪的影响因素复杂,试验较难控制,需要有一定试验经验与技巧,在积累一定多样剪经验的基础上,经过慎重设计试验参数,可用多级剪代替。

4.14 静止侧压力系数试验

4.14.0.1 静止侧压力系数是土体在无侧向变形条件下,有效侧向应力与有效轴向应力之比。静止侧压力系数是作用于确定天然土层的水平向应力以及挡土结构物在静止状态时水平向压力的计算。

根据静止侧压力系数的定义,在轴对称试样中 $\varepsilon_2 = \varepsilon_3 = 0$ 时:

$$k_0 = \frac{\sigma'_3}{\sigma'_1} = \frac{\sigma_3 - \mu}{\sigma_1 - \mu}$$

如果施加在试样上的轴向总应力 σ_1 保持不变,对于饱和土来说,开始时试样上的侧向总应力 σ_3 与 σ_1 之比接近 1,随着排水固结过程,总应力逐渐转换为有效应力。因此,用总应力表示的比值是逐渐变小的。但在整个试验过程,有效应力的比值基本保持常数,所以用有效应力定义静止侧压力系数。

4.14.0.2 在进行静止侧压力系数测定时,要求主应力方向是水平向和垂直向的,即试样的上、下面和侧面都是主应力,不存在剪应力。本方法中三轴法主要采用等向固结的方式保持试样在加压过程中不发生侧向变形的条件;侧压力仪在施加轴向压力后试样不允许发生侧向变形,即轴向应变和体积应变相等,上述仪器的设计原理均满足静止侧压力系数的理论。

目前实验中较多采用的是侧压力仪进行试验,但随着近年国产三轴仪器的开发及普及,采用三轴法进行等向固结试验获取静止侧压力系数的方式逐步增加,另在进行三轴法测量基床系数时必须经过 k_0 的等向固结过程,即进行三轴法测基床系数时可以同步获得 k_0 指标。但三轴法进行等向固结试验获取静止侧压力系数的方法目国内前尚无相关规范。

侧压力仪的原理与密闭受压室相似。它与三轴仪的差别主要有两个：其一是在试验过程中受压室的阀门是关闭的，液体密闭在受压室中，当增加轴向压力时，由于保持试样侧向不允许变形，受压室中的液体压力也增大；其二是加轴向压力的传压板直径与试样直径相等，试样受力发生压缩后，由于密闭受压室的容积仍然保持不变，试样不可能发生侧向变形，轴向应变等于体积应变。用这种仪器测定静止侧压力，密闭受压室必须密封不漏水。密闭受压室外罩，量测密闭受压室液体压力的管路等装置，在受压力后不应发生变形，否则将引起试样侧向变形。

4.14.0.3　密闭受压室中的液体，需要用纯水，以免水中溶解的空气使水的压缩性增大，受压后引起试样侧向变形。三轴仪在装样时应将孔压传感器前管路中的气柱排出。

4.16　振动三轴试验

4.16.1.2　振动三轴试验是室内进行土的动力特性参数测定时较普遍采用的一种方法。土的动力特性参数，取决于所选用的力学模型。在循环应力作用下，土的力学模型很多，但比较成熟、国内外应用较广的是等效黏弹性模型，需要确定动强度（或抗液化强度）及动孔隙水压力特性、动弹性模量和阻尼比特性，以及动力残余变形特性等参数。主要包括三种试验：一是动强度（或抗液化强度）特性试验，确定土的动强度，用以分析动态作用条件下地基和结构物的稳定性，特别是砂土的振动液化问题；二是动力变形特性试验，确定剪切模量和阻尼比，用以计算土体在一定范围内引起的位移、速度、加速度或应力随时间变化等动力反应；三是残余变形特性试验，确定动力残余体应变和残余剪应变特性，用于计算动荷载作用下引起的永久变形。

　　振动三轴试验是应用圆柱形试样，在轴向与侧向均等或不均等压力下，通过轴向等幅周期循环荷载作用，测定应力、应变或孔隙水压力的变化，从而求得土的动力特性参数。试验过程中，不仅要模拟现场土体的静应力状态，而且还要模拟实际现场的排水条件，将实际不规则变化的地震波按震级大小进行等幅周期循环简化模拟,施加动荷载。

在采用单向激振式三轴仪进行试验时,为了模拟土体实际应力状态,必须考虑动孔隙水压力的影响。试验模拟条件应该尽量真实反映实际现场条件,并与采用的计算模型和分析方法相匹配。对于地震动力反应分析和抗震稳定分析来说,由于震前的试样在静力作用下已经固结,而在震动作用下,又因作用时间很短,相应于在基本不排水条件下施加了动剪应力,故动强度(或抗液化强度)试验和动力变形特性试验建议在固结不排水条件下进行。

采用动力残余变形评价土工建筑物和地基的抗震安全性是近年来土工抗震设计和研究的发展趋势,根据目前一般采用的计算地震残余变形的方法,细则建议动力残余变形特性试验在固结排水振动试验条件下进行,对应于采用有效应力地震动力反应分析方法或实际工程排水条件较好的情况。

4.16.2.1 振动三轴仪按产生激振力的激振方式不同,分为惯性力激振式、电磁激振式、气动力激振式和液压伺服激振式。按控制方式不同,又分为常规手动控制式及计算机控制式。每种类型又有单向激振和双向激振之分。目前较多采用的是计算机控制的液压伺服单向激振式,因此本试验以液压伺服单向激振式振动三轴仪为例进行编写。

4.16.2.2 振动三轴仪在使用前应认真检查。孔隙水压力量测系统不漏水、不漏气,无气泡残存;加压系统的压力应保持稳定;各活动部件应灵活并进行摩擦修正。对激振部分要求波型良好,拉压两半周的幅值应基本相等,相差应小于 $\pm 10\%$;振动频率在 $0.1Hz \sim 10Hz$ 范围内可调;振动荷载在大应变时应基本稳定,增减变化小于 10% 单幅值;各传感器应满足有关要求。仪器设备的各组成部分均应定期标定;计算机控制的各种部件应连接准确。

4.16.3.1 试样制备应符合下列规定:

1 试样直径。本细则规定采用的尺寸主要符合目前国内使用仪器的情况。试样的允许粒径分别为 2mm 和 5mm,个别超径颗粒的最大尺寸不能大于试样直径的 1/5。试样的高度以试样直径的 2～2.5 倍为宜。

3 扰动土试样制备。要求成型良好,密度均匀,完全饱和,结构状态尽可能接近现场情况,试样制备是整个试验中最关键的环节。

4 砂土试样制备。当前砂样成型均采用样模(对开或三瓣)、抽气(使橡皮内膜紧贴模壁,保证形状均匀,尺寸合格),并施加负压(使试样挺立,便于拆模和量取试样尺寸)等三个措施,效果良好。量取试样直径时,一般取上、中、下三个数据,必要时考虑橡皮膜厚度的校正。

为了达到密度均匀,常用在一定试模体积内装相应干砂量(取决于控制的密度)的方法控制。当干装或湿装时,常将按预定密度和体积计算称取的干砂或湿砂分成 5～6 等份,每份填装于同密度相应的体积内,最后进行饱和。当直接填装饱和砂时,常用两种方法:一是将称取的砂样浸水饱和,再按一定方法(取决于要求的密度)正好装满预定的体积;另一是直接从盛有已备妥的饱和砂土的量杯中取砂装样,称装样前后量杯的质量,计算实际装入的干砂量。

对于一组试验中的各个试样,固结后的密度应基本接近于要求的控制密度。对填土宜模拟现场状态用密度控制。对天然地基宜用原状试样。

4.16.3.2 为了使试样获得较高的饱和度,常用的方法有以下几种:①用脱气水制样;②将砂煮沸;③抽气饱和;④用脱气水循环渗流;⑤采用二氧化碳加反压力饱和。这些提高饱和度的方法应该配合使用。二氧化碳饱和法主要利用二氧化碳比空气重,易溶于水的特性。这样,可以在安装好试样后,自下而上连接通入二氧化碳,使其尽量排除试样中可能残留的空气,接着再自下而上通入脱气水。此时,二氧化碳溶于水,原先由二氧化碳所占据的孔隙即可由水代替,达到饱和的目的。二氧化碳饱和法一般应用于要求制样密度较低砂土试验。反压力饱和是预先向试样内施加一定的压力,使残留在试样中的气泡压缩变小以致溶解于孔隙水中,达到增大饱和度的目的。反压力饱和可与上述各种饱和方法结合使用。

4.16.3.5 对于循环荷载作用下土的动强度,通常定义为达到某一指定破坏标准(一般取轴向应变达到某个值 ε_f)所需的动应力。因为有时间因素的影响,一般试验成果表示为破坏动应力比与破坏振次 N_f 的关系曲线。如果 N_f 值以按 H. B. Seed 对不同震级提出的等效循环次数来确定的话,即对 7 级、7.5 级和 8 级地震分别取 10 次、20 次和 30 次,如果取的破坏应变的标准不同,相应的动强度也就不同。可见,合理地确定这个破坏应变 ε_f 是讨论动强度的基础。但是破坏应变这个概念具有两方面的含义:一是试样达到真正破坏时相应的应变;一是从工程对象所能允许经受的破坏应变。前者从研究土性的变化出发,后者从研究工程对象的稳定性出发。当然土体达到破坏时,由它做成的构筑物或地基自然发生破坏,所以上述两种含义基本一致。但是,土在各向不等压固结情况下受动荷作用时,常出现变形连续增长,而土体并无明显破坏的情况。此时,为了在设计上合理采用动强度指标,最好将二者联系起来确定不同建筑物设计时应该取用的破坏应变标准。为此,试验应提出不同破坏应变标准时的动强度曲线以供不同的建筑物设计时分析应用。此外,对饱和试样,一定的破坏标准还同一定的孔隙压力相联系,因此也可采用初始液化标准。

本细则提出的是目前比较通用的标准,在实践中也可根据土的性质、动荷载性质、工程运行条件及工程的重要性,选用其他应变标准,或同时按几种标准进行整理,以供工程设计选用。试验比较表明,由于达到极限平衡标准时,一般应变都还未能较大发展,作为工程破坏标准过于保守,因此没有列入。

土的动强度(或抗液化强度)的试验结果大小还与动荷载的作用速度有关,因此试验振动频率应该根据动荷载的实际作用频率选取。由于实际动荷载,特别是地震荷载,是许多频率成分的组合,其频率为 2Hz~10Hz,属低频荷载。低频荷载的振动频率对动强度(或抗液化强度)的影响不显著。为了方便,对地震作用模拟,可以采用 1.0Hz。

当试验结束后,测定干密度时,采用如下方法:在拆样前排水并记录排水量,拆样过程中不要损失含水率,测定试样含水率,假定试样完全饱和,试验体积等于土颗粒体积与水体积之和,计算试样最终干密度。

4.16.3.6 本试验规定动弹性模量和阻尼比的测定是在不排水条件下施加动荷载,但其前提条件是在施加动荷过程中,试样上的有效应力不改变。因此,振动次数不宜过多,否则产生孔隙水压力使测得的动弹性模量偏低。本细则没有具体规定振动次数,一般是低于 5 次。采用一个试样进行试验时,由于试样在前一级动荷振动预定次数 N 时,将引起孔隙水压力的一定发展,此时进行第二级动荷下的振动,该孔隙水压力将影响第二级动荷下的变形,也就是每一级动荷下的变形将受到前面各级动荷的累积影响。因此,对砂土一般不建议采用多级加荷试验方法。对黏性土或其他孔隙水压力增长影响较小的情况,可采用一个试样逐级加荷试验。规定在一个试样多级加荷时,应对前一级荷载孔隙水压力排水固结后,再施加后一级荷载,并保证后一级荷载应该为前一级荷载的 2 倍以上。

同样,作为低频荷载的地震荷载,振动频率对动模量和阻尼比的影响不显著。

4.16.3.7 动力残余变形特性试验,主要目的是确定目前普遍采用的基于应变势概念基础之上的地震永久变形分析方法所需参数。固结条件和循环荷载幅值一定时,动力残余变形的大小还与循环次数有关。按 H. B. Seed 提出的震级与等效循环次数的对应关系,实际地震荷载的等效循环次数罕有超过 50 次。为了一个试验能整理出对应不同震级(或等效循环次数)下的动力残余变形,建议每次振动不超过 50 次。

由于先期振动对动力残余变形特性影响显著,一般不允许采用一个试样逐级加荷进行试验的方法。

振动频率对动力残余变形试验结果的影响,主要体现在试验过程中试样是否能充分排水,不累积残余孔隙水压力,应根据土的渗透性及试样尺寸选定。

4.16.4.2 动强度(或抗液化强度)的试验成果一般表示为一定的密度、一定的固结比及一定侧向固结压力下的动剪应力比 τ_d / σ_0' 与破坏循环次数 N_f 的关系曲线。这是因为,对于某些砂土,σ_0' 可以对动剪应力与破坏循环周次关系曲线进行归一。即在同一固结应力比下,不管 σ_0' 的大小,试验点基本落在同一条 $\tau_d / \sigma_0' \sim N_f$ 曲线上。这说明在通常的固结压力范围内,液化应力比与循环振动次数有关,与固结压力无关,利用这一特点,在某一固结应力比下,可只选用一个或较少的侧向固结压力进行液化试验。

然后,在此关系曲线的基础上,根据不同要求,对土的动强度成果整理出不同的参数。

由于土的动抗剪强度与静抗剪强度不同,不仅与法向应力大小有关,而且与振次、初始剪应力有关,所以在整理试验成果时,采用绘制某一振次下不同初始剪应力比时的总剪应力与潜在破坏面上法向应力关系曲线,进而确定总应力抗剪强度指标。这种整理方法概念上比较合理,实际应用也较广,因此细则列入这一整理方法。当然,也可根据具体的工程问题及所采用的分析方法采用其他的整理方法,确定相应的动强度(或抗液化强度)参数。

此外,有效应力分析土体动力反应和抗震稳定性,既是发展趋势,有些情况还必须考虑地震引起的动孔隙水压力的影响,因此需要测试并整理土的动孔隙水压力特性曲线和参数,这里建议的是目前国内外应用较广的表示和整理方法。

4.16.4.3 地震荷载作用时,土体上反复作用着剪应力,使土体产生动应变,而土具有非线性和滞后性,在一个循环振动周期内的应力应变关系曲线,将是一个狭长的封闭滞回圈。对于这种特性,广泛采用等效割线动弹性模量和阻尼比来表达土的应力应变关系。在振动三轴试验中,施加轴向动应力,测定轴向动应变时,同样可以绘出每一周的滞回曲线,以此求得动模量和阻尼比。

研究表明,在以平面波方式传播时,土的最大动剪模量只与在质点振动和振动传播两个方向上作用的主应力有关,而几乎不受作用在垂直振动平面上的主应力影响。对三维问题,最大动剪模量与三个方向上的主应力有关。因此,在整理最大动剪模量或最大动弹性模量与有效应力的关系时,对二维和三维问题,应采用不同的整理方法。

4.16.4.5 振动三轴试验条件下的动力残余变形特性试验结果,一般表示为一定的密度、一定的固结比及一定侧向固结压力下的残余剪应变及残余体应变与循环次数 N 的关系曲线。

在此基础上,可根据所采用的残余剪应变模型、残余体应变模型及地震永久变形分析方法,整理出相应的关系曲线和模型参数,细则仅建议了最基本的整理方法。

4.17 土的承载比(CBR)试验

4.17.0.1 本试验的目的是通过采用贯入法测定土在承受标准贯入探头贯入土中时相应的贯入阻力,求取扰动土的承载比。本试验方法只适用于室内扰动土的 CBR 试验。由于本试验采用的试样筒高为 166mm,除去垫块的高度 50mm,实际试样高度为116mm,按三层击实,所以粒径宜控制为不大于 20mm 的土。

4.17.0.3 浸水膨胀按下列步骤进行:

1 为了模拟地基土的上覆压力,在浸水膨胀和贯入试验时试样表面要加荷载块,尽管希望能施加与实际荷载或设计荷载相同的力,但对于黏质土来说,特别是上覆荷载较大时,荷载块的影响是无法达到上述要求的。因此,规定施加 8 块荷载块(5kg)作为标准方法。

2 为预估土料在现场可能出现的最不利情况,贯入试验前一般要将试样浸水使之吸水,国内外的标准均以浸水四昼夜作为浸水时间,本细则也参照使用。当然,也可根据不同地区、地形、排水条件和工程结构等情况,适当改变浸水时间或不浸水,使试验结果更符合实际情况。

4.17.0.4 计算

1 公式中的分母 7000 和 10500 是原来以 kg/cm^2 表示时的 70 和 105 乘以换算系数($1\ kg/cm^2 \approx 100kPa$)而得。

2 绘制单位压力(p)与贯入量(l)的关系曲线时,如发现曲线起始部分呈反弯,则表示试验开始时贯入杆端面与土表面接触不好,故应对曲线进行修正,见本细则图 4.17.0.4,以 O 点作为修正的原点。

4.18 回弹模量试验

4.18.0.1 虽然《土工试验方法标准》(GB/T 50123—1999)有两种回弹试验方法,杠杆压力仪法和强度仪法。但都是针对扰动土样的,多用于地基施工质量检验等方面。本细则采用固结回弹试验法,是利用现有的高压固结试验(含回弹试验)中的回弹支,用公式计算回弹模量,适用于原状土。该方法在《高层建筑岩土工程勘察规范》(JGJ 72—2004)和《城市轨道交通岩土工程勘察规范》(GB 50307—2012)中均有提及,浙江省地方标准《工程建设岩土工程勘察规范》(DB 33/T 1065—2009)已经列入。

4.19 基床系数试验

4.19.1.1 基床系数是地基土在外力作用下产生单位变形时所需的应力,也称弹性抗力系数或地基反力系数。

目前基床系数还没有完整的现行试验方法,《城市轨道交通岩土工程勘察规范》(GB 50307—2012)条文说明中提到的两种室内试验方法,即三轴仪法和固结试验计算法,也只是给出了思路或公式,并指出其与原位试验差距,需不断研究总结。本细则采用三种试验方法:K_0固结仪法、固结试验计算法、三轴仪法。

K_0固结仪法是一种得用现有 K_0固结试验仪,优化加荷等级后完成 K_0固结试验的同时,利用现有的测试数据绘制 P~S 曲线,参考 K_{30}试验方法整理计算基床系数的一种室内试验方法,是浙江省工程勘察院根据近几年进行的室内与原位对比试验研究总结出来的。浙江省工程勘察院在宁波地区进行了专门的研究,进行了一系列的室内试验以及原位测试对比验证:

1 软土室内测试结果与原位测试结果的比较

原位测试数据源于宁波福明路——宁穿路城市道路工程和春晓气田陆上终端项目的勘察资料,主要针对:①$_3$ 层灰色流塑厚层状淤泥质土,层厚 2.5m~5.0m;②$_1$ 层灰色流塑厚层状或不明显薄层状淤泥质土,局部为淤泥,层厚 4.5m~7.5m;②$_2$ 层灰色流塑薄层状淤泥质土,层厚 4.0m~8.0m。

室内土工试验土样源自在扁铲侧试验孔(原位测试孔)邻近钻孔中采取的原状土样,试验方法采用 K_0固结仪法,共完成对比分析试验的室内 K_0仪基床系数 K_h 试验 39 组;静载荷试验 5 个试验点。

各种试验值及计算值、规范参考值归纳于说明表 4.19.1.1-1。

说明表 4.19.1.1-1　各层软土室内试验值与标准水平基床系数、
静载荷试验值之比较

层号	岩性名称	水平基床系数 K_h(MPa/m)	静载试验确定值 K_v(MPa/m)	规范参考值 K_h(MPa/m)	室内试验值 K_h(MPa/m)
①₃	淤泥质粉质黏土	$\dfrac{4.0\sim7.1}{5.2}$	$\dfrac{4.6\sim6.4}{5.5}$		$\dfrac{4.4\sim6.3}{5.3}$
②₁	淤泥质粉质黏土	$\dfrac{5.4\sim7.1}{6.1}$		$3-10$	$\dfrac{4.1\sim7.5}{5.4}$
	淤泥	$\dfrac{1.6\sim6.5}{3.8}$			$\dfrac{3.4\sim6.0}{4.7}$
②₂	淤泥质粉质黏土	$\dfrac{4.3\sim7.6}{6.6}$			$\dfrac{4.5\sim9.6}{6.7}$

注：$\dfrac{4.0\sim7.1}{5.2}$ 表示 $\dfrac{最小值\sim最大值}{平均值}$。

上表中可以看出,室内试验基床系数值与扁铲侧胀求解出的 K_h 值基本吻合,与静载荷试验值基本一致,同时也在规范参考值范围内。

2　不同土类室内测试结果与规范参考值的比较

室内试验数据来自宁波轨道交通 1 号线一期工程和 2 号线一期工程,分别是对表土层、浅部软土、深部硬土进行分类统计分析,去掉最大最小值各 10％后列于说明表 4.19.1.1-2,并与《地下铁道、轻轨交通岩土工程勘察规范》(GB 50307—1999)提供的参考值进行比较。

说明表 4.19.1.1-2　不同土类室内基床系数试验值与规范参考值之比较

层号	土层特性及名称	统计样品数(个)	垂直基床系数 K_v(MPa/m)	水平基床系数 K_h(MPa/m)	规范参考值 K_v(MPa/m)
1	黄色软塑表土层（黏土、粉质黏土）	13	$\dfrac{9.7\sim12.7}{10.0}$	$\dfrac{7.5\sim20.5}{10.3}$	$8-15$
2	浅部灰色流塑淤泥	23	$\dfrac{2.6\sim5.2}{3.9}$	$\dfrac{3.1\sim5.2}{4.1}$	$3-5$

层号	土层特性及名称	统计样品数(个)	垂直基床系数 K_V(MPa/m)	水平基床系数 K_h(MPa/m)	规范参考值 K_V(MPa/m)
3	浅部灰色软塑黏土	13	$\dfrac{5.8\sim11.7}{8.0}$	$\dfrac{5.5\sim12.0}{7.6}$	5—15
4	浅部灰色流塑淤泥质黏土	39	$\dfrac{3.9\sim7.6}{5.4}$	$\dfrac{4.1\sim7.6}{5.8}$	3—10
5	浅部灰色流塑淤泥质粉质黏土	53	$\dfrac{4.1\sim9.7}{6.2}$	$\dfrac{4.2\sim9.9}{6.3}$	3—10
6	深部黄色软~硬塑黏土、粉质黏土	117	$\dfrac{11.0\sim40.1}{17.2}$	$\dfrac{10.7\sim22.6}{14.4}$	10—70

注:表示$\dfrac{9.7\sim12.7}{10.0}$表示$\dfrac{最小值\sim最大值}{平均值}$。

测试结果显示:室内试验与规范参考值之间基本吻合。

3 宁波表部可塑状黏土(硬壳层)不同试验方法结果与规范参考值的比较

室内试验与原位测试数据源自宁波栎社机场扩建三期工程,并对测试数据进行尺寸修正,垂直基准基床系数测试结果见说明表 4.19.1.1-3,水平基准基床系数测试结果见说明表 4.19.1.1-4。

说明表 4.19.1.1-3 表层可塑状黏土垂直基准基床系数对比表

测试方法		测试值		修正值	
		范围	均值	范围	均值
K_{30}载荷试验		30.4～42.4	34.9	30.4～42.4	34.9
平板荷载试验		11.5～21.8	18.3	30.8～58.4	48.9
室内三轴	切线法	16.9～40.0	26.0	2.2～5.2	3.4
	割线法	16.2～39.2	24.4	2.1～5.1	3.2
K_0仪固结法		50.5～90.8	73.2	10.4～18.7	15.1

测试方法		测试值		修正值	
		范围	均值	范围	均值
固结法	25～50 kPa	165.5～273.3	193.3	34.1～56.3	39.9
	50～100 kPa	130.6～212.1	171.7	26.9～43.7	35.4
规范值		10～25			

说明表 4.19.1.1-4　表层可塑状黏土水平基准基床系数 K_H 统计表

测试方法	测试值		修正值	
	范围	均值	范围	均值
K_{30} 载荷试验	11.8～37.0	21.5	11.8～37.0	21.5
扁铲侧胀试验	117.4～184.4	137.6	23.5～36.9	27.5
K_0 仪固结法	61.7～93.7	79.2	12.7～19.3	16.3
规范值	12～30			

由说明表 4.19.1.1-3、说明表 4.19.1.1-4 测试成果可知,对于宁波地区表部普遍存在的硬壳层,采用 K_{30} 载荷试验、浅层平板载荷试验与固结试验得到的垂直基准基床系数均明显大于规范建议值;采用 K_{30} 载荷试验、扁铲侧胀试验、K_0 仪固结法得到的水平基准基床系数均与规范值取值相吻合。对于采用 K_0 仪固结法得到基准基床系数(垂直、水平),与固结法、三轴法相比,其值能与规范建议值较好地吻合,与原位测试方法相比,其数值偏小。建议可根据本地区经验选择试验方法。

4.19.0.2　固结试验计算法根据《城市轨道交通岩土工程勘察规范》(GB 50307—2012)条文说明提供的公式进行计算。固结试验计算法中固结压力没有明确规定,建议首级荷载不宜太大,

一般取 $\sigma_1 = 0.025$ MPa，$\sigma_3 = 0.050$ MPa。

4.19.0.3 三轴试验测定基床系数的方法为：土样经饱和处理后，在 K_0 状态下进行固结，采用三轴固结排水试验（CD）得到 $\Delta\sigma_3/\Delta\sigma_1 = (0, 0.1, 0.2, 0.3)$ 不同应力路径下的 $\Delta\sigma_1 \sim \Delta h$ 曲线，其初始段直线（或指定段割线）的斜率。该方法由于操作复杂，若试验对象为高灵敏度的软土，其结果容易受扰动影响造成偏小。

4.20 热物理试验

岩土热物理参数导热系数、比热容、导温系数三者关系为：

$$\alpha = \frac{3.6\lambda}{C \cdot \rho} \qquad\qquad （说明 4.20\text{-}1）$$

式中：α——导温系数（m^2/h）；

ρ——试样密度（kg/m^3）；

λ——导热系数（$W/m \cdot K$）；

C——比热容（$kJ/kg \cdot K$）。

导热系数测试分为瞬态法（非稳态法）、稳态法两大类，比热容则采用热平衡法。三个参数中一般通过实测两个参数，导出第三个参数。

本细则列入面热源法导热系数测试（瞬态法）、平板热流计法导热系数测试（稳态法）、比热容测试（热平衡法）。

本细则在编写过程中参考了下列材料：

《城市轨道交通岩土工程勘察规范》（GB 50307—2012）

《非金属固体材料导热系数的测定 热线法》（GB/T 10297—1998）

《绝热材料稳态热阻及有关特性的测定 热流计法》（GB/T 10295—2008）

《土工试验方法标准》（GB 50123—1999）

《比热容测试方法》（Q/JZJC 02—2011）

4.20.1 瞬态平面热源法是一种精确、方便、快速的方法，是由热线法中平行热线发展而来的一种新技术。该方法采用双螺旋结构的平面探头,用合金薄片刻蚀而成。测量时,平面探头要放置在两个样品之间,探头既是热源,又是传感器。样品不需要特别制备,对形状也无特殊要求,只需表面相对平滑并且满足长宽至少为探头直径的两倍即可,该探头直径15mm。实验选择两个形状为长方体的样品。

面热源法导热系数测试采用的原理是,上下样品中夹入具有连续双螺旋结构作为加热和温度传感器的薄层圆盘形探头,在探头上通过恒定输出的真电流,由于温度增加,探头的电阻发生变化,从而在探头两端产生电压下降,通过记录一段时间内电压和电流的变化,较为精确地得到探头和被测样品中的热流信息,再通过一系列计算求得导热系数和导温系数。

4.20.1.3 导热数据测试时间一般为2min,导热系数高的试样和易产生对流的试样测试时间要短,采样间隔一般100ms能满足要求。调零电流设置一般不大于2mA,避免试验前大电流对探头提前加热,影响后面的测量结果。测试电流设置一般使温升不超过3℃。

试样尺寸选择的标准是尽可能减少外表面对测量结果的影响。试样的大小应满足从探头的双螺旋的任何部分到试样外表的任何部分的距离大于双螺旋线的平均直径的要求。对导热系数大的试样,其试样尺寸要求更大。

试样与探头接触的表面应当是平整、光滑的,试样应紧贴夹住探头两侧的表面。测试过程中,当时间对数~温度曲线不光滑、曲线后段翘起和曲线后段走平情况应立即停止测试,重新测定。当出现曲线不光滑情况时,可能是试样与探头接触不良;当出现曲线后段翘起情况时,可能存在试样尺寸偏小;当出现曲线后段走平情况时,可能测试电流偏小。

本方法使用时要注意探头不能空烧,另外重复实验时,前后时间间隔不能少于30分钟。

试样的导热系数,应按下式计算:

$$\lambda = \frac{-q}{4\pi\theta} E_i(-\frac{r^2}{4\alpha t})$$

$$\theta = T - T_0$$

式中：λ——导热系数（W/m·K）；

θ——探头温升（℃）；

T——当前时刻探头温度（℃）；

T_0——探头初始温度（℃）；

q——加热功率（W）；

α——扩散系数；

r——测试径向位置。

E_i 指数积分函数，其表达式为：

$$E_i(-\mu) = C + \ln(\mu) - \mu + \frac{\mu^2}{2\times 2!} - \frac{\mu^3}{3\times 3!} + \cdots\cdots$$

（说明 4.20.1.3-1）

其中 $\mu = \gamma^2 4\alpha t$，当 $\gamma^2 4\alpha t \leqslant 1$ 时，可用其前两项表示，从而得到：

$$\theta = \frac{q}{4\pi\lambda}\left[-C - \ln(\frac{r^2}{4\alpha t})\right]$$

（说明 4.20.1.3-2）

其中欧拉常数 $C = 0.57726$。对上式两端取微分可得到试样导热系数：

$$\lambda = \frac{q}{4\pi} / \frac{d\theta}{d\ln t}$$

（说明 4.20.1.3-3）

4.20.2.3 平板热流计法的导热系数测试原理：当热板和冷板在恒定的温度和恒定温差的稳定状态下，热流计装置在热流计中心测量区域和试件中心区域建立一个单向稳定热流密度，该热流穿过一个（或两个）热流计的测量区域及一个（或两个接近相同）的试件的中间区域。通过测量热流、试件两面恒定温差和试件长度，推算出试样的导热系数。

平板热流计法的导热系数测试属于稳态法，是经典的导热系数测试方法。由于原状土比普通材料含水率要高许多，样品

两面长时间存在温度差,会导致样品内水分转移。为此,浙江省工程勘察院专门做了对比试验研究,相关试验结果如下:

(1)测试后试样含水率分布差异

为了了解水分转移情况,将测试后试样分上、中、下三部分进行含水率分别测定,结果如说明表4.20.2.3-1:

说明表4.20.2.3-1　土样测试前后含水率对比表　单位:%

样号	土名	测试前	测试后		
			上部	中部	下部
Z2-5	淤泥	56.96	50.16	54.55	56.83
ZG7-7-2	淤泥质黏土	51.67	45.96	51.67	51.01
GQ-Z07-5	淤泥质黏土	50.06	44.58	48.40	44.88
1-1	黏土	21.89	21.38	21.73	20.96
S4BZ5-12	粉质黏土	27.89	27.59	27.70	27.89
ZG26-1-5	粉质黏土	33.13	32.79	33.13	33.03
WX-Z26-10	粉土	32.7			
XZ61-2	粉砂	28.0			

测试结果显示,大部分土样同内部不同部位含水率有微小差异,个别高含水率的样品局部变化较大,说明平板热流计法测试过程中,水分转移现象确实存在,但只是少量水分的转移。

(2)测试后试样重复多次测试

对测试后试样进行重复多次测试,通过试样质量(水分)减少推测含水率变化规律(说明表4.20.2.3-2),同时分析水分减少对导热系数影响的变化规律(说明表4.20.2.3-3)。

说明表 4.20.2.3-2　土样重复测试前后含水率变化对比表　单位：%

样号	土名	测试前	重复测后减少			
			第 1 次	第 2 次	第 3 次	第 4 次
Z2-5	淤泥	56.96	0.00	2.27	3.24	4.22
ZG7-7-2	淤泥质黏土	51.67	0.00	0.45	1.35	2.70
GQ-Z07-5	淤泥质黏土	50.06	1.05	1.66	1.81	1.81
1-1	黏土	21.89	0.63	0.94	1.15	2.19
S4BZ5-12	粉质黏土	27.89	0.22	0.67	1.33	1.44
ZG26-1-5	粉质黏土	33.13	0.81	1.04	1.04	1.50
WX-Z26-10	粉土	32.7	1.19	1.42	2.37	
XZ61-2	粉砂	28.0	2.37	2.37	4.39	

由说明表 4.20.2.3-2 测试成果可以看出，重复测试后含水率减少量在最初第 1 次和第 2 次，黏性土为 1% 以内和 2% 以内，粉土和粉砂超过 1% 和 2%。表明平板热流计法测试过程中，粉砂、粉土丢失水分最多，其次为高含水率软土，其余的一般黏性土丢失水分较少。

说明表 4.20.2.3-3　土样导热系数重复测试结果对比表　单位：W/m·K

样号	土名	平行样	重复测试样			
			第 1 次	第 2 次	第 3 次	第 4 次
Z2-5	淤泥	1.264	1.244	1.152	1.198	1.165
ZG7-7-2	淤泥质黏土	1.311	1.137	1.244	1.215	1.139
GQ-Z07-5	淤泥质黏土	1.258	1.224	1.213	1.273	1.238
1-1	黏土	1.701	1.667	1.738	1.714	1.597
S4BZ5-12	粉质黏土	1.751	1.640	1.623	1.708	1.555
ZG26-1-5	粉质黏土	1.363	1.468	1.491	1.507	1.453
WX-Z26-10	粉土	1.636	1.740	1.753	1.695	

样号	土名	平行样	重复测试样			
			第1次	第2次	第3次	第4次
XZ61-2	粉砂	1.652	1.641	1.733	1.729	

从说明表4.20.2.3-3测试成果可以看出,重复测试多次后,导热系数并没有增大或减小的变化趋势,各类土的测试结果的重现性都比较好,说明测试过程中水分转移及含水率微小变化对导热系数测试结果基本没有影响。

根据上述测试结果,发现在60℃以下的密闭环境中,①土样水分转移很有限;②而且同一试件通过次重复测试,其测试结果很稳定。因此,平板热流计法也是一种比较理想的土样导热系数测试方法。

4.20.3　比热容测试方法采用的方法是冷却混合法,其原理是以水作为标准介质,利用热能守衡法则,将岩石或土试样升高到一定的温度,使试样与介质水之间有一个温度差,形成一定的温度梯度,由于温度梯度的存在,能量就会从高温物体即岩石或土转移到低温物体水中,而能量转移的过程中热能的总量保持不变,即 $Q_{吸} = Q_{放}$ 。从而通过测定已知重量的水的初温,待测岩(土)试样的初温,及二者混合冷却,温度恒定后,水岩(土)混合物的热容变化,进而计算出被测岩(土)试样的比热容。

4.21　人工冻土试验

4.21.1　冻结温度试验

4.21.1.4　随着冻结时间的增加,各地层试样温度由初始时刻温度开始逐渐降低,达到最大负温,随后出现热电势跳跃,试样温度趋于稳定,该值即为相应地层的冻结温度。宁波地区典型土层的冻结温度如说明表4.21.1.4-1所示。

说明表 4.21.1.4-1　各土层冻结温度汇总表

土层编号	土层名称	平均密度 g/cm³	平均含水率 （%）	土层平均冻结温度 ℃
①₃	淤泥质黏土	1.75	47.7	−0.07
②₂₋₁	淤泥	1.71	50.45	−0.11
②₂₋₂	淤泥质黏土	1.76	48.6	−0.34
②₃	淤泥质粉质黏土	1.83	36.26	−0.31
②₄	淤泥质黏土	1.74	48.30	−0.50
③₁	粉土夹粉砂	1.98	28.29	−0.27
③₂	粉质黏土	1.88	32.51	−0.32
④₁	淤泥质粉质黏土	1.76	41.3	−0.59
④₂	黏土	1.79	43.87	−0.78
④₃	粉质黏土	1.93	28.5	−0.38
⑤₁	黏土	1.95	31.5	−0.75
⑤₂	软～可塑粉质黏土	1.94	31.65	−0.55
⑤₃	砂质粉土	1.86	32.8	−0.40

4.21.3　冻土密度试验

4.21.3.2 冻土密度是计算土的冻结或融化深度、冻胀或融沉、冻土热学和力学指标、验算冻土地基强度等需要的重要指标。测定方法有四种,其中浮称法适用于各类冻土;联合测定法适用于砂土和层状网状构造的黏质冻土,尤其是在无烘干设备的现场或需要快速测定密度和含水率时可采用本方法;环刀法适用于温度高于−3℃的黏质和砂质冻土;充砂法适用于试样表面有明显孔隙的冻土。考虑到宁波轨道交通旁通道工程人工冻土涉及的土层主要的黏土、淤泥质土,粉土、粉质黏土等,冻结设计温度不高于−5℃,故不建议采用环刀法和充砂法。

4.21.3.3 考虑到国内不少单位没有低温试验室,故规定无负温环境时应保持试验过程中试样表面不得发生融化,以免改变冻土的体积。

4.21.3.4 整体状冻土的结构一般比较均匀,故要求平行试验差值为 $0.03g/cm^3$。

4.21.3.5 浮称法是根据物体浮力等于排开同等体积液体的质量这一原理,通过称取冻土试样在空气和液体中的质量算出浮力,并换算出试样体积,求得冻土密度。

4.21.4 冻土导热系数试验

4.21.4.3 导热系数的稳定态法和非稳定态法中,稳定态法测定时间较长,但试验结果的重复性较好。基于稳定态比较法应遵循测点温度不随时间而变化的原则,但实际上很难做到测点温度绝对不变,因此规定连续次同一点测温差值小于 $0.1℃$ 则认为已满足方法原理。

4.21.9 人工冻土融化压缩试验

4.21.9.4 融化压缩仪和加荷设备应定期校准,并作出仪器变形量校正曲线或数值表。

4.22 土的化学试验

4.22.1 酸碱度试验

4.22.1.3～4.22.1.4 pH 值的测定可用比色法、电测法。但比色法不如电测法方便、准确,而电测法测定酸碱度是目前常用的方法。酸度计是一种以 pH 值表示读数的电位计,用它可以直接读出溶液的 pH 值。

4.22.1.5 土悬液的土水比例的大小,对测定结果有一定的影响。土水比例究竟多少比较适宜,目前尚无结论,国内外也不统一,但 1：5 的比例较多。本细则也采用 1：5 的比例,振荡 3min,静置 30min。

4.22.2 易溶盐试验浸出液制取

4.22.2.3 用水浸提易溶盐时,需要选择适当的土水比例和浸提时间。力求将易溶盐完全溶解出来,而尽可能不使中溶盐和难溶盐溶解。同时要防止浸出液中的离子与土粒上吸附的离子发生交换反应。由于各种盐类在水中的溶解差异悬殊,因而利用控制土水比例的方法是有可能将易溶盐、中溶盐和难溶盐分离开来的。从土中易溶盐的含量和组成比例而言,加水量少较好。但由于加水量少,给操作带来一定困难,尤其不适用于黏土。国内普遍用1∶5的土水比例。

关于浸提时间,在同一土水比例下,浸提的时间不同,所得结果亦有差异。浸提时间愈长,中溶盐、难溶盐被溶提的可能性愈大,土粒和水溶液间离子交换反应亦愈显著。所以浸提时间宜短不宜长。研究表明:对土中易溶盐的浸提时间2min～3min即可。为了统一,本细则采用的浸提时间均为3min。

浸出液过滤问题是该项试验成败的关键。试验中经常遇到过滤困难,需要很长时间才能获得需要的滤液数量,而且不易获得清澈的滤液,目前采用抽滤方法效果较好,且操作简便。

4.22.3 易溶盐总量测定

4.22.3.4 当烘干残渣中有较多的钙、镁硫酸盐存在时,在105℃～110℃下结晶水难以蒸发,会使结果偏高,应改为180℃烘干至恒量,并注明烘焙温度。

当烘干残渣中有较多的吸湿性强的钙、镁氯化物存在时,将难以恒量。可在浸出液内预先准确加入2%碳酸钠(Na_2CO_3)溶液10mL～20mL,使其转变为钙、镁碳酸盐,在180℃下烘至恒量,并做一个加2%碳酸钠溶液的空白试验,所加入的碳酸钠量应从烘干残渣总量中减去。

4.22.4 碳酸根和重碳酸根的测定

4.22.4.1 碳酸根(CO_3^{2-})和重碳酸根(HCO_3^-)用双指示剂中和滴定法测定。该法是利用碱金属碳酸盐和重碳酸盐水解时碱性强弱不同,用酸分步滴定,并以不同指示剂指示终点,由标准酸液用量算出碳酸根和重碳酸根的含量。

4.22.4.4 碳酸根和重碳酸根的测定应在土浸出液过滤后立即

进行,否则将由于二氧化碳的吸收或释出而产生误差。

硫酸标准溶液也可用标定过的氢氧化钠标准溶液标定,也可以用盐酸(HCl)标准溶液代替硫酸标准溶液。当CO_3^{2-}含量高时,用酚酞指示剂,结果易偏高,应采用百里酚蓝一甲酚红1:6混合指示剂,终点由深紫色转为玫瑰色微带蓝色。

4.22.5 氯根的测定

4.22.5.4 氯根(Cl^-)采用硝酸银滴定法测定,以铬酸钾为指示剂。该法是根据铬酸银与氯化银的溶解度不同,以铬酸钾为指示剂用硝酸进行氯根滴定时,氯化银首先沉淀,待其沉淀完全后,多余的银离子才能生成砖红色铬酸银沉淀,此时即表明氯根滴定已达终点。

由于有微量的硝酸银与铬酸钾反应指示终点,因此需进行空白试验以减去消耗于铬酸钾的硝酸银用量。当试样中有硫化物、亚硫酸盐存在时,加入3%过氧化氢2毫升进行滴定。

4.22.6 硫酸根的测定

4.22.6.1 硫酸根(SO_4^{2-})采用 EDTA 络合滴定法是用过量的氯化钡使溶液中的硫酸根沉淀完全,再用 EDTA 标准溶液在 pH ≈10 时以铬黑 T 为指示剂滴定过量的钡离子,最后由将消耗的钡离子计算硫酸根含量。比浊法是使氯化钡与溶液中硫酸根形成硫酸钡沉淀,然后在一定条件下使硫酸钡分散成较稳定的悬浊液,在比色计中测定其浊度,按照浊度查标准曲线便可计算硫酸根的含量。

4.22.6.7 比浊法适合较低含含量硫酸根的测定,如试样中硫酸根含量较高,应采用 EDTA 络合法。

4.22.6.10 浸出液中有较大色度时,对结果有影响,应事先除去。一批样品测定的摇匀时间、方法及速度这些条件一经确定,则在整批样品中不应改变。比浊法适用于硫酸根含量小于$40mg \cdot L^{-1}$的试样,因大于 $40mg \cdot L^{-1}$ 时,标准曲线即向下弯曲,且悬浊液亦不稳定。当试样中硫酸根含量较高时,可稀释后测定。在比浊法操作中,沉淀搅拌时间、搅拌速度、试剂的用量等需严格控制,否则将会引起较大的误差。

4.22.7 钙离子的测定

4.22.7.4 在钙镁测定中,测定钙离子时溶液的 pH 值必须控制在 12 以上,使镁离子沉淀为氢氧化镁,以免影响钙离子的滴定。加氢氧化钠使镁沉淀完全后,应及时滴定,以免溶液吸收二氧化碳而生成碳酸钙沉淀,延长滴定终点。当试样中含有铁、铝时,应加 15% 的三乙醇胺溶液 5 毫升。

4.22.8 镁离子的测定

4.22.8.4 在 pH=10 条件下,以铬黑 T 等为指示剂,用 EDTA 标准溶液滴定钙离子、镁离子合量,从合量中减去钙离子含量而求出镁离子含量。当试样含有铁、铝等金属元素时,参照钙离子测定方法处理。

4.22.10 钠离子和钾离子的测定

4.22.10.4 用火焰光度计测定钠离子和钾离子,激发状况的变化是导致误差的重要原因,因此,试验过程中必须使激发状况稳定。试液中其他成分的干扰也是产生误差的原因,为此,绘制标准曲线时,配制标准溶液所用的盐类,应与土样所含的主要盐类一致。

4.22.11 中溶盐(石膏)试验

4.22.11.1 中溶盐是指土中所含的石膏($CaSO_4 \cdot 2H_2O$)。本试验是测定土中石膏含量。以一千克(1kg)烘干土(在 105℃~110℃ 下恒重)中所含的石膏的克(g)数表示。当土中石膏含量很高时,以 55℃~60℃ 烘干或风干土计算为宜。

浸提土中石膏的方法有水浸法和酸浸法。由于水浸法较为费时,且难以溶解完全,本细则规定采用酸浸－质量法,适用于含石膏较多的土样。该法利用稀盐酸为浸提剂,使土中石膏全部溶解,然后利用氯化钡为沉淀剂,使浸提出的碳酸根沉淀为硫酸钡,沉淀经过滤、洗涤后灼烧至恒量,按硫酸钡的质量换算成石膏的含量。

4.22.11.4 用盐酸浸提石膏时,若土中含有碳酸钙,应在加酸待溶液澄清后立即用倾析法过滤,再加酸处理土样,反复进行至无二氧化碳气泡产生为止,静置过夜。如果试验前试样预先进行洗盐,则式(4.22.11.5-2)中的 $W(SO_4^{2-})_w$ 项,应舍弃不计。

4.22.12 难溶盐(碳酸钙)试验

4.22.12.1 土中难溶盐是指钙、镁的碳酸盐类。本试验是测定难溶的碳酸盐类在土中的含量。以 1kg 烘干土所含碳酸的克数($g \cdot kg^{-1}$)表示。

土中的碳酸钙测定有多种方法,本细则中所列的气量法是较粗略的方法,适合大批试样的粗略测定。具体方法为:将土中的碳酸钙用盐酸分解,测量释出的二氧化碳的体积,乘以二氧化碳的密度,求出二氧化碳的质量,再乘以换算系数 2.272,便可算出碳酸钙的含量。

4.22.12.4 气量法试验应按下列步骤进行:

1 试验前应检查试验装置是否漏气。读数时保持三管水面齐平是为了使两个量管所受压力均为 1 个大气压;

2 气量法受温度影响,特别是广口瓶与量管连接右肢尤甚。因此,需用长柄夹子夹住广口瓶,即使摇动也不要用手接触量管连接肢,以免人的体温影响气体体积。

4.22.13 有机质(灼失量法)试验

4.22.13.3 关于灼失量的灼烧温度,有文献采用 550℃ 或700℃,同时也有采用 950℃ 的,本细则的有机质(灼失量法)试验系根据《铁路工程岩土化学分析规程》(TB 10103—2008 J862—2009)编制,同时与《工程建设岩土工程勘察规范》(DB 33/1065—2009)和《宁波市轨道交通岩土工程勘察技术细则》(2013甬 SS—02)统一,采用灼烧温度为 550℃;有机质含量按灼失量试验确定,土样分类定名按《工程建设岩土工程勘察规范》(DB 33/1065—2009)执行。

本细则只收录了有机质含量试验灼失量法,但《土工试验方法标准》(GB/T 50123—1999)只有重铬酸钾容量法测定,因此,有机质含量试验灼失量法与重铬酸钾容量法到底哪种合理,两种方法有何区别等疑问一直存在。浙江省工程勘察院对此做了相关对比试验研究,在宁波及周边地区的浅部土层中,选取有机质含量高低不同的一组 23 个土样,包括表层黄色黏土、粉质黏土及浅部灰色淤泥质土、泥炭质土及泥炭等土样,分别按上述两种不同方法对比测定有机质含量(以下将两种方法的测试结果统称为有机质含量)。测试结果见说明图 4.22.13.3-1。

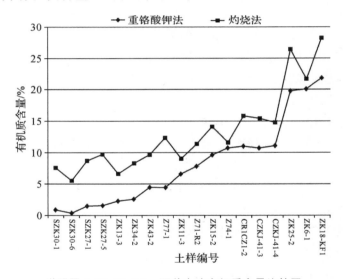

说明图 4.22.13.3-1 两种方法有机质含量比较图

研究的结论为:

通过重铬酸钾容量法与灼失量法对比试验发现,灼失量法测得结果高于重铬酸钾法,有机质含量低时(Wu<5%),两种方法测得结果差别较大,一般高出数倍不等;有机质含量 Wu 在5%～15%时,两种方法测定结果相差较小,但仍有不小差距。

由于《岩土工程勘察规范》(GB 50021—2001,2009 年版)中土按有机质含量分类时采用的测试方法为灼失量法,因此,为与《岩土工程勘察规范》(GB 50021—2001,2009 年版)一致,满足有机质土定名的要求,本细则仍采用灼失量法进行有机质试验。

5 岩石试验

5.1 含水率试验

5.1.0.1 由于岩石的特殊情况,除软岩外,岩石的含水率一般都不是很大,且不同的含水率对其力学特性影响也不是很大。而对于软岩,由于岩石中含有的矿物成分中大部分都是黏土矿物,因此含水率对其力学特性有很大的影响。

1 岩石含水率试验,主要用于测定岩石的天然含水状态或试件在试验前后的含水状态。

2 试样天然状态:含水率的测试方法简便,但不易获得准确结果。其原因主要是难于保持其天然含水量。要测得准确的岩石含水率,就要注意采样方法,并在试样取好后,立即包装封蜡密封好,尽快送实验室测试。

3 试验尺寸:为了测准岩石含水率,必须选取一定块度的有代表性的试样。本细则规定每个试件质量为 40g～200g,每组试件的数量不宜少于 5 个,与国家标准《工程岩体试验方法标准》(GB/T 50266—2013)一致。一般选用大块的为宜,若岩块太小,则难以测准岩石含水率。另在《铁路工程岩石试验规程》(TB 10115—2014)中对试验尺寸的说明只指出不得少于 40g,本细则考虑到实际操作过程中,越大的试样在测定含水率时烘干时间要求越长,因此将试样尺寸框定一个最大值以保证试验值的可靠性。

4 烘干试样标准:目前各规程中有时间控制和质量控制两种规定。用时间控制时,有的规程规定在 105℃～110℃下烘 12h,有的规程规定在 105℃～110℃下烘 24h。用质量控制时,规定在上述温度下烘至恒量。对于恒量,又有两种解释:一般认为

两次称量之差不超过 0.05g,即达到恒量;另一种规定相邻 24h
两次称量之差不超过后一次称量的 0.1%。后者考虑了试样质
量与时间的因素,因此后一种规定比较合理。为了研究试样烘
干与时间的关系,不少单位进行了比较试验,试样在 20h 内,已
全部达到恒量。为逐步求得统一,本细则规定在 105℃~110℃
下烘 24h 作为试样烘干的标准(与《工程岩体试验方法标准》
(GB/T 50266—2013)一致)。除岩石颗粒密度试验外,本细则其
他物理力学性质试验均可将上述规定,作为烘干标准。

　　5　对于含有结晶水易逸出矿物的岩石,在未取得充分论证
前,一般采用烘干温度为 55℃~65℃(与《工程岩体试验方法标
准》(GB/T 50266—2013)一致),或在常温下采用真空抽气干燥
方法。

5.2　颗粒密度试验

5.2.0.1　本条对试件做了以下规定:

　　1　颗粒密度试验的试件一般采用块体密度试验后的试件
粉碎成岩粉,其目的是减少岩石不均一性的影响。

　　2　试件粉碎后的最大粒径,不含闭合裂隙。已有实测资料
表明,当最大粒径为 1mm 时,对试验成果影响甚微。根据国内
有关规定,同时考虑我国现有技术条件,本细则规定岩石粉碎成
岩粉后需全部通过 0.25mm 筛孔。

5.2.0.2　本细则只采用容积为 100mL 的短颈比重瓶,是考虑了
岩石的不均一性和我国现有的实际条件。

5.2.0.4　蒸馏水密度可查物理手册;煤油密度实测。

5.3　块体密度试验

5.3.1　岩石块体密度是岩石质量与岩石体积之比。根据岩石
含水状态,岩石密度可分为天然密度、烘干密度和饱和密度。

　　1　选择试验方法时,主要考虑试件制备的难度和水对岩石
的影响。

　　2　对于不能用量积法和直接在水中称量进行测定的干缩

湿胀类岩石采用密封法。选用石蜡密封试件时,由于石蜡的熔点较高,在蜡封过程中可能会引起试件含水率的变化,同时试件也会产生干缩现象,这些都将影响岩石含水率和密度测定的准确性。高分子树脂胶是在常温下使用的涂料,能确保含水量和试件体积不变,在取得经验的基础上,可以代替石蜡作为密封材料。

5.3.1.2 测湿密度每组试验试件数量应为 5 个,测干密度每组试验试件数量应为 3 个。《铁路工程岩石试验规程》(TB 10115—2014)规定测试同一状态下试件不得少于 3 个,本细则考虑到岩石吸水性的不确定性且为了进一步细化取样个数,因此测试湿密度试样个数与国标一致。

5.3.2 用量积法测定岩石密度,适用于能制成规则试件的各类岩石。该方法操作简便,成果准确,且不受环境的影响,一般采用单轴抗压强度试验试件,以利于建立各指标间的相互关系。

5.3.2.2 用量积法测定岩石密度时,对于具有干缩湿胀的岩石,试件体积量测在烘干前进行,避免试件烘干对计算密度的影响。

5.3.3 蜡封法一般用不规则试件,试件表面有明显棱角或缺陷时,对测试成果有一定影响,因此要求将试件加工成浑圆状。

5.3.3.3 用蜡封法测定岩石密度时,需掌握好熔蜡温度,温度过高容易使蜡液浸入试件缝隙;温度低了会使试件封闭不均,不易形成完整蜡膜。因此,本试验规定的熔蜡温度略高于蜡的熔点(约 57℃)。蜡的密度变化较大,在进行蜡封法试验时,需测定蜡的密度,其方法与岩石密度试验中水中称量法相同。

5.3.3.5 鉴于岩石属不均质体,并受节理裂隙等结构的影响,因此同组岩石的每个试件试验成果值存在一定差异。在试验成果中列出每一试件的试验值。在后面章节条文说明中,凡无计算平均值的要求,均接此条文说明,不再另行说明。

5.4 吸水性试验

5.4.0.1 岩石吸水率是岩石在大气压力和室温条件下吸入水的质量与岩石固体颗粒质量的比值，以百分数表示；岩石饱和吸水率是岩石在强制条件下的最大吸水量与岩石固体颗粒质量的比值，以百分数表示。

水中称量法可以连续测定岩石吸水性、块体密度、颗粒密度等指标，对简化试验步骤、建立岩石指标相关关系具有明显的优势。因此，水中称量法和比重瓶法测定岩石颗粒密度的对比试验研究，始终在进行。水中称量法测定岩石颗粒密度的试验方法，在土工和材料试验中，已被制订在相关的标准中。

由于在岩石中可能存在封闭空隙，水中称量法测得的岩石颗粒密度值等于或小于比重瓶法。经对比试验，饱和吸水率小于 0.30% 时，误差基本在 0.00～0.02 之间。

水中称量法测定岩石颗粒密度方法简单，精度能满足一般使用要求，所以将水中称量法测定岩石颗粒密度方法正式列入本细则。对于含较多封闭孔隙的岩石，仍需采用比重瓶法。

5.4.0.2 试件形态对岩石吸水率的试验成果有影响，不规则试件的吸水率可以是规则试件的两倍多，这和试件与水的接触面积大小有很大关系。采用单轴抗压强度试验的试件作为吸水性试验的标准试件，能与抗压强度等指标建立良好的相关关系。因此，只有在试件制备困难时，才允许采用不规则试件，但需试件为浑圆形，有一定的尺寸要求（40mm～60mm），才能确保试验成果的精度。

5.4.0.4 试验资料证明：浸水 24h 平均可以达到绝对吸水量的 85%，48h 可达到 94%，继续浸水的吸水量很小。因此，在大气压力下吸水的稳定标准规定采用 48h，完全能够反映岩石试样的吸水特征。

5.4.0.6 本条说明同本细则第 5.3.3.5 条的说明。

5.5 膨胀性试验

5.5.0.1 岩石膨胀性试验是测定岩石在浸水后膨胀的性质，主

要是测定含有通水易膨胀矿物的各类岩石,其他岩石也可采用本细则。主要包括下列内容:

    1 岩石自由膨胀率是岩石试件在浸水后产生的径向和轴向变形分别与试件原直径和高度之比,以百分数表示。

    2 岩石侧向约束膨胀率是岩石试件在有侧限条件下,轴向受载荷时,浸水后产生的轴向变形与试件原高度之比,以百分数表示。

    3 岩石体积不变条件下的膨胀压力是岩石试件浸水后保持原形体积不变所需的压力。

5.5.3.2 侧向约束膨胀率试验仪中的金属套环高度需大于试件高度与二透水板厚度之和。避免由于金属套环高度不够,引起试件浸水饱和后出现三向变形。

5.5.4.2 岩石膨胀压力试验中,为使试件体积始终不变,需随时调节所加载荷,并在加压时扣除仪器的系统变形。

5.5.4.4 本条说明同本细则第 5.3.3.5 条的说明。

5.6 软化或崩解试验

5.6.0.1 岩石耐崩解性试验是测定岩石在经过干燥和浸水两个标准循环后,岩石残留的质量与其原质量之比,以百分数表示。岩石崩解性试验主要适用于在干、湿交替环境中易崩解的岩石,对于坚硬完整岩石一般不需进行此项试验。

5.7 单轴抗压强度试验

5.7.0.1 岩石单轴抗压强度试验是测定岩石在无侧限条件下,受轴向压力作用破坏时,单位面积上所承受的载荷。本试验采用直接压坏试件的方法来求得岩石单轴抗压强度,也可在进行岩石单轴压缩变形试验的同时,测定岩石单轴抗压强度。为了建立各指标间的关系,尽可能利用同一试件进行多种项目测试。

    鉴于圆形试件具有轴对称特性,应力分布均匀,而且试件可直接取自钻孔岩心,在室内加工程序简单,本细则推荐以圆柱体作为标准试件的形状。在没有条件加工圆柱体试件时,允许采用方柱体试件,试件高度与边长之比为 2.0～2.5,并在成果中说明。

5.7.0.6 加载速度对岩石抗压强度测试结果有一定影响。本试验所规定的每秒 0.5MPa～1.0MPa 的加载速度,与当前国内外习惯使用的加载速度一致。在试验中,可根据岩石强度的高低选用上限或下限。对软弱岩石,加载速度视情况再适当降低。

5.7.0.7 试验成果的整理应符合以下两点:

1 当试件无法制成本细则要求的高径比时,按下列公式对其抗压强度进行换算:

$$R = \frac{8R'}{7 + \dfrac{2D}{H}} \qquad\qquad (说明 5.7.0.7\text{-}1)$$

式中:R——标准高径比试件的抗压强度;

$\quad\quad R'$——任意高径比试件的抗压强度;

$\quad\quad D$——试件直径;

$\quad\quad H$——试件高度。

由于实际勘察工作中,平原区钻孔内岩芯长度达到试件高径比 2.0～2.5 的很少,因此建议允许采用高径比为 1.0 的试件,同时在试验报告中注明高径比。

2 国标《工程岩体试验方法标准》(GB/T 50266—2013)中只提到每组样取 3 个试样,考虑到岩石的不均一性,此细则参照《铁路工程岩石试验规程》(TB 10115—2014),当 3 个试样最大值与最小值超过平均值的 20% 时,应取第 4 个试样,并在 4 个试样中取最接近的 3 个值作为试验结果,同时在报告中将 4 个值全部给出。

5.7.0.8 本条说明同本细则第 5.3.3.5 条的说明。

5.8 单轴压缩变形试验

5.8.2.1 试验时一般采用分点测量,这样有利于检查和判断试件受状态的偏心程度,以便及时调整试件位置,使之受力均匀。

5.8.3.2 采用千分表架试验时,标距一般为试件高度的一半,位于试件中部。可以根据试件高度大小和设备条件适当调整。千分表法的测表,按经验选用百分表或千分表。

5.8.3.3 本试验用两种方法计算岩石弹性模量和泊松比,即岩石平均弹性模量与岩石割线弹性模量及相对应的泊松比。根据需要可以确定任何应力下的岩石弹性模量和泊松比。

5.8.3.4 本条说明同本细则第 5.3.3.5 条的说明。

5.9 抗拉强度试验

5.9.0.1 岩石抗拉强度试验是在试件直径方向上,施加一对线性载荷,使试件沿直径方向破坏,间接测定岩石的抗拉强度。本试验采用劈裂法,属间接拉伸法。

5.9.0.4 垫条可采用直径为 4mm 左右的钢丝或胶木棍,其长度大于试件厚度。垫条的硬度应与岩石试件硬度相匹配,垫条硬度过大,易贯入试件;垫条硬度过低,自身将严重变形,都会影响试验成果。试件最终破坏为沿试件直径贯穿破坏,如未贯穿整个截面,而是局部脱落,属无效试验。

5.9.0.6 本条说明同本细则第 5.3.3.5 条的说明。

5.10 直剪试验

5.10.0.1 岩石直剪试验是将同一类型的一组岩石试件,在不同的法向载荷下进行剪切,根据库伦-奈维表达式确定岩石的抗剪强度参数。

本细则采用应力控制式的平推法直剪。完整岩石采用双面剪时,可参照本细则 5.10.0.7 条。预定的法向应力一般是指工程设计应力。因此法向应力的选取,应根据工程设计应力(或工程设计压力)、岩石或岩体的强度、岩体的应力状态以及设备的精度和出力等确定。

5.10.0.10 当剪切位移量不大时,剪切面积可直接采用试件剪切面积,当剪切位移量过大而影响计算精度时,采用最终的重叠剪切面积。确定剪切阶段特征点时,按现在常用的有比例极限、屈服极限、峰值强度、摩擦强度,在提供抗剪强度参数时,均需提供抗剪断的峰值强度参数值。计算剪切载荷时,需减去滚轴排的摩阻力。

5.11 点荷载强度试验

5.11.0.1 岩石点荷载强度试验是将试件置于点荷载仪上下一对球端圆锥之间,施加集中载荷直至破坏,据此求得岩石点荷载强度指数和岩石点荷载强度各向异性指数。本试验是间接确定岩石强度的一种试验方法。

5.11.0.5 点荷载试验仪的球端的曲率半径为 5mm,圆锥体顶角为 60°。

5.11.0.6 当试件中存在弱面时,加载方向分别垂直弱面和平行弱面,以求得各向异性岩石的垂直和平行的点荷载强度。

5.11.0.7 修正指数 m,一般可取 $0.40\sim0.45$。也可在 $\log P \sim \log D_e^2$ 关系曲线上求取曲线的斜率 n,这时 $m=2(1-n)$。

对取样困难或无法取得理想的抗压试验试样时,可进行点荷载强度试验,并用以下公式计算岩石单轴抗压强度试验:

$$R_C = 22.82 I_{S(50)}{}^{0.75} \qquad\qquad (说明 5.11.0.7\text{-}1)$$

式中　　Rc——岩石单轴抗压强度试验(MPa);

$I_{S(50)}{}^{0.75}$——岩石点荷载强度指数。

5.12 岩块声波测试

5.12.0.1 岩块声波速度测试是测定声波的纵、横波在试件中传播的时间,据此计算声波在岩石中的传播速度及岩块的动弹性参数。

5.12.0.2 本测试试件采用单轴抗压强度试验的试件,这是为了便于建立各指标间的相互关系。如只进行岩石声波速度测试,也可采用其他型式试件。

5.12.0.5 对换能器施加一定的压力,挤出多余的耦合剂或压紧耦合剂,是为了使换能器和岩体接触良好,减少对测试成果的影响。

5.12.0.8 本条说明同本细则第 5.3.3.5 条的说明。

5.13 抗剪断强度试验

5.13.0.1 抗剪断强度是试件的某一特定面与水平方向成一定角（即放置角度）α 时,平行于此特定面的切向分力作用所产生的最大剪应力。岩石强度包络线:改变角模剪断装置 α 角,可求得在不同 α 角度时的剪断面上正应力 σ_n 和剪应力 τ_n,从而绘出岩石强度包络线。破坏时试件内的应力分布较为复杂,不能简单地认为试件是在垂直应力与剪应力作用下断裂,所以这种方法所取得的破坏极限曲线的含意与摩尔包络线是有区别的。

5.13.0.3 压力机的承压板必须具有足够的刚度,此刚度是指洛氏硬度不低于 HRC58,并经油淬硬化。

5.13.0.4 关于试件放置的角度问题,一般可以在 $45°\sim65°$ 之间选用。如果 $\alpha<40°$,正应力的分量偏大,主要变成为压应力破坏而不能按预定的剪切面破坏。当 $\alpha>65°$,角模装置容易发生倾斜,且有力偶作用。

岩质的不均匀,尤其是剪断区域的不均匀,将会造成同一倾角试验数据的离散,所以应注意试样破坏后的描述。

5.13.0.5 本试验法所得的试验成果往往偏低,其影响因素有制备试件的误差、剪断面积的变化等。故在试验过程中应加以注意。

5.14 薄片鉴定

5.14.0.1 岩石薄片鉴定是利用晶体光学的原理,将岩石切割磨制成一定厚度的薄片,在偏光显微镜下观察鉴定组成岩石的矿物成分、矿物间排列组合、胶结类型、次生矿物变化数量及受力变形情况等,从而正确确定岩石名称。本试验方法在国标《工程岩体试验方法标准》(GB/T 50266—2013)中无具体操作标准,因此参照《铁路工程岩石试验规程》(TB 10115—2014)对本试验制定操作规程。

5.14.0.3 偏光显微镜聚焦时,必须使薄片的盖玻璃朝上,否则根本不能聚焦。在调节焦距时,严禁眼睛看着镜筒内而下降镜筒,以防发生压碎薄片及损坏镜头的事故。

5.14.0.4 在岩石薄片中对矿物进行详细鉴定之后,还需要对矿物颗粒的大小及含量进行测定,以助于岩石的分类与定名。

1 岩石薄片中矿物颗粒大小的测定

岩石薄片中等轴矿物颗粒的大小,通常以颗粒的直径来表示,一般测其平均粒径。板柱状矿物颗粒则需测其长度和宽度。目前常用的测试方法大致有三种:人工测定、半自动测定和自动测定,目前多采用人工测定,即用目镜分度尺测量。详细测定可参见成都地质学院岩石教研室编写的《晶体光学》的附录。

2 岩石薄片中矿物含量的测定

岩石中矿物的含量是指矿物在岩石中所占的体积百分比。岩石薄片中某种矿物的含量为其占视野面积的百分比。测定方法有人工测定法、半自动测定法、自动测定法和目测比较法。其中目测法比较简单,但结果粗略,在生产中较常用。详细测定可见《晶体光学》附录。

5.15 耐崩解性试验

5.15.0.1 岩石耐崩解性试验室测定岩石试块在经过干燥和浸水两个标准循环后,试件残留的质量与其原质量之比,以百分数表示。

6 水质分析

6.1 水样的采取、保存和运送

6.1.0.4 由于水样存放期间某些离子将会发生变化,从而影响测定结果,因此,采样和分析的间隙时间愈短,则分析结果愈可靠。对某些易变化离子的测定,应在现场及时进行。至于采集水样和分析之间允许的间隔时间,取决于水样的性质与保存条件,一般对工程水质分析的水样,允许保存的时间为:清洁水72h、轻度污染水 48h、严重污染水 12h。

6.2 溶解性固体测定

6.2.0.1 本方法为质量法。当溶解性固体质量浓度小于 2g/L 时,可计算水的矿化度,即计算水中各种阳离子的质量浓度和阴离子的量质量浓度的总和。

6.3 pH 值测定

6.3.0.4 新玻璃电极,在使用前须在 0.1 mol/L 的 HCl 溶液或蒸馏水中浸泡 24 小时;如果在 50℃ 以上蒸馏水中,可浸泡 2 小时冷却至室温后使用。因电极膜极薄,不能用手触摸,防止碰破或污染。玻璃电极使用中发现被污染时,可先在无水乙醇中浸泡,然后用四氯化碳清洗,并用蒸馏水洗净后方可使用。

甘汞电极是由含有饱和甘汞氯化钾溶液与金属汞相接触的电极体系以及盐桥两部分组成,两部分分别套以玻璃管。盐桥梁下端底部焊上石棉丝与外部测定液相通。盐桥用溶液为饱和氯化钾溶液。在使用前应将电极侧管的小橡皮塞取下,以使管内氯化钾溶液借重力维持一定的流速。甘汞电极不使用时,可浸在饱和氯化钾溶液中或贮存于纸盒中,不要浸泡在水中或其他溶液中。甘汞电极中氯化钾溶液不饱和时,应从电极侧口投入几粒氯化钾晶体。

酸度计上一般设有温度补偿系统,在使用时应调节至与待测溶液的温度相近,可以减小误差。

6.4 游离二氧化碳测定

6.4.0.4 游离二氧化碳大部分呈气体状态溶解于水中,极小部分以碳酸的形态存在,所以二氧化碳容易逸出,故其含量极不稳定,应及时测定。

1 如果水样 pH 值超过 8.4,即不须测定游离二氧化碳。

2 水样瓶开启后不得摇动,应迅速取样测定游离二氧化碳,以防从样品中逸出使测定结果偏低。

3 用容量法测定游离二氧化碳时,水样的矿化度不应超过 1000mg/L,色度不应大于 100 度。

4 若水样中游离二氧化碳含量较高,滴定很久不显颜色或呈浅玫瑰色,则应另取一份试样,根据第一次消耗的标准溶液毫升数一次加入,再加酚酞指示剂后慢慢滴至终点。

5 水中游离矿酸、有机酸或重金属盐类水解作用,都能消耗标准溶液使游离二氧化碳测定结果偏高。此时应另取一份试样,煮沸除去游离二氧化碳后,按分析步骤滴定,记下消耗毫升数,然后从测定游离二氧化碳消耗的毫升数中减去此数,再按公式计算游离二氧化碳含量。

6.5 侵蚀性二氧化碳测定

6.5.0.4 吸取加有碳酸钙的水样时,应注意观察水样是否澄清,不得有任何悬浮的碳酸钙微粒带入,否则将使测定结果偏高。

加入碳酸钙的水样如果有机质多、放置时间长,在溶解氧作用下,水中有机质通过微生物作用生成二氧化碳,亦可增加侵蚀性二氧化碳的浓度。因此,应采用降低温度或用振荡机振荡 6h 后测定来消除这种影响。

6.5.0.5 式(6.5.0.5)分母中的 2 是二氧化碳与盐酸物质的量之比。

6.7 氯离子测定(银量滴定法)

6.7.0.1 氯离子在天然水中普遍存在,其含量变化范围很大。在河流、湖泊、沼泽地区,氯离子的含量一般较低;而海水中含量可高达数十或数百克/升。天然水中氯离子主要以碱金属、碱土金属化合物的形态存在。

天然水中氯离子测定是根据铬酸银与氯化银的溶解度不同,以铬酸钾为指示剂用硝酸银标准溶液滴淀氯离子。

其余见 4.22.5 节条文说明。

6.8 硫酸根离子测定

硫酸根离子的测定方法主要有:EDTA 容量法、比浊法和质量法。其中 EDTA 二钠容量法适宜测定硫酸盐质量浓度为

10～200mg/L 的水样为首选方法；比浊法快速、简便，适宜测定硫酸盐质量浓度为 5～40mg/L 的水样；质量法为古老经典的方法，适宜测定硫酸盐质量浓度为 10～5000mg/L 的水样。

其余见 4.22.6 节条文说明。

6.8.3.4 水样中二氧化硅含量超过 25mg/L 时，应事先分离，操作如下：水样酸化后再多加 3mL 盐酸（1+1），置于铂蒸发皿中蒸发至干，并在 120℃ 加热 20min～30min；如含有机质，则放置于电炉或高温电炉中使之炭化，用 2mL 盐酸和热水溶解残渣，过滤，用少量水洗涤数次，滤液和洗液合并，以下按水样操作步骤进行。

6.9 钙离子测定——滴定法

6.9.0.1 钙广泛地分布于地下水及地表水中。其组成的盐类以碳酸盐类为最多，其次为硫酸盐、氯化盐、硝酸盐、硅酸盐、磷酸盐等。地下水或地表水中镁的分布范围通常比钙小，而海水中镁的含量则要比钙的含量多 2～3 倍。

其余见 4.22.7 节条文说明。

6.10 镁离子测定——滴定法

6.10.0.4 见 4.22.8 节条文说明。

6.12 钾、钠离子测定

6.12.1 钠、钾离子的测定一般采用原子吸收分光光度法和火焰光度法，在水质简易分析中，在要求不高，水样中除钾、钠离子外，阳离子以钙、镁为主时，钾、钠离子浓度可采用差减法计算求得。

其余见 4.22.10 节条文说明。

6.13 铵离子测定

6.13.0.4 如果水中铵离子含量大于 1mg/L 而且水样无色透明时，可以直接采用纳氏试剂光度法测定。

铵离子与纳氏试剂反应很灵敏，故需注意外界氨的影响。试剂制备及稀释均需无氨蒸馏水。

如果铵离子含量高,则生成红褐色沉淀,此时应选用盐酸容量法测定。天然水中铵离子含量一般不高,只有当水体受到污染的情况下才可能产生此种现象。